化学の指針シリーズ

編集委員会　井上祥平・伊藤　翼・岩澤康裕
　　　　　　大橋裕二・西郷和彦・菅原　正

有機反応機構

加納航治　西郷和彦　共著

裳華房

ORGANIC REACTION MECHANISMS

by

KOJI KANO
KAZUHIKO SAIGO

SHOKABO

TOKYO

〈出版者著作権管理機構 委託出版物〉

「化学の指針シリーズ」刊行の趣旨

　このシリーズは,化学系を中心に広く理科系(理・工・農・薬)の大学・高専の学生を対象とした,半年の講義に相当する基礎的な教科書・参考書として編まれたものである.主な読者対象としては大学学部の2～3年次の学生を考えているが,企業などで化学にかかわる仕事に取り組んでいる研究者・技術者にとっても役立つものと思う.

　化学の中にはまず「専門の基礎」と呼ぶべき物理化学・有機化学・無機化学のような科目があるが,これらには1年間以上の講義が当てられ,大部の教科書が刊行されている.本シリーズの対象はこれらの科目ではなく,より深く化学を学ぶための科目を中心に重要で斬新な主題を選び,それぞれの巻にコンパクトで充実した内容を盛り込むよう努めた.

　各巻の記述に当たっては,対象読者にふさわしくできるだけ平易に,懇切に,しかも厳密さを失わないように心がけた.

1. 記述内容はできるだけ精選し,網羅的ではなく,本質的で重要な事項に限定し,それらを十分に理解させるようにした.
2. 基礎的な概念を十分理解させるために,また概念の応用,知識の整理に役立つよう,演習問題を設け,巻末にその略解をつけた.
3. 各章ごとに内容に相応しいコラムを挿入し,学習への興味をさらに深めるよう工夫した.

　このシリーズが多くの読者にとって文字通り化学を学ぶ指針となることを願っている.

「化学の指針シリーズ」編集委員会

はじめに

　有機化学を学習するには，大別して2つの手法がある．1つは有機化合物を官能基別に学習する方法であり，もう1つは有機反応を反応機構別に学習する方法である．官能基別の学習は，有機化学を初めて学ぶ者にとっては取り組みやすく，反応機構別の学習は，官能基別に学習したあとで有機化学を系統的に整理し直し，さらに深く理解するのに役立つ．本書では，有機化学を反応機構別に理解する学問を「有機反応論」と呼ぶことにする．

　本書は，この有機反応論を通して有機化学をより深く理解してもらうために書かれたものである．有機反応論の理解は，新規な有機化合物の分子設計と合成経路設計には必要不可欠であり，将来の化学を担う若者にとっては極めて重要である．

　有機反応論については，今まで多くの教科書が出版されてきた．これらの教科書では主に原子価理論によって反応機構を説明しており，本書での反応機構の説明も基本的に原子価理論に基づいている．本書は，従前の多くの教科書に見られる反応機構別の章立てをとらず，反応試剤別に分類・章立てし，その反応機構を解説した点を特徴としている．その結果として第2章，第3章が一般の教科書に比べやや長くなっているが，共通な中間体，遷移状態を経る反応を相互に関連付けて解説することによって，より有機的に反応機構を理解できるように配慮した．一方，近年では分子軌道理論が有機反応機構の理解には欠かせないものとなっている．そこで，最も簡単な分子軌道法である単純ヒュッケル(Hückel)法とその反応機構理解への応用について，第4章で解説した．

　有機反応論を理解する上で必要な基礎知識が第1章にまとめられているので，これを十分に理解した上で第2章以降の学習に取り組んでほしい．し

かし，本書を学習する前に官能基別有機化学を学習していれば，第1章を省略して第2章から始めても構わない．

　反応機構を式で示すことは極めて有効であることから，本書では式を多用している．反応機構を式で示す際，反応中間体はカギカッコ（[　]；直角カッコ）でくくり，遷移状態はカギカッコでくくってダブルダガー（‡）を付けることになっている．しかし本書では，見やすさを優先して，反応中間体の表示に必要なカギカッコは敢えて省略してある．読者が各自で中間体を描くときには，カギカッコでくくることを忘れないでほしい．

　本書の執筆は，第1章と第3章は西郷和彦が，第2章と第4章は加納航治が担当した．内容的に，著者らの専門外のことまで含まれている．したがって，記述等に不十分な箇所があるのではないかと危惧される．読者のご指摘，ご教示を歓迎したい．

　第3章の分子軌道計算では，東京大学大学院工学系研究科・小林由佳 助教（現 早稲田大学）の力をお借りした．また，本書を出版するにあたり裳華房の小島敏照氏と山口由夏氏にお世話になった．ここに謝意を表したい．

　なお，本書に掲載した立体画像などのカラー表示は，ホームページ（http://www.shokabo.co.jp/author/3221/）を参照されたい．

2008年5月

加 納 航 治
西 郷 和 彦

目　次

第1章　有機反応機構の基礎知識
1.1　原 子 軌 道　*1*
1.2　分 子 軌 道　*4*
1.3　混 成 軌 道　*6*
1.4　共有結合と原子価　*8*
1.5　8電子則と構造の表示法　*10*
1.6　有機反応における反応試剤　*12*
1.7　酸 と 塩 基　*15*
1.8　反応とエネルギーの関係　*20*

第2章　求核剤による反応
2.1　脂肪族求核置換反応と脱離反応　*25*
　2.1.1　S_N2反応とE2反応　*25*
　2.1.2　S_N1反応とE1反応　*31*
　2.1.3　求核置換反応および脱離反応のポテンシャルエネルギー図　*36*
　2.1.4　求核剤の求核性　*40*
　2.1.5　求核置換反応および脱離反応における溶媒効果　*43*
　2.1.6　脱 離 基　*49*
　2.1.7　脱離反応の配向性　*54*
2.2　求核付加反応　*57*
　2.2.1　アルデヒドおよびケトンの特徴　*57*
　2.2.2　水のカルボニル化合物への求核付加　*60*
　2.2.3　アルコールのカルボニル化合物への求核付加　*62*
　2.2.4　シアン化水素のカルボニル化合物への求核付加　*65*
　2.2.5　アミンのカルボニル化合物への求核付加　*66*
　2.2.6　エノラートアニオンのカルボニル化合物への求核付加　*68*
　2.2.7　有機金属のカルボニル化合物への付加　*70*

- **2.2.8** ヒドリドのカルボニル化合物への付加　72
- **2.2.9** 電子求引性基によって活性化された
  炭素－炭素二重結合への求核付加反応　76
- **2.3** 求核付加－脱離反応　78
  - **2.3.1** カルボン酸誘導体の特徴　78
  - **2.3.2** カルボン酸誘導体と水あるいはアルコールとの反応　80
  - **2.3.3** カルボン酸誘導体とアミンとの反応　83
  - **2.3.4** カルボン酸誘導体とカルボン酸との反応　85
  - **2.3.5** カルボン酸誘導体とカルボアニオンとの反応　86
  - **2.3.6** カルボン酸誘導体とヒドリドとの反応　90
- **2.4** 芳香族求核置換反応　91
  - **2.4.1** 付加－脱離機構（芳香族 S_N2 反応）　92
  - **2.4.2** アリールカチオン機構（芳香族 S_N1 反応）　94
  - **2.4.3** 脱離－付加機構（ベンザイン機構）　97
- 演習問題　103

第3章　求電子剤による反応

- **3.1** アルケンへの求電子付加反応　110
  - **3.1.1** ハロゲンの付加　110
  - **3.1.2** 次亜ハロゲン酸の付加　118
  - **3.1.3** ハロゲン化水素の付加　120
  - **3.1.4** ラジカル条件での臭化水素の付加　126
  - **3.1.5** 水の付加　129
  - **3.1.6** ボランの付加　132
  - **3.1.7** 過酸の付加　135
  - **3.1.8** オゾンの付加　136
  - **3.1.9** 四酸化オスミウムの付加　138
  - **3.1.10** カルベンの付加　139
- **3.2** アルキンへの求電子付加反応　142
  - **3.2.1** ハロゲンの付加　143
  - **3.2.2** ハロゲン化水素の付加　144

3.2.3　ラジカル条件下での臭化水素の付加　*147*
　3.2.4　水 の 付 加　*147*
　3.2.5　ボランの付加　*148*
3.3　共役ジエンへの求電子付加反応　*149*
　3.3.1　ハロゲンの付加　*149*
　3.3.2　ハロゲン化水素の付加　*152*
　3.3.3　速度論支配と熱力学支配　*154*
3.4　芳香族求電子置換反応　*157*
　3.4.1　芳香族化合物の特徴　*157*
　3.4.2　ベンゼンへの求電子置換反応　*162*
　3.4.3　置換基効果　*168*
　3.4.4　置換ベンゼンへの求電子置換反応　*170*
　3.4.5　多環式芳香族化合物への求電子置換反応　*181*
　3.4.6　芳香族ヘテロ環化合物への求電子置換反応　*184*
演 習 問 題　*190*

第4章　ペリ環状反応とウッドワード-ホフマン則

4.1　ディールス-アルダー反応　*193*
4.2　ヒュッケル分子軌道法　*196*
4.3　ディールス-アルダー反応とウッドワード-ホフマン則　*201*
4.4　電子環状反応とウッドワード-ホフマン則　*207*
4.5　シグマトロピー転位とウッドワード-ホフマン則　*209*
演 習 問 題　*213*

さらに深く学ぶための参考書　*214*
演習問題解答　*215*
索　引　*248*

Column

有機反応機構の役割　*24*
有機反応論とノーベル賞　*101*

▮有機化学と機器分析　　*189*
▮量子論から有機化学の未来へ　　*211*

◆本書に掲載した立体画像などのカラー表示は，ホームページをご参照ください．
　http://www.shokabo.co.jp/author/3221/

第1章　有機反応機構の基礎知識

　有機反応機構を説明する方法には，大別して原子価理論に基づく方法とフロンティア分子軌道理論に基づく方法がある．本書では，主に原子価理論に基づいて有機反応機構を説明しようと試みている．そこで本章では，読者は基礎的な有機化学をすでに学んでいることを前提に，原子価理論に基づいて有機反応機構を理解する上で必要な有機化学の基礎（原子軌道，分子軌道，混成軌道，共有結合と原子価，8電子則，反応試剤，酸と塩基，反応とエネルギーなど）について復習し，確認する．

1.1　原子軌道

　原子 (atom) は，正の電荷を持つ陽子 (proton) と電気的に中性な中性子 (neutron) からなる原子核 (atomic nucleus)，およびその周りに存在する負に帯電した電子 (electron) から成り立っている．原子番号 (atomic number) はその原子に含まれる陽子の数を示し，電気的に中性な原子は陽子の数と同数の電子を持っている．陽子と中性子の質量はほぼ同じであるが，電子は極めて軽くその質量は陽子や中性子の 1/1840 程度である．したがって，原子の質量数 (mass number) は，陽子と中性子の数で決まる．中性の原子には，陽子の数は同じだが中性子の数が異なる同位体が存在する．例として，中性な炭素原子の同位体を**表 1.1** に示す．

　有機化合物の反応では電子が関与する結合 (bond) の生成 (formation) と開裂 (cleavage) を取り扱うことから，有機化合物の反応を理解するためには，電子の振る舞いを理解することが重要である．電子の振る舞いは，電子

表 1.1　中性な炭素原子の同位体

	原子番号	陽子数	中性子数	電子数	質量数	存在比 (%)
^{12}C	6	6	6	6	12	98.9
^{13}C	6	6	7	6	13	1.1
^{14}C	6	6	8	6	14	超微量

表 1.2　代表的な殻の名称，原子軌道，最大占有電子数およびエネルギー順位

殻	K殻	L殻		M殻			N殻				…
原子軌道	1s	2s,	2p	3s,	3p,	3d	4s,	4p,	4d,	4f	…
最大占有電子数	2	2	6	2	6	10	2	6	10	14	
エネルギー順位 (低い順)	1	2	3	4	5	7	6	8	10	13	

　が粒子としての性質と波動としての性質を併せ持つとして取り扱う量子力学の波動方程式 (wave equation) で記述することができる．波動方程式の一つであるシュレーディンガー (Schrödinger) 方程式を解くと，波動関数 (wave function) が求まる．この波動関数の 2 乗は，電子の存在確率を表す．原子核を中心とする同心の殻 (shell) には原子軌道 (atomic orbital) という副殻 (subshell) があり，原子軌道は固有のエネルギーと三次元的な広がりを持っている．電子は，その原子軌道に存在する (表 1.2)．原子軌道のエネルギーは，軌道の種類により不連続な値をとる．そのため，軌道エネルギーは量子化されているという．電子の存在は，パウリ (Pauli) の排他原理 (Pauli exclusion principle)，構成原理 (Aufbau principle) およびフント (Hund) の規則 (Hund's rule) に従う．

パウリの排他原理
1) 1 つの原子軌道に 2 個の電子が存在できる．
2) 対になった電子は，逆向きのスピン (spin) を有する．

構成原理
1) 電子は，エネルギーの最も低い原子軌道から順に占有する．

フントの規則

同一エネルギーの軌道が複数あるとき，それらの軌道は"縮重している"という．複数の縮重した軌道 (degenerate orbital) が存在する場合，電子は，すでに1個の電子が存在している軌道に入って対をつくるよりも空いた他の縮重軌道を占有する．

代表的な殻の名称，原子軌道，最大占有電子数およびエネルギー順位を表 1.2 に示す．

有機化合物で馴染みの深い水素原子，炭素原子，窒素原子，酸素原子，硫黄原子内の電子の占有状態（電子配置，electronic configuration）を図 1.1 に示す．ここで，原子軌道で対をなしていない電子を不対電子 (unpaired electron) という．有機反応には最外殻 (outermost shell) の電子のみが関与する．また，これらの電子配置は，基底状態 (ground state) でのものである．これに対して，励起状態 (exited state) の電子配置は異なる．一般の熱反応では基底状態の電子配置が重要であり，光反応などでは励起状態の電子配置が重要である．

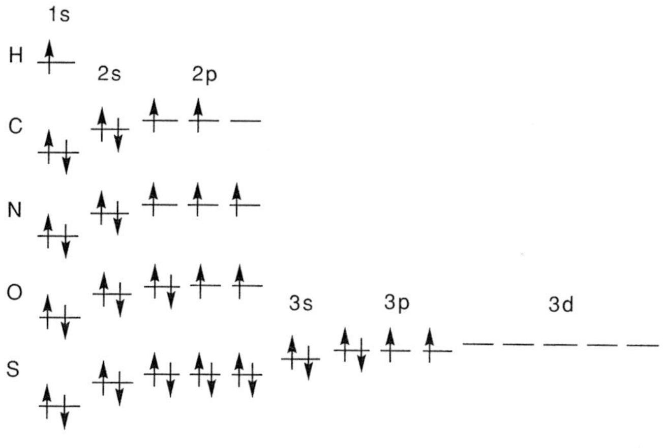

図 1.1 基底状態の水素原子，炭素原子，窒素原子，酸素原子，硫黄原子の電子配置

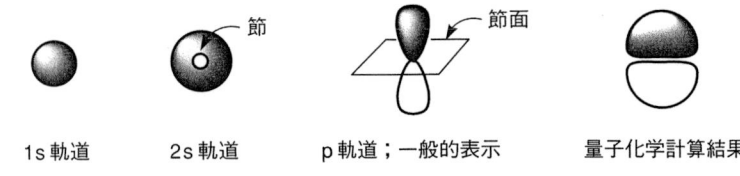

図1.2 原子軌道の形と表示

図1.2に示すように，s軌道は球形の広がりを持っており，より外殻のs軌道になるに従いその球形の広がりは大きくなる．また，L殻より外の殻にあるs軌道（2s軌道，3s軌道，…）には，電子の存在確率が0になる節（node）が存在する．一方，p軌道は原子核を中心に直線上2方向に広がった2つのローブ（lobe，電子が存在する確率の高い原子核の周りの三次元領域を示したもの）からなっている．2つのローブは逆の位相をもち，両ローブ間には電子の存在確率が0になる節面（nodal plane）が存在する．位相の違いは，＋と－の符号あるいは異なる色で表す．p軌道のローブは，量子化学計算の結果ではメロンパンのような形をしているが，書きやすさもあって一般に洋梨の形で表す．

1.2 分子軌道

2つの原子軌道が重なり合うことにより，分子軌道（molecular orbital）が形成される．例えば，2つの水素原子が互いに近づき両者の1s原子軌道が重なると，一方の水素原子の電子が他方の水素原子の陽子に電気的に引き付けられるため，2つの水素原子が個別に存在するよりも安定になる．この安定化は，両水素原子が近づけば近づくほど大きくなる．しかし，ある距離よりもさらに近づくと，両水素原子の陽子同士の電気的反発によって，急激に不安定になる．すなわち，2つの水素原子がある特定の距離（結合距離，bond length）にあるときに最も安定になる．その結果として，分子軌道が

1.2 分子軌道

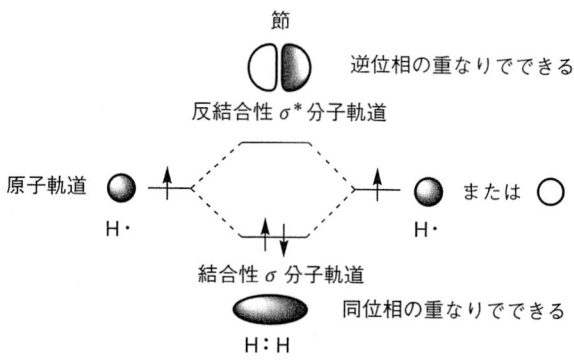

図1.3 水素分子の分子軌道

形成される.2つの1s原子軌道の結合には2通りの形式があり,同位相同士の結合(波動が重なり強め合う)によって結合性σ分子軌道(bonding σ molecular orbital)を形成し,逆位相同士の結合(波動が逆向きになり弱め合う)によって反結合性σ*分子軌道(antibonding σ* molecular orbital)を形成する(図1.3).それぞれの水素原子の電子はエネルギーの低い結合性σ分子軌道に対になって存在することになり,2つの水素原子が1対の電子を共有したσ結合(σ bond)を形成して水素分子となる.

　直線的な原子軌道の重なりは,1s原子軌道同士ばかりでなく異種のs原子軌道-s原子軌道やs原子軌道-p原子軌道,p原子軌道-p原子軌道などでも起こり,同様に結合性σ分子軌道と反結合性σ*分子軌道が形成される.さらに,p原子軌道同士は,平行に並んで重なり合うことも可能であり,π結合(π bond)を形成する.位相をそろえて重なると結合性π分子軌道となり,逆位相が重なると反結合性π*分子軌道になる.平行に並んだ重なり合いは直線的な重なり合いに比べてその度合いが低いため,π結合はσ結合よりも弱い.すなわち,π結合はσ結合よりも反応性に富む.

1.3 混成軌道

基底状態の炭素原子の電子配置を図 1.4 に示す．他の原子，例えば水素原子の原子軌道との重なりによって分子軌道を形成できる原子軌道は，$2p_x$ 原子軌道と $2p_y$ 原子軌道の 2 つである．それぞれの軌道が水素原子の 1s 原子軌道との重なり合いによって σ 結合を形成し，それぞれ 1 対 (2 個) の電子を共有するが，$2p_z$ 原子軌道には電子がない．最外殻である L 殻が安定になるためには 8 個の電子が必要であるにもかかわらず，電子が 2 個不足している．したがって，できる分子は不安定である．

最も簡単な炭化水素であるメタンを例にとると，炭素原子は 4 つの水素原子と結合を形成し，その 4 つの水素は等価である．まず，炭素原子が 4 つの水素原子と結合していることは，次のように考えることによっても説明できる (図 1.5)．すなわち，メタンの炭素原子は，水素原子と共有結合を形成することによって最外殻の電子数を 8 個にするため，2s 原子軌道にある電子の 1 つを 2p 原子軌道に昇位 (promotion) させ，不対電子を 4 個にする．昇位させない場合とさせた場合それぞれについて，放出されるエネルギーは式 (1.1) で求めることができる．昇位はエネルギー的に有利であり，炭素原子は 4 つの水素原子と結合していることを説明できる．

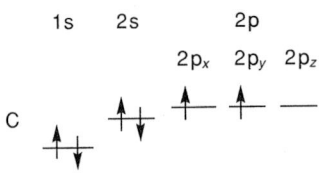

図 1.4　基底状態の炭素原子

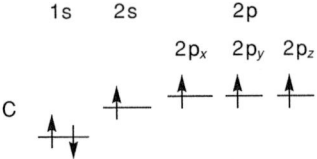

図 1.5　2s 原子軌道にある電子の 1 つを 2p 原子軌道に昇位させたときの炭素原子の電子配置

1.3 混成軌道

昇位させない場合（CH_2 を形成）
439.5 kJ mol^{-1}（C−H 結合のエネルギー）× 2 = 879 kJ mol^{-1}

昇位させた場合（CH_4 を形成）
(439.5 kJ mol^{-1} × 4) − 402 kJ mol^{-1}（昇位に必要なエネルギー）= 1356 kJ mol^{-1}

(1.1)

しかし，メタンの4つの水素が等価であることは，この昇位では説明できない．そこで出された概念が，混成軌道（hybrid orbital）である．1つの 2s 原子軌道と3つの 2p 原子軌道が4つの等価な軌道に再構成され，それぞれは 25% の s 性と 75% の p 性を有する軌道となる．この軌道を sp^3 混成軌道という．sp^3 混成軌道のエネルギー準位は，2s 原子軌道のエネルギー準位と 2p 原子軌道のエネルギー準位の差を 3:1 に分けた準位にある（図 1.6：最外殻電子のみ表示）．再構築された4つの原子軌道は等価であることから，メタンの4つの水素が等価であることを説明できる．

炭素原子は sp^3 混成軌道の他に，1つの 2s 原子軌道と2つの 2p 原子軌

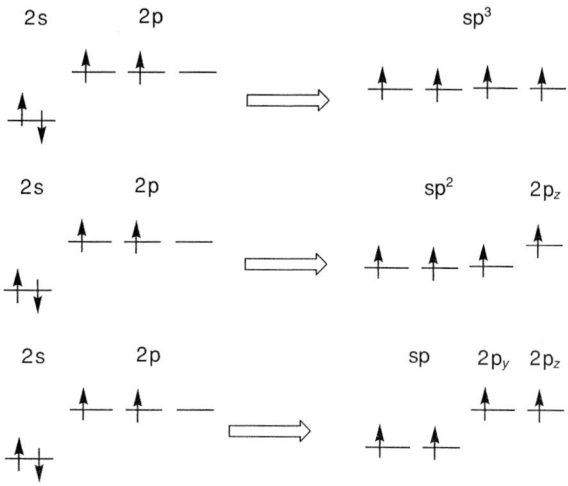

図 1.6 炭素原子の混成軌道とそれらの最外殻の電子配置

道の混成 (orbital hybridization) による sp² 混成軌道，1つの2s原子軌道と1つの2p原子軌道の混成による sp 混成軌道をとることができる（図1.6）.

1.4 共有結合と原子価

2つの原子軌道あるいは混成軌道の重なりによって新たな分子軌道が形成され，結合が生成する．また，分子軌道を形成することによって，それぞれの原子（団）が独立に存在した場合よりも安定になり，エネルギーを放出する．水素分子の例で説明したように，この結合には1対の電子が存在し，それらは両端の原子に共有されている．そこで，この結合を共有結合 (covalent bond) という．また，分子軌道の形成により放出されたエネルギーは，逆に見れば共有結合を開裂して独立の原子（団）にするのに必要なエネルギーと見ることができ，これを結合エネルギー (bond energy) という.

次に，共有結合を形成したときの電子の偏りについて考えてみよう．水素分子の水素原子－水素原子に共有されている1対の電子は，同一種類の原子に共有されている．したがって，これらの電子は2つの水素原子に等しく共有されている．すなわち，それぞれの電子は，両方の水素原子の原子核の周りに同じ確率で存在する．このような共有結合を非極性共有結合 (nonpolar covalent bond) という．一方，アンモニアの窒素原子－水素原子に共有されている1対の電子は，窒素原子の方に引き寄せられている．すなわち，それぞれの電子の存在確率は，水素原子の原子核の周りよりも窒素原子の原子核の周りのほうが高くなっている．このように電子が偏っている共有結合を極性共有結合 (polar covalent bond) という．一般には，非極性共有結合と極性共有結合を分けずに，両者を含めて共有結合という場合が多い．本書でも以降は，両者を含めて共有結合という用語を使用する．

1.4 共有結合と原子価

表1.3 代表的な元素の電気陰性度

族	1	2	13	14	15	16	17
	H 2.2						
	Li 1.0	Be 1.6	B 2.0	C 2.6	N 3.0	O 3.4	F 4.0
	Na 0.9	Mg 1.3	Al 1.6	Si 1.9	P 2.2	S 2.6	Cl 3.2
	K 0.8	Ca 1.0					Br 3.0
							I 2.7

　共有結合を形成する電子の偏りの程度を表す尺度が,ポーリング (Pauling) の電気陰性度 (electronegativity) である.代表的な元素の電気陰性度を表1.3に示す.周期表で,同じ周期ならば左から右へいくほど,同じ族ならば下から上へ行くほど電気陰性度の値が大きくなることに注目してほしい.周期表で左から右に行くに従い陽子数が増え,下から上へ行くに従い遮蔽が減少するからである.

　電気陰性度は絶対値として意味があるわけではないことに注意する必要がある.電気陰性度の大きい原子と小さい原子が共有結合を形成すると,共有されている1対の電子は電気陰性度の大きい原子に引き寄せられ,電気陰性度の差が大きいほど強く引き寄せられる.電気陰性度の差が非常に大きいときは,1対の電子が電気陰性度の大きい原子のみに存在するようになり,イオン結合 (ionic bond) が形成される.また,1.2節で説明したようにπ電子はσ電子よりも動きやすく,π結合の電子は電気陰性度の大きい原子に大きく偏る傾向にある.

　電子の偏りを明確にして反応機構を理解しやすくするため,図1.7に示すように,構造式にδ+, δ− を付けることもある.また,σ結合を棒線に代わって矢印で示すこともある.

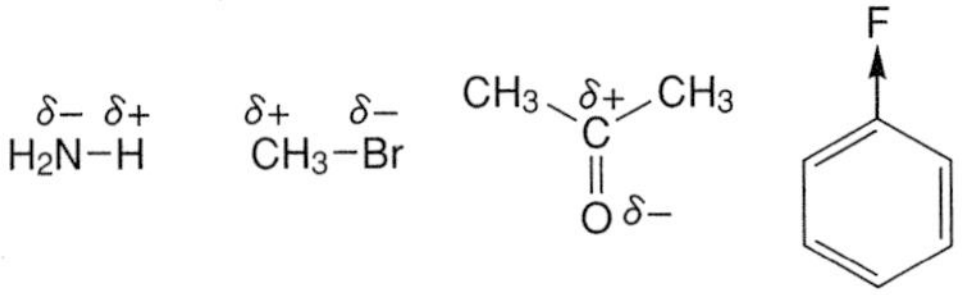

図 1.7 電子の偏りを表す方法の例

　ある原子 1 個が結合できる原子の数を原子価 (valence) という．一般に，水素原子および塩素原子を基準とし，それらの原子価を 1 とする．したがって，水素原子または塩素原子 n 個と結合する元素の原子価は n となる．水素原子や塩素原子と直接には結合しない元素の原子価は，間接的に決める．この定義に従えば，共有結合形成に関与する共有原子価 (covalent valence) は，その原子の最外殻にある不対電子の数に等しいことになる．一方，イオン形成に関与するイオン原子価 (ionic valence) は，その元素と最も近い 18 族元素（希ガス）の原子と同じ電子数になるように，原子から電子を取り除いたり付け加えたりする電子数に等しい．

1.5　8 電子則と構造の表示法

　ルイス (Lewis) は，原子の最外殻が 8 個の電子を持つか，あるいは最外殻が電子で完全に満たされると共にそれよりも高いエネルギーの軌道に電子がないときに，その原子は最も安定であると結論づけた．すなわち，ルイスの理論によれば，原子は安定化のために，最外殻が 8 個の電子を持つか，あるいは最外殻が電子で完全に満たされるように電子を授受もしくは共有する．この論理が，ルイスの 8 電子則（オクテット則，octet rule）である．1.3 節で学んだように，炭素原子が最外殻に 8 個の電子を収容して安定化するのも，このルイスの 8 電子則によって説明できる．以降の章で反応機構を考える際には，このルイスの 8 電子則を常に思い出してほしい．

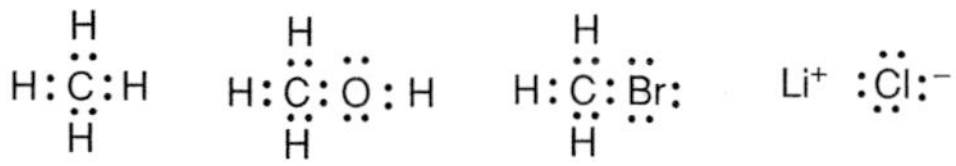

1.5　8電子則と構造の表示法

図1.8　ルイス構造式による表示の例

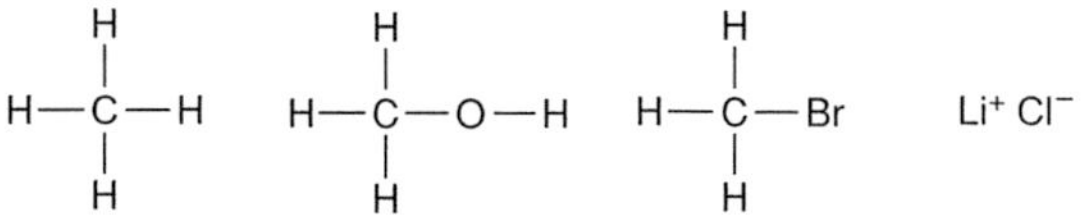

図1.9　ケクレ構造式による表示の例

　ルイスの8電子則を意識して分子の構造を表示する方法が，ルイス構造式 (Lewis structure) である．ルイス構造式では，電子を・で表す．したがってルイス構造式を見れば，分子あるいはイオン対を構成するそれぞれの原子の最外殻にいくつの電子が存在するかが明瞭になる．また，反応による電子の動きを表記しやすい．図1.8 にルイス構造式で表した例を挙げる．

　ルイス構造式は，電子を明確にする点で優れている．しかし，全ての電子を・で表すのは煩雑である．そこで，図1.9 に示すように，1対の共有電子を棒線，イオンは + または − で表し，結合に関与しない非共有電子対は省略するケクレ (Kekulé) 構造式 (Kekulé structure) が用いられている．ここで，ケクレ構造式では結合に関与しない非共有電子対は省略されていることに特に注意が必要である．さらには，1対の共有電子を表す棒線，イオンを表す + または − も省略した簡略構造式 (condensed structure)（図1.10）も用いられている．

　反応機構を説明する場合，反応に関与する部分のみルイス構造式あるいはケクレ構造式で表し，その他の部分をケクレ構造式あるいは簡略構造式で示

CH_4　CH_3OH　CH_3Br　$LiCl$

図1.10　簡略構造式による表示の例

すこともある．

1.6 有機反応における反応試剤

sp³炭素原子の1つの共有結合の開裂 (cleavage，切断 (scission) ともいう) には，図1.11に示すように，共有結合に存在する2個の電子が共に炭素原子に残る場合，1個残る場合，1個も残らない場合の3通りがある．

共有結合のヘテロリシス (heterolysis，不均一開裂 (heterolytic cleavage) ともいう) によって生成する化学種 (chemical species) **A** は，炭素原子にもともとあった電子よりも1個多く電子を収容した化学種であることから，カルボアニオン (carbanion，炭素陰イオン) という．カルボアニオンは炭素原子の最外殻にある軌道の1つに非共有電子対 (unpaired electrons，孤立電子対 (lone-pair electrons) ともいう) を持つことになり，この非共有電子対の2個の電子が反応基質 (substrate) の電子密度の低い部位と反応して共有結合が形成される．カルボアニオンのように反応基質の電子密度の低い部位を攻撃 (求核攻撃) する反応試剤 (reagent) を求核剤 (nucleophile) という．一方，共有結合のヘテロリシスによって生成する化学種 **C** は，炭素原子にもともとあった電子よりも1個少ない電子を収容した化学種であり，カルボカチオン (carbocation，炭素陽イオン) という．カルボカチオンは炭素原子の最外殻に電子の存在しない空の軌道 (vacant orbital) を持つことから，この軌道が反応基質の電子密度の高い部位から2

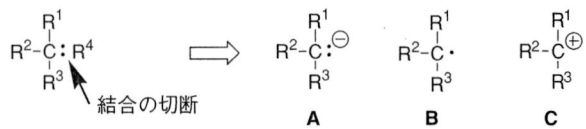

図1.11 sp³炭素原子の1つの共有結合の切断によって生成する3種の反応試剤

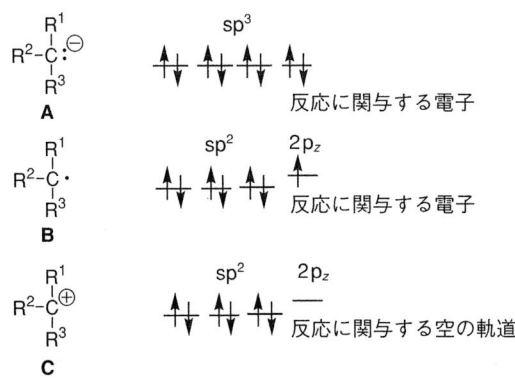

図1.12 炭素化学種の炭素原子最外殻の電子配置

個の電子を獲得して共有結合を形成する．カルボカチオンのように反応基質の電子密度の高い部位と反応（求電子攻撃）する反応試剤を求電子剤 (electrophile) という．

共有結合のホモリシス (homolysis, 均一開裂 (homolytic cleavage) ともいう) によって生成する化学種 B は，炭素ラジカル (carbon radical) といわれる．炭素ラジカルは，炭素原子の $2p_z$ 軌道に 1 個の電子を持っており，反応基質と電子を 1 個ずつ出し合い共有結合を形成する．

カルボアニオン，カルボカチオンおよび炭素ラジカルの炭素原子最外殻の電子配置を図 1.12 に示す．

以上説明したカルボアニオン，カルボカチオンおよび炭素ラジカルはそれぞれ重要な化学種であり，反応試剤として有機反応の中心を担っている．これらの反応試剤は，反応基質との電子の授受によって共有結合を形成し，反応試剤の炭素原子がルイスの 8 電子則を満足する安定な分子を与える．

非共有電子対の存在と空の軌道の存在は，カルボアニオンとカルボカチオンばかりでなく，多くの求核剤と求電子剤の本質を表している．

窒素原子の原子価は 3 であり，アミンの 3 つの共有結合は窒素原子の原

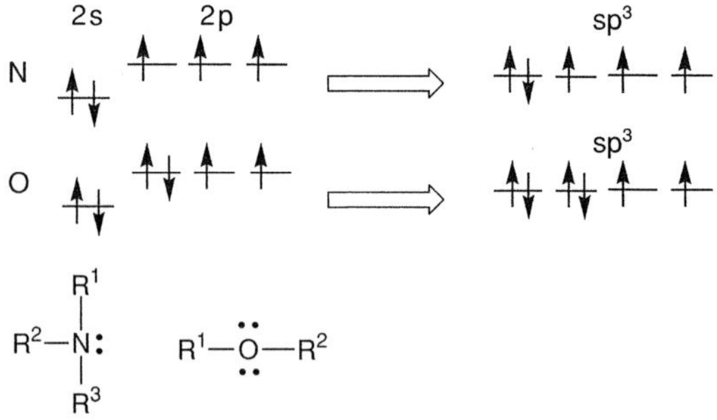

```
         2s    2p                    sp³
N   ↑↓   ↑ ↑ ↑          ↑↓ ↑ ↑ ↑

                                     sp³
O   ↑↓   ↑↓ ↑ ↑          ↑↓ ↑↓ ↑ ↑
```

```
     R¹
     |
R²―N:         R¹―Ö―R²
     |
     R³
```

図 1.13 3 価の窒素原子および 2 価の酸素原子の最外殻の電子配置と非共有電子対

子軌道を使って形成していると説明できるように思われる．しかし，窒素原子の原子軌道を使って共有結合が形成されていれば結合角は 90° となるはずであるが，実際のアミンの結合角はその角度から大きくはずれた約 107° であり，sp³ 混成軌道の結合角に近い．これらのことは，アミンの窒素原子は原子軌道を用いるのではなく，sp³ 混成軌道となって 3 つの σ 結合を形成していることを示している（**図 1.13**）．一方，水，アルコール，エーテルなどの酸素原子の原子価は 2 であるが，その結合角は 104～108° である．このことは同じく，2 つの共有結合は酸素原子の原子軌道を使っているのではなく，sp³ 混成軌道を使って形成されていることを示している（**図 1.13**）．結果として，3 価の窒素原子や 2 価の酸素原子は，非共有電子対を最外殻の sp³ 混成軌道に持つ．したがって，アミンや水，アルコール，エーテルなどは，その反応性の高低はともかく，この非共有電子対が反応に関与して求核剤となりうる．

　ホウ素原子の原子価は 1 であるが，通常原子価 3 としてふるまう．また，3 価のホウ素原子の 3 つの共有結合は等価である．これらのことは，**図 1.14** に示すように，2s 軌道と 2p 軌道の混成による sp² 混成軌道を考えることによって説明できる．図 1.14 から分かるように，3 価のホウ素原子に

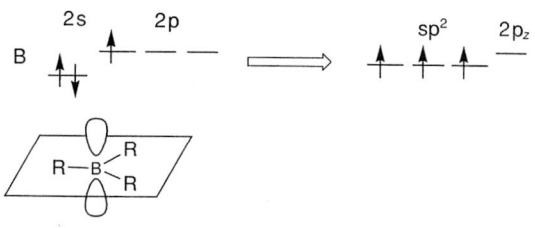

図 1.14　3価のホウ素原子の最外殻の電子配置

は最外殻に空の $2p_z$ 軌道が存在している．すなわち，3価のホウ素原子の3つの sp^2 軌道は3個の原子（団）の軌道と3つの共有結合を形成しているのみであることから，3価のホウ素原子の最外殻には計6個の電子しか存在せず，ルイスの8電子則を満足していない．そのため，3価のホウ素原子は極めて強い求電子性を示し，結果として求電子剤である．

1.7　酸と塩基

　酸（acid）と塩基（base）の定義には，主にブレンステッド-ローリー（Brønsted-Lowry）の定義とルイスの定義がある．
　ブレンステッド-ローリーの定義によると，酸はプロトン（H^+）を放出する化学種であり，塩基はプロトンを受容する化学種である．この定義による酸はブレンステッド酸と呼ばれる．しかし，この定義による塩基はブレンステッド塩基と呼ばれることはほとんどなく，ブレンステッド-ローリーの定義の塩基といわれる．酸がプロトンを放出して生成する化学種をその酸の共役塩基（conjugate base）といい，塩基がプロトンを受け取って生成する化学種をその塩基の共役酸（conjugate acid）という．
　式（1.2）に示す水溶液中での酢酸の解離平衡を例にとって考えてみよう．左辺では酢酸がプロトンを放出し水がプロトンを受容しているので，酢酸はブレンステッド酸であり，水はブレンステッド-ローリーの定義の塩基であ

る．また，酢酸アニオン (acetate anion) は酢酸の共役塩基であり，オキソニウムイオン (oxonium ion) は水の共役酸である．同様に右辺を見ると，オキソニウムイオンはブレンステッド酸であり，酢酸アニオンはブレンステッド–ローリーの定義の塩基である．

$$\text{CH}_3\text{COOH} + \text{H}_2\text{O} \rightleftharpoons \text{CH}_3\text{COO}^- + \text{H}_3\text{O}^+ \quad (1.2)$$

平衡状態を定量的に扱う重要なパラメータである平衡定数 (equilibrium constant) K_e は，平衡式 (1.3) の左右に存在する化学種のモル濃度 (mole concentration) によって表される．したがって，HA の水溶液中での K_e は，式 (1.4) で表される．

$$\text{HA} + \text{H}_2\text{O} \rightleftharpoons \text{A}^- + \text{H}_3\text{O}^+ \quad (1.3)$$

$$K_e = \frac{[\text{A}^-][\text{H}_3\text{O}^+]}{[\text{HA}][\text{H}_2\text{O}]} \quad (1.4)$$

しかし，酸の水溶液中での平衡は一般に希釈水溶液で測定するので，水の濃度は常にほぼ一定であると考え，式 (1.5) によって新しいパラメータである酸解離定数 (acid dissociation constant) K_a を定義する．結果として，酸解離定数は，平衡定数に水のモル濃度 ($55.5\,\text{mol}\,\text{L}^{-1}$) を掛けた値となる．そして，p$K_a$ は，酸解離定数 K_a から式 (1.6) によって導かれる．ここで pK_a は，溶液中の水素イオンの濃度を表す pH とは全く異なることに注意する必要がある．

$$K_a = \frac{[\text{A}^-][\text{H}_3\text{O}^+]}{[\text{HA}]} \quad (1.5)$$

$$\text{p}K_a = -\log K_a \quad (1.6)$$

ブレンステッド–ローリーの定義によれば，酸はプロトンを放出する化学種である．したがって，有機酸ばかりでなく，構成元素として水素を含む有機化学種は，大なり小なりプロトンを放出することが可能であり，酸であ

る．すなわち，構成元素として水素を含む有機化学種には，固有の物性値としてのpK_aがある．逆の言い方をすれば，構成元素として水素を含む有機化学種がプロトンを放出するそのしやすさの尺度がpK_aである（pK_aが小さいほどプロトンを放出しやすい；強酸性）．代表的な有機化合物の水中でのpK_aを表1.4に示す．

有機反応は水以外の溶媒中で行うことが多いが，それらの溶媒中でのpK_aは水中でのpK_aと異なることに注意しなければならない．しかし，表1.4の値は，ある溶媒中での有機化合物の相対的な酸性の強さを比較することには利用可能である．

表1.4　代表的有機化合物の水中での pK_a

化合物	pK_a	化合物	pK_a
$H-OSO_2CF_3$	-14	$H-CH_2COCH_3$	19
$H-OSO_2CH_3$	-2.6	$H-C{\equiv}CC_6H_5$	23
$H-OCOCF_3$	-0.3	$H-C{\equiv}CH$	24
$H-OCOCCl_3$	0.5	$H-CH_2COOC_2H_5$	26
$H-OCOCHCl_2$	1.3	$H-NHC_6H_5$	27
$H-OSO_2C_6H_5$	2.1	$H-NHC_2H_5$	33
$H-OCOCH_2F$	2.7	$H-CH(C_6H_5)_2$	34
$H-OCOCH_2Cl$	2.9	$H-NH_2$	38
$H-OCOC_6H_5$	4.0	$H-N(CH(CH_3)_2)_2$	40
$H-OCOCH_3$	4.6	$H-CH_2C_6H_5$	41
$H-OC_6H_4-NO_2-p$	7.0	$H-C_6H_5$	43
$H-SC_6H_5$	7.8	$H-CH_3$	48
$H-CH(COCH_3)_2$	8.8	$H-CH_2CH_3$	49
$H-OC_6H_5$	9.9	$H-CH=CH_2$	50
$H-CH_2NO_2$	10	$H-CH(CH_3)_2$	51
$H-CH(COCH_3)COOC_2H_5$	11	$H-C(CH_3)_3$	53
$H-CH(COOC_2H_5)_2$	13	$C_6H_5NH_3^+$	4.6
$H-NHCOCH_3$	15	$C_5H_5NH^+$	5.7
$H-OCH_3$	16 (15.5)	$C_2H_5NH_3^+$	11
$H-OH$	16 (15.7)	$(C_2H_5)_2NH_2^+$	11
$H-OC_2H_5$	16	$(C_2H_5)_3NH^+$	11

トリメチルアミン，ジエチルエーテルなどは有機塩基である．これらには非共有電子対があり，これがプロトンと反応して共有結合を形成するからである．このような有機塩基の強さを比較する尺度に pK_b がある．しかし，有機酸，有機塩基を統一的に考えるため，有機塩基の強さを比較する尺度として，それら有機塩基の共役酸の pK_a を用いるのが一般的である（表1.4）．

酸と共役塩基，共役酸と塩基には次の関係がある．

　強い（pK_a の小さい）酸の共役塩基は，弱い塩基である．

　弱い酸の共役塩基は，強い塩基である．

ブレンステッド-ローリーによる酸と塩基の考え方は，有機反応を理解する上で有用である．なぜならば，ある反応基質にその共役塩基よりも強い塩基を作用させると，その塩基は反応基質からプロトンを受け取り，基質からアニオンすなわち求核剤が生成する．また，別の反応基質，特に電子豊富な反応基質に強酸を作用させると，その反応基質はプロトンを受け取り，カチオンすなわち求電子剤が生成する．酸と塩基の pK_a は，このプロトンの授受の難易を知る尺度になる．

一方ルイスの定義では，酸は電子対を受け取ることのできる（電子受容性，electron-accepting）化学種であり，塩基は電子対を与えることのできる（電子供与性，electron-donating）化学種である．ブレンステッド-ローリーの定義による酸は，プロトンを放出する化学種であるが，放出されたプロトンは相手の塩基から電子を受け取って結合を形成するので，ルイスの定義の酸に含まれる．同様に，ブレンステッド-ローリーの定義の塩基は，ルイス塩基に含まれる．電子対の授受を考えると，ルイス酸は求電子剤であり，ルイス塩基は求核剤である．塩化アルミニウム，三フッ化ホウ素などはルイス酸である．なぜならば，それぞれの金属原子の最外殻に空の軌道が存在し，8電子則を満足させるべく2個の電子を受け取って結合を形成するからである．また，ナトリウムイオン，カルシウムイオン，鉄イオン，銅イオンなどの陽イオンもルイス酸である．一方，エーテルの酸素原子やアミンの

1.7 酸と塩基

窒素原子には非共有電子対が存在することから,エーテルやアミンはルイス塩基である.また,π電子を有するアルケン,アルキン,芳香族化合物などもルイス塩基である.

ルイス酸とルイス塩基が新たに形成する結合には,共有結合 (covalent bond) とイオン結合 (ionic bond) がある.しかし,共有結合とイオン結合は両極端な結合を表しており,実際には,ルイス酸・塩基の性質に依存して両者を重ね合わせた結合となる.この共有結合とイオン結合の度合いは,硬い酸-塩基・軟らかい酸-塩基 (hard and soft acids and bases, HSAB) の原理で説明することができる.

反応に関与する電子供与原子の電気陰性度が大きくて分極しにくくまた酸化されにくい場合,その塩基を硬い塩基 (hard base) と呼ぶ.逆に,反応に関与する電子供与原子の電気陰性度が小さくて分極しやすくまた酸化されやすい場合,その塩基を軟らかい塩基 (soft base) と呼ぶ.フッ素原子,酸素原子,窒素原子などが反応に関与する塩基は硬い塩基であり,ヨウ素原子,硫黄原子,リン原子などが反応に関与する塩基は軟らかい塩基である.一方,硬い塩基と安定な錯体を形成する化学種は,硬い酸 (hard acid) といい,イオン半径が小さくて正電荷が局在化しており,分極しにくい.これに対して,軟らかい塩基と安定な錯体を形成する化学種は,軟らかい酸 (soft acid) といい,イオン半径が大きくて正電荷が非局在化しており,分極しやすい.硬い,中間,軟らかい,の3つに区分した酸・塩基の代表例を**表1.5**に示す.

ここで,硬い酸は硬い塩基と反応しやすくイオン結合を形成する傾向があり,軟らかい酸は軟らかい塩基と反応しやすく共有結合を形成する傾向がある.これが,硬い酸-塩基・軟らかい酸-塩基の基本的な考え方である.したがって,酸と塩基の組み合わせによっては,両者の間に形成される結合にイオン結合から共有結合まで幅ができる.硬い酸-塩基・軟らかい酸-塩基の原理は,有機反応の生成物の予測や反応機構の説明に有効である.例えば,

表 1.5　硬い酸–塩基・軟らかい酸–塩基の例

	酸	塩基
硬い	H^+, Li^+, Na^+, K^+, Be^{2+}, Mg^{2+}, Ca^{2+}, Sr^{2+}, Mn^{2+}, Al^{3+}, Sc^{3+}, Ga^{3+}, In^{3+}, La^{3+}, Gd^{3+}, Lu^{3+}, Cr^{3+}, Co^{3+}, Fe^{3+}, $As(III)$, CH_3Sn^{3+}, $Si(IV)$, $Ti(IV)$, Ce^{3+}, Zr^{4+}, Sn^{4+}, $(CH_3)_2Sn^{2+}$, BF_3, $B(OR)_3$, $Al(CH_3)_3$, $AlCl_3$, AlH_3, RPO_2^+, $ROPO_2^+$, RSO_2^+, $ROSO_2^+$, RCO^+, HX（水素結合を形成する分子）など	H_2O, OH^-, F^-, CH_3COO^-, PO_4^{3-}, SO_4^{2-}, Cl^-, CO_3^{2-}, ClO_4^-, NO_3^-, RO^-, ROH, R_2O, NH_3, RNH_2, N_2H_4, など
中間	Fe^{2+}, Co^{2+}, Ni^{2+}, Cu^{2+}, Zn^{2+}, Pb^{2+}, Sn^{2+}, Sb^{3+}, Bi^{3+}, Rh^{3+}, Ir^{3+}, Ru^{2+}, Os^{2+}, $B(CH_3)_3$, GaH_3, R_3C^+, $C_6H_5^+$ など	N_3^-, Br^-, NO_2^-, SO_3^{2-}, $C_6H_5NH_2$, C_5H_5N, N_2 など
軟らかい	Cu^+, Ag^+, Au^+, Tl^+, Hg^+, Pd^{2+}, Cd^{2+}, Pt^{2+}, Hg^{2+}, Pt^{4+}, $Te(IV)$, Tl^{3+}, $Tl(CH_3)_3$, BH_3, $Ga(CH_3)_3$, $GaCl_3$, GaI_3, $InCl_3$, RS^+, RSe^+, RTe^+, I^+, Br^+, HO^+, RO^+, I_2, Br_2, ICN, O, Cl, Br, I, N, 金属(0) など	RS^-, I^-, SCN^-, $S_2O_3^{2-}$, CN^-, R_2S, RSH, R_3P, $(RO)_3P$, R_3As, RNC, CO, C_2H_4, C_6H_6, H^-, R^- など

アニオンを求核剤として用いる場合，対カチオン（counter cation）が硬い酸であるほどアニオンと対カチオンの結合はイオン結合的になり，そのアニオンの求核性が向上する．また，エーテルの酸素を活性化するには硬い酸を用いることが有効であり，スルフィドの硫黄を活性化するには軟らかい酸が好ましい．

1.8　反応とエネルギーの関係

式 (1.7) の平衡が成り立っている場合，反応経路とエネルギーの関係は三次元図で示され，反応はこの三次元図の谷を通って進行する．しかし，三次元図を描くことは容易でない．そこで一般には，三次元図の反応経路に沿っ

た断面を二次元面として表した反応座標図 (reaction coordinate diagram) が用いられる．反応座標図とは，横軸に反応の進む方向を示す反応座標 (reaction coordinate) をとり，縦軸にその時々の全化学種の自由エネルギー (free energy) の総和 G を示し，反応の進行に伴う G の変化を示す図である (図 1.15)．(A−B + C) を始原系 (reactants)，(A + B−C) を生成系 (products) という．始原系から生成系に至るには，遷移状態 (transition state) といわれる最も自由エネルギーの高い状態を経由する．

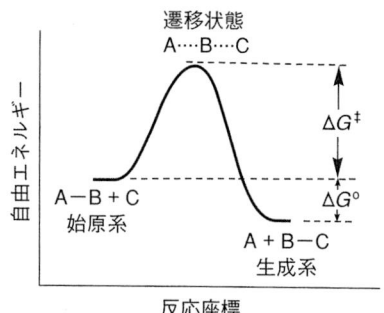

図 1.15　反応座標図

$$A-B + C \rightleftharpoons A + B-C \qquad (1.7)$$

熱力学 (thermodynamics) では反応の平衡を考え，存在比を議論する．式 (1.7) が平衡に達したときの平衡定数 K_e は，式 (1.8) で表すことができる．

$$K_e = \frac{[A][B-C]}{[A-B][C]} \qquad (1.8)$$

生成系の自由エネルギーと始原系の自由エネルギーの差は，ギブズ (Gibbs) の自由エネルギー変化 (Gibbs free-energy change) (ΔG^0) といい (図 1.15)，反応機構を議論する上で重要なパラメータである．$\Delta G^0 < 0$ ならば，$K_e > 1$ となり，反応に使われるエネルギーよりも反応によって放出されるエネルギーが大きい発エルゴン反応 (exergonic reaction) となり，自発反応である．逆に，$\Delta G^0 > 0$ ならば，$K_e < 1$ となり，反応に使われるエネルギーは反応によって放出されるエネルギーよりも大きい吸エルゴン反応 (endergonic reaction) となり，非自発反応である．

ΔG^0 は,エンタルピー項 (enthalpy term) (ΔH^0) とエントロピー項 (entropy term) (ΔS^0) からなり,K_e とは式 (1.9) の関係が成り立つ.

$$\Delta G^0 = \Delta H^0 - T\Delta S^0 = -RT\ln K_e \tag{1.9}$$

ここで,R は気体定数,T は絶対温度

このうちの ΔH^0 は始原系で切断される共有結合の結合エネルギーと生成系で形成される共有結合の結合エネルギーの差を表し,ΔS^0 は始原系の運動の自由度と生成系の運動の自由度の差を表す.したがって,$\Delta H^0 < 0$ である反応では始原系で共有結合が切断されるために必要なエネルギーよりも生成系で共有結合が形成されて放出されるエネルギーが大きいことを意味し,この反応は発熱反応 (exothermic reaction) である.逆に,$\Delta H^0 > 0$ の反応は吸熱反応 (endothermic reaction) である.

ここで,発エルゴン反応/吸エルゴン反応という概念と,発熱反応/吸熱反応という概念は全く異なることに注意する必要がある.例えば,$\Delta H^0 < 0$ の発熱反応であっても ΔS^0 の値によっては $\Delta G^0 > 0$ の吸エルゴン反応,すなわち生成系が始原系よりも不安定になることもあり,またその逆になることもある.

速度論 (kinetics) は,反応の速さを議論する.反応は,始原系から遷移状態を経由して生成系へと至る.このことは,反応は遷移状態へ至るためのエネルギー障壁を乗り越えなければならないことを意味している.このエネルギー障壁は,遷移状態の自由エネルギーと始原系の自由エネルギーの差に相当し,活性化自由エネルギー (free energy for activation) ($\Delta G^{\ddagger}$) という (図 1.15).活性化自由エネルギーは,式 (1.10) で表すことができる.$\Delta G^{\ddagger}$ が小さいほど反応が速く進行する.したがって,何らかの方法で始原系を不安定化するか遷移状態を安定化すると,反応は速くなる.

$$\Delta G^{\ddagger} = \Delta H^{\ddagger} - T\Delta S^{\ddagger} \tag{1.10}$$

1.8 反応とエネルギーの関係

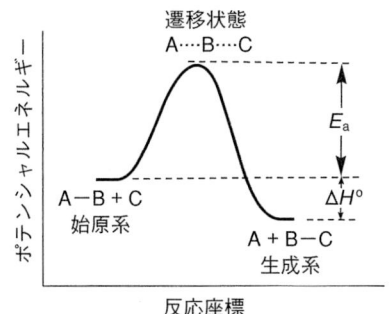

図1.16 反応のエネルギー図

このように，反応座標図におけるエネルギーは ΔG^0 と $\Delta G^\ddagger$ で表す．しかし，実際に ΔG^0 と $\Delta G^\ddagger$ を見積もることには多くの困難を伴う．そこで，ΔH^0 とアレニウス (Arrenius) の活性化エネルギー E_a (activation energy) で示す反応のエネルギー図 (potential energy diagram) が汎用されている．なぜならば，ΔH^0 は結合エネルギーから容易に求めることができ，活性化エネルギー E_a は実験から見積もることができるからである．反応のエネルギー図では，横軸が反応座標，縦軸がポテンシャルエネルギーになる (図1.16)．ここで，横軸は時間の軸でなく，反応座標であることに注意してもらいたい．また，ΔH^0 の値の正負と ΔG^0 の値の正負が必ずしも一致しない例があることにも注意してもらいたい．以降の章では，この反応のエネルギー図を用いる．

熱力学では始原系と生成系の安定性の差を議論し，速度論では反応のしやすさを議論する．有機反応では，熱力学に支配された生成物 (熱力学生成物, thermodynamic product) と速度論に支配された生成物 (速度論生成物, kinetic product) を考える必要がある．しかし，熱力学生成物と速度論生成物が同じであることも多い (3.3.3 項参照)．

有機反応機構の役割

　化学の世界で錬金術師が活躍していた時代，有機化合物が合成されるときには動物や植物の「生命力」が必要だと信じられており，生命体のみが有機化合物を合成することができると思われていた．このような有機化合物をOrganicと呼び，それらを研究する学問をOrganic Chemistryと称した．しかし1828年，ウェーラー (Wöhler) がアンモニウムシアナートの合成を試みた際に，不安定なアンモニウムシアナートが直ちに尿素になることを発見した．生体に存在する尿素がフラスコの中でも合成できることを初めて示し，「生命力」を必ずしも必要としないことを明らかにしたのである．このようなことから，彼を近代有機化学の始祖と呼ぶことができる．その後，多くの偉大な化学者の力によって有機化学が大きく発展し，現在もさらに発展し続けている．

　膨大な有機反応を整理して類別化し，反応の様子を説明するのが，有機反応機構である．有機反応機構は，そのときの知識を最大限に駆使して，自然が織りなす結合の切断と形成を矛盾なく説明しようとしているだけである．明日にでも新しい事実に直面するかも知れない．それによって，今までの有機反応機構とは異なる説明が必要とされるかも知れない．有機反応機構に従って結合の切断と形成がなされているのではなく，結合の切断と形成を納得できるように説明するのが有機反応機構である．

第2章　求核剤による反応

本章では求核剤 (nucleophile, Nu⁻) の関与する反応を取り上げる．求核剤とは求電子剤 (electrophile, E⁺) に対比して用いられる反応試剤 (reagent) の呼び名である．反応基質 (substrate) の電子密度が低い箇所を攻撃し，求核置換反応 (nucleophilic substitution) や求核付加反応 (nucleophilic addition) を引き起こす反応試剤が求核剤である．それゆえ，求核剤は電子豊富 (electron rich) な性質を持っており，非共有電子対 (unshared electron pair) を持つ酸素原子や窒素原子を分子中に含む化学種 (chemical species) が求核剤となる．ルイスの酸－塩基の定義でいうと，ルイス塩基としての性質を持つ反応試剤は求核剤となりうる．すべてのブレンステッド-ローリーの塩基はルイス塩基である．本章では同一のルイス塩基が求核剤として作用する反応（求核置換反応，求核付加反応および付加－脱離反応）以外に，ブレンステッド-ローリーの塩基として作用する反応（脱離反応）についても取り扱うことにする．

2.1 脂肪族求核置換反応と脱離反応

2.1.1 S_N2 反応と E2 反応

まず，式 (2.1) に書かれた反応を見てみよう．

$$CH_3-\underset{H}{\overset{CH_3}{\underset{|}{\overset{|}{C}}}}-Br \xrightarrow{CH_3O^-} CH_3-\underset{H}{\overset{CH_3}{\underset{|}{\overset{|}{C}}}}-OCH_3 + CH_2=\underset{H}{\overset{CH_3}{C}} \quad (2.1)$$

40％　　　60％

反応基質は 2-ブロモプロパンであり，この基質は第2級ハロアルカンである．まず，この反応基質の特徴を考える．2位炭素に結合している臭素は

ポーリングの電気陰性度 (electronegativity) が 3.0 と大きく，電子を求引する性質 (電子求引性) が強い．Br の誘起効果 (inductive effect, I 効果) により，炭素－臭素の電子は Br のほうへ引き寄せられている (右図)．Br による誘起効果をまとめると次のようになる．

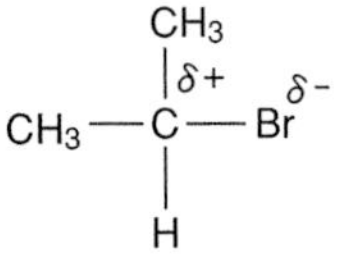

1) Br が結合している炭素は正に分極しており，逆に Br は負に分極している．このことは，2-ブロモプロパンの 2 位の炭素は求電子性があり，求核剤がこの位置に攻撃できることを意味している．

2) 2-ブロモプロパンの 2 つのメチル基は電子供与性基であり，メチル基の電子は Br のほうへ引き寄せられている．アルカンのメチル基の pK_a は 50 程度と大きく，メチル基からプロトン (H^+) を解離させるためには，相当に強い塩基が必要であるが，2-ブロモプロパンの場合には，Br の I 効果によりメチル基からのプロトン解離が起こりやすくなっている．

この基質に対する 2 つの予想される特徴から，式 (2.1) の反応はおおよそ理解できる．

2-メトキシプロパンは，反応基質である 2-ブロモプロパンの Br がメトキシ基に置き換わった (置換した) 化合物であり，メトキシドイオンの求核攻撃で生じる求核置換反応生成物である．その生成機構は次のようである．

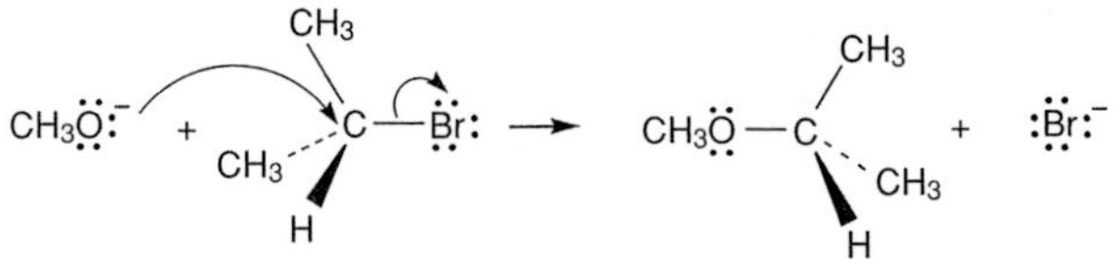

求核剤であるメトキシドイオンは基質の C－Br 結合の背面から求電子性の高い第 2 級炭素を攻撃し，CH_3O－C 結合ができ始めると同時に C－Br 結合が切れ始め，CH_3O－C 結合が強まるに従い C－Br 結合は弱まり，ついには置換が終了する．脱離していく基 (ここでは Br) は脱離基 (leaving group）と呼ばれる．このように，一方の結合ができると同時に他方の結合が切れて脱離する形式の反応機構を協奏機構（concerted mechanism）という．このような形式で反応が進むと，基質の立体配置（configuration）は必ず反転（inversion）する．式 (2.2) の反応ではこの反転が起こったかどうかは判別できない．しかし次の反応によって，立体配置の反転が 100 % の特異性で起こることが証明できる．

$$CH_3\ddot{O}:^- + \underset{CH_3CH_2}{\overset{CH_3}{\underset{H}{C}}}-\ddot{B}r: \longrightarrow CH_3\ddot{O}-\underset{CH_2CH_3}{\overset{CH_3}{\underset{H}{C}}} + :\ddot{B}r:^- \qquad (2.3)$$

反応基質は (S)-2-ブロモブタンであり，生成物は 100 % 立体配置が反転した (R)-2-メトキシブタンである．このような立体配置の反転をワルデン（Walden）反転（Walden inversion）と呼んでいる．では，なぜ求核剤は C−Br の背面から攻撃しなければいけないのだろうか．C−Br の前面は負に分極し，かつファン デル ワールス（van der Waals）半径の大きな Br が存在するため，メトキシドイオンは Br の静電反発と立体障害（立体障害の本質は静電反発である）により，反応点である第 2 級炭素に近づくことができない．したがって，求核剤は比較的立体障害の少ない炭素−臭素の背面からしか反応点に接近することができないのである．

式 (2.2) や (2.3) の反応のもう一つの特徴は，生成物の生じる速度が 2 次反応速度式に従うということである．

$$\frac{d\,[\text{product}]}{dt} = k\,[\text{substrate}][\text{nucleophile}] \qquad (2.4)$$

k は反応速度定数

2 次の速度式に従う求核置換反応ということで，S_N2 反応と分類される．S_N2 反応とは，bimolecular nucleophilic substitution（2 分子的求核置換反応）ということである．

さて，第2級ハロアルカンである 2-ブロモプロパンをメトキシドイオンと反応させると，S_N2 反応以外にアルケンが生じる反応（脱離反応）が競争して進行する．S_N2 反応において CH_3O^- イオンは求核剤として働くが，脱離反応においては塩基として作用する．CH_3O^- イオンの共役酸であるメタノールの pK_a は 16 であり，メトキシドイオンはかなり強い塩基である．この塩基が基質の Br に対して β 位のメチル基から水素をプロトンとして引き抜くと同時に C−Br 結合が切断されると，協奏的な脱離反応 (1,2-脱離あるいは β-脱離という) が進行して，アルケンが生じる．

$$CH_3\overset{..}{\underset{..}{O}}:^- + \text{H–C–C–H} \longrightarrow \text{H}_2\text{C=C(CH}_3)\text{H} + :\overset{..}{\underset{..}{Br}}:^- + CH_3OH \quad (2.5)$$

脱離反応というのは，同一分子から2つの基（脱離基，leaving group）がはずれて起こる反応をいう．メチル基の水素がプロトンとして塩基によって引き抜かれるのは，Br による I 効果がハロアルカンのメチル基の pK_a を下げていることによる（ハロアルカンの pK_a についての実験データは見当たらない）．この反応の特徴は2つある．

1) アルケンの生成速度は2次の速度式に従う．

$$\frac{d\,[\text{alkene}]}{dt} = k\,[\text{substrate}][\text{base}] \quad (2.6)$$

2次の速度式に従う脱離反応ということで，E2 反応 (bimolecular elimination reaction) と呼ばれる．

2) Br に対して *anti*-同平面 (*anti*-coplanar) にある水素が塩基によって引き抜かれる．このような脱離反応は *anti*-脱離と呼ばれる．

2.1 脂肪族求核置換反応と脱離反応

anti-coplanar　　　　　*syn*-coplanar

配座異性体がある基質の場合，脱離基が *anti*-同平面にあるとその立体配座（conformation）は安定なねじれ形（staggered conformation）であるが，*syn*-同平面の場合には不安定な重なり形（eclipsed conformation）となる．重なり形よりもねじれ形で存在する時間のほうが長いので，*anti*-形に 2 つの置換基が置かれたときに脱離が起こる．ただし，理論的には *anti*-形からも *syn*-形からも脱離反応は起こりうる（遷移状態における軌道の重なりを考えると理解できるが，ここではその説明を省略する）．

2-ブロモプロパンでは S_N2 反応と E2 反応が競争して起こるが，やや E2 反応が優先する（式 (2.1)）．これは，2-ブロモプロパンの C−Br 結合の背面には 2 つのメチル基があり，やや立体的に込み合っているため，CH_3O^- が反応点である第 2 級炭素に近づきにくいためである．S_N2 反応は基質の立体障害の影響を非常に受けやすいという特徴がある．

図 2.1 を見れば分かるように，ハロメタン，第 2 級ハロアルカン，第 3 級ハロアルカンになるに従い，ハロゲンが結合している炭素に対する立体障害が大きくなり，求核剤である CH_3O^- が近づきにくくなる．しかし，E2 反応を起こすためには分子の外側にあるアルキル基の水素を塩基が攻撃すればよいので，E2 反応は立体障害の影響を受けにくい．

ブロモメタンや第 1 級ハロアルカンであるブロモエタンとアルコキシドイオンとの反応では，メタノールやエタノールのような溶媒中，もっぱら S_N2 反応が進行する．

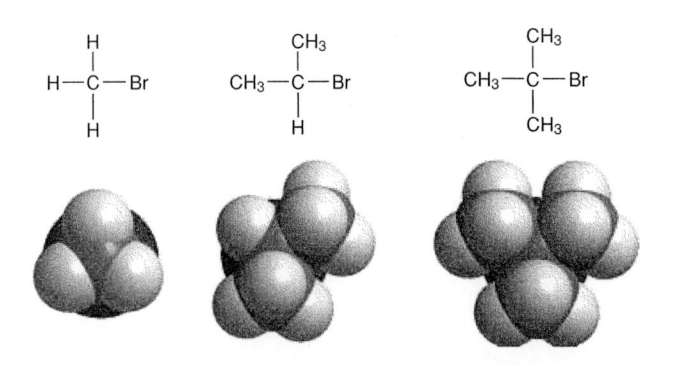

図 2.1 ブロモメタン (左), 2-ブロモプロパン (中) および 2-ブロモ-2-メチルプロパン (右) の分子模型 (space-fill model)

$$CH_3Br + CH_3CH_2O^- \longrightarrow CH_3OCH_2CH_3 + Br^- \quad (2.7)$$

$$CH_3CH_2Br + CH_3O^- \longrightarrow CH_3CH_2OCH_3 + Br^- \quad (2.8)$$

第1級ハロアルカンとアルコキシドイオンとの反応は,非対称エーテルの合成に使われ,ウィリアムソン (Williamson) 反応と呼ばれている.求核剤を水酸化物イオンに変えると,ハロアルカンは S_N2 反応により,アルコールへ変換できる.

$$(2.9)$$

第3級ハロアルカンである 2-ブロモ-2-メチルプロパンの場合,アルコキシドイオンは第3級炭素には到達できない.そこで,アルコキシドイオンは塩基としてメチル基の水素をプロトンとして引き抜き,もっぱら E2 反応を起こす.

$$CH_3CH_2O^- + H-\underset{\underset{H}{|}}{\overset{\overset{CH_3}{|}}{C}}-\underset{\underset{Br}{|}}{\overset{\overset{CH_3}{|}}{C}}-CH_3 \longrightarrow H_2C=\underset{\underset{CH_3}{}}{\overset{\overset{CH_3}{}}{C}} + CH_3CH_2OH + Br^- \quad (2.10)$$

> 90 %

2.1.2 S_N1 反応と E1 反応

第3級ハロアルカンである 2-ブロモ-2-メチルプロパンを，強い塩基であるアルコキシドイオンや水酸化物イオンを含まないエタノールに溶かして 75 ℃ に加熱すると，式 (2.1) に示した反応に極めてよく似た反応が速やかに進行する．

$$CH_3-\underset{\underset{CH_3}{|}}{\overset{\overset{CH_3}{|}}{C}}-Br \xrightarrow{CH_3CH_2OH} CH_3-\underset{\underset{CH_3}{|}}{\overset{\overset{CH_3}{|}}{C}}-OCH_2CH_3 + H_2C=\underset{\underset{CH_3}{}}{\overset{\overset{CH_3}{}}{C}} \quad (2.11)$$

64 %　　　　36 %

ただし，ここで注意しなければいけないのは，反応系に強い塩基（求核剤）を加えていない点である．よって，求核置換反応生成物である 2-エトキシ-2-メチルプロパン（t-ブチルエチルエーテル）のエトキシ基は溶媒であるエタノール由来であることになる．溶媒が関与した反応（ここでは分解とみる）ということで，式 (2.11) のような反応を加溶媒分解反応（solvolysis）という．

式 (2.11) の反応は不思議なことに，反応基質濃度に対しては1次であるが，求核剤であるエタノール濃度に対しては依存しない1次反応速度式に従う．

$$-\frac{d[\text{substrate}]}{dt} = k[\text{substrate}] \quad (2.12)$$

式 (2.12) で，左辺にマイナスがついていることに注意せよ．この式は反応基質の消失速度を表す式である．2-ブロモ-2-メチルプロパンのエタノー

ル中での加溶媒分解反応では，生成物はエーテルとアルケンの2種類である．この生成の速度式も1次となる．

$$\frac{d[\text{ether}]}{dt} = k[\text{substrate}] \tag{2.13}$$

$$\frac{d[\text{alkene}]}{dt} = k[\text{substrate}] \tag{2.14}$$

このような速度論（kinetics）上の事実から，次のような機構が導かれる．

$$\text{CH}_3-\underset{\underset{\text{CH}_3}{|}}{\overset{\overset{\text{CH}_3}{|}}{\text{C}}}-\text{Br} \underset{\text{slow}}{\rightleftharpoons} \text{CH}_3-\underset{\underset{\text{CH}_3}{|}}{\overset{\overset{\text{CH}_3}{|}}{\text{C}}}+ \;+\; \text{Br}^- \tag{2.15}$$

$$\text{CH}_3-\underset{\underset{\text{CH}_3}{|}}{\overset{\overset{\text{CH}_3}{|}}{\text{C}}}+ \;+\; \text{H}\ddot{\text{O}}\text{CH}_2\text{CH}_3 \underset{\text{fast}}{\rightleftharpoons} \text{CH}_3-\underset{\underset{\text{CH}_3}{|}}{\overset{\overset{\text{CH}_3}{|}}{\text{C}}}-\overset{+}{\underset{\text{H}}{\text{O}}}\text{CH}_2\text{CH}_3 \tag{2.16}$$

$$\text{CH}_3-\underset{\underset{\text{CH}_3}{|}}{\overset{\overset{\text{CH}_3}{|}}{\text{C}}}-\overset{+}{\underset{\text{H}}{\text{O}}}\text{CH}_2\text{CH}_3 \underset{\text{fast}}{\rightleftharpoons} \text{CH}_3-\underset{\underset{\text{CH}_3}{|}}{\overset{\overset{\text{CH}_3}{|}}{\text{C}}}-\text{OCH}_2\text{CH}_3 \;+\; \text{H}^+ \tag{2.17}$$

$$\text{CH}_3\text{CH}_2\ddot{\text{O}}\text{H} \;+\; \text{H}-\text{CH}_2-\underset{\underset{\text{CH}_3}{|}}{\overset{\overset{\text{CH}_3}{|}}{\text{C}}}+ \underset{\text{fast}}{\rightleftharpoons} \text{CH}_3\text{CH}_2\overset{+}{\underset{\text{H}}{\text{O}}}\text{H} \;+\; \text{H}_2\text{C}=\text{C}\underset{\text{CH}_3}{\overset{\text{CH}_3}{\diagup\diagdown}} \tag{2.18}$$

$$\text{CH}_3\text{CH}_2\overset{\text{H}}{\underset{+}{\ddot{\text{O}}}} \underset{\text{fast}}{\rightleftharpoons} \text{CH}_3\text{CH}_2\ddot{\text{O}}\text{H} \;+\; \text{H}^+ \tag{2.19}$$

この反応では，式 (2.15) から (2.17) までが逐次起こって，求核置換反応生成物が得られる．また式 (2.15), (2.18), (2.19) の反応が逐次進行して，脱離反応生成物となる．このような逐次反応では，最も起こりにくい素過程の速度が，反応全体の速度を決める．最も遅い反応の素過程を律速段階（rate-determining step）という．式 (2.11) の反応では，式 (2.15) で表されるカルボカチオンの生成過程が律速段階である．カルボカチオンの生成過

程は，基質が溶媒中でイオン解離する過程であるから1分子過程である．よって，この加溶媒分解反応は1次の速度式に従う．1次の速度式に従う求核置換反応を S_N1 反応と分類し，1次の速度式に従う脱離反応を E1 反応と分類する．エーテル生成もアルケン生成も同じ中間体 (intermediate) を経るので，それぞれの生成物の生成速度も1次の速度式に従う．もちろん，式 (2.12)〜(2.14) に示されている3つの速度式中の1次速度定数 (k) は同じ値となる．

なぜ，第3級ハロアルカンはいとも簡単にカルボカチオンという中間体を経る加溶媒分解反応を起こすのだろうか．3つの主な理由がある．

1) カルボカチオンは メチル＜第1級カルボカチオン≪第2級カルボカチオン＜第3級カルボカチオン の順に安定となる．
2) カルボカチオンは水やエタノールのような極性溶媒中で安定化される．
3) 加溶媒分解反応を起こす溶媒は水やアルコールであり，これらの溶媒は弱いながらも求核性と塩基性がある（ルイス塩基性）．

カルボカチオンはルイスの8電子則を満足しないので，不安定で，非共有電子対を受容しようとする傾向が強い（ルイス酸性が強い，求電子性が強い）．では，なぜ第3級カルボカチオンが比較的簡単に生じるのだろうか．メチル基（一般にはアルキル基）は電子供与性基である．よって，カルボカチオンの sp^2 炭素上の陽電荷を中和する効果がある．この効果は，共鳴理論では超共役 (hyperconjugation) で説明される．

$$(2.20)$$

共鳴理論には，多くの共鳴構造式が書ければ書けるほど，その化学種は安

定であるという基本的な考え方がある．第3級カルボカチオンには式 (2.20) に示されるように4つの共鳴構造式が書ける．第2級カルボカチオンになれば共鳴構造式の数が1つ減る．それだけ第3級カルボカチオンに比べて不安定である．第1級ではさらに1つ減る．通常，第1級カルボカチオンは生じないと考えて差し支えない（例外はある）．

式 (2.16) の反応では，エタノールは求核剤として作用している．一方，式 (2.18) の反応ではエタノールは塩基である．アルコールや水分子には非共有電子対があり，ルイス塩基性があるので，このように S_N1 反応と E1 反応とが競争して進行する．

キラルな基質に対する S_N2 反応では必ずワルデン反転が起こる．ワルデン反転は立体配置の特異的な反転である．一方，S_N1 反応ではラセミ化 (racemization) が起こるのが特徴である．ラセミ化とは，光学活性であった基質を反応させたとき，生成物が光学不活性なラセミ体に変わることをいう．S_N1 反応におけるラセミ化の機構を図 2.2 に示す．

反応基質は第3級ハロアルカンである (S)-3-ブロモ-3-メチルヘキサンである．第1段階目の素反応は基質のヘテロリシスでカルボカチオンが生じる反応である．イオン解離した直後はアルキルカチオンと臭素イオンとは

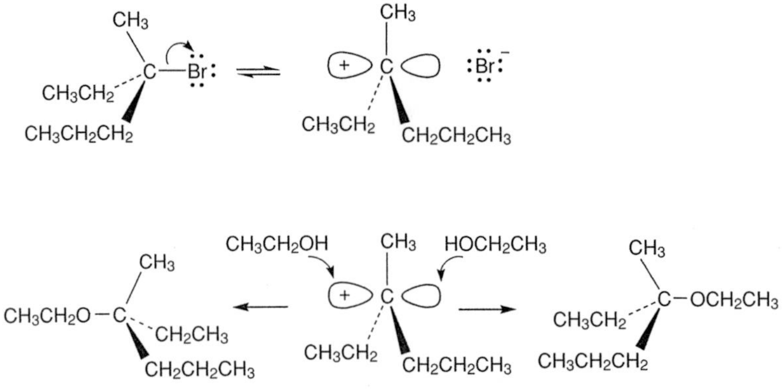

図2.2 S_N1 反応におけるラセミ化の機構

イオン対 (ion pair) を形成している．それぞれのイオンにエタノールが溶媒和すればイオン対が離れていく (solvent-separated ion pair)．しかし，カルボカチオンが活性な場合には，すぐに周りの溶媒分子であるエタノールと反応してエーテルとなる．陽電荷が存在する炭素原子は sp^2 混成軌道の炭素であり，$2p_z$ 軌道 (p_π 軌道) に陽電荷が存在する．この $2p_z$ 軌道は 3 つのアルキル基が存在する平面に対して垂直にそのローブが伸びている．求核剤であるエタノール分子はこのどちらのローブにも同じ確率で反応することができるはずである．そのために，生成物はラセミ体となる．しかし，実際には基質のイオン解離直後はイオン対状態であり，カチオンの近傍にある Br^- によって，この方向でのエタノールの攻撃はやや抑制される．このような理由により，S_N1 反応においては反転した生成物がやや多くなる傾向がある．これを部分ラセミ化 (partial racemization) という．反応活性なカルボカチオンが中間に生じる S_N1 反応ではラセミ化率は低く，安定なカルボカチオンが生じる場合には，溶媒和イオン対ができて，カチオンとアニオンとがお互いに離れることができるので，ラセミ化率が高くなる．

第 2 級ハロアルカンの加溶媒分解反応では，第 3 級カルボカチオンよりも相対的に不安定な第 2 級カルボカチオンが生じる．そのため，第 2 級ハロアルカンの加溶媒分解反応の速度は，第 3 級ハロアルカンよりも遅い．第 2 級カルボカチオンの加溶媒分解反応では，主に S_N1 反応が進行する．

$$\underset{H}{\overset{CH_3}{CH_3-\underset{|}{\overset{|}{C}}-Br}} \xrightarrow{C_2H_5OH} \underset{\underset{\text{major}}{H}}{\overset{CH_3}{CH_3-\underset{|}{\overset{|}{C}}-OC_2H_5}} + \underset{\text{minor}}{CH_2=C\overset{CH_3}{\underset{H}{}}} \quad (2.21)$$

第 1 級ハロアルカンは一般に S_N1 反応や E1 反応を起こさない．第 1 級カルボカチオンが非常に不安定なためである．

2.1.3 求核置換反応および脱離反応のポテンシャルエネルギー図

式 (2.7) に示された典型的な S_N2 反応の反応座標 (reaction coordinate) とポテンシャルエネルギー (potential energy) との関係を示す反応のエネルギー図 (概念図) を図 2.3 に示す．

反応のエネルギー図の横軸は反応座標であり，時間の軸ではないことに注意する必要がある．始原系にある基質と求核剤は，溶媒であるエタノール中で拡散し，ある確率で衝突する．基質濃度が高くなればなるほど衝突の確率も高くなる．もちろん，求核剤の濃度が高まれば，基質との衝突の確率は上がる．衝突しなければ反応しないので，S_N2 反応の速度は基質濃度に対して 1 次，求核剤濃度に対して 1 次の計 2 次の速度式に従うわけである．衝突したからといって全てが反応するわけではない．C−Br の前面から衝突した衝突錯体 (collision complex) は反応しないので再びもとの始原系に戻る．C−Br の背面から衝突した場合にも，この衝突錯体はアレニウスの活性化エネルギーの山を越えなければならない．ある温度における衝突錯体が持つ運動エネルギーの分布はボルツマン (Boltzmann) 分布則に従う (図 2.4)．

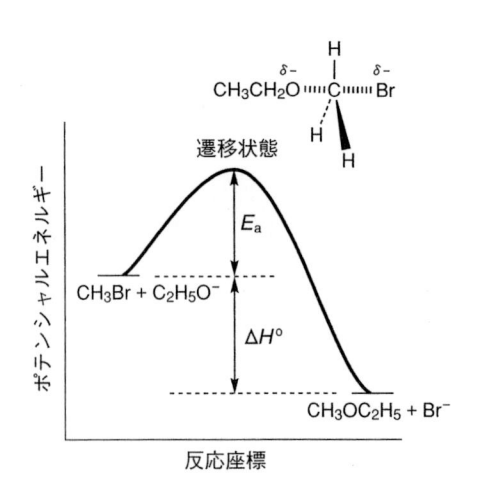

図 2.3　S_N2 反応のポテンシャルエネルギー図

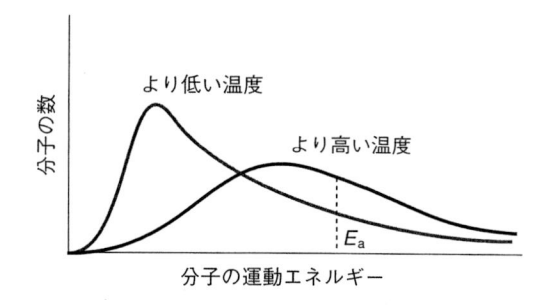

図2.4 ボルツマン分布曲線の温度依存性

温度が高くなれば，アレニウスの活性化エネルギーよりも高いエネルギーを持つ分子の数が増えることが，図2.4から理解できるだろう．活性化エネルギーよりも高いエネルギーを有する衝突錯体は遷移状態 (transition state) に達する．遷移状態は中間体とは異なり仮想的な状態である．S_N2 反応の遷移状態は図2.5のようである．

ブロモメタンの炭素は sp^3 混成軌道であり，この炭素に求核剤が C−Br 結合の背面から近づき，結合ができ始めると，次第に3つの水素原子は垂直方向へ立ち上がり，遷移状態では基質の1つの炭素と3つの水素とは同一平面に配置されるだろう．この状態では，炭素は sp^2 的となる．求核剤であるメトキシドイオンの負電荷は，遷移状態ではその半分が脱離基である Br に移動している．C−O 結合が強まると，逆に C−Br 結合が弱まり，ついには置換が完了し，生成系へと移る．生成系のポテンシャルエネルギーが始原系のそれよりも低いと，この反応は発熱反応 ($\Delta H^0 < 0$) であり，逆の場合には吸熱反応 ($\Delta H^0 > 0$) となる．ΔH^0 が十分に負に大きいと，反応は実質的に不可逆 (irreversible) となる．

E2反応も S_N2 反応と同様に協奏機構で進行する．よって，E2反応のエネルギー図は S_N2

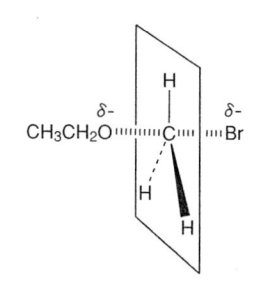

図2.5 S_N2 反応の遷移状態

第2章 求核剤による反応

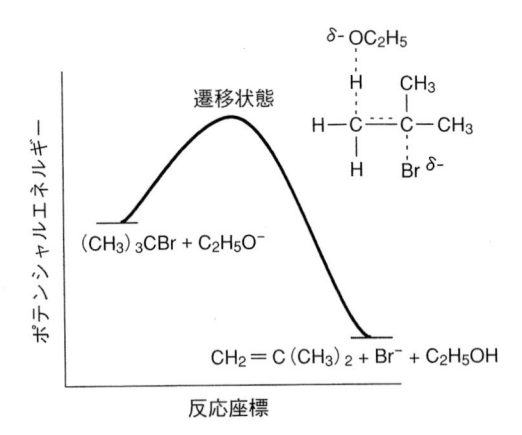

図2.6 E2反応のポテンシャルエネルギー図

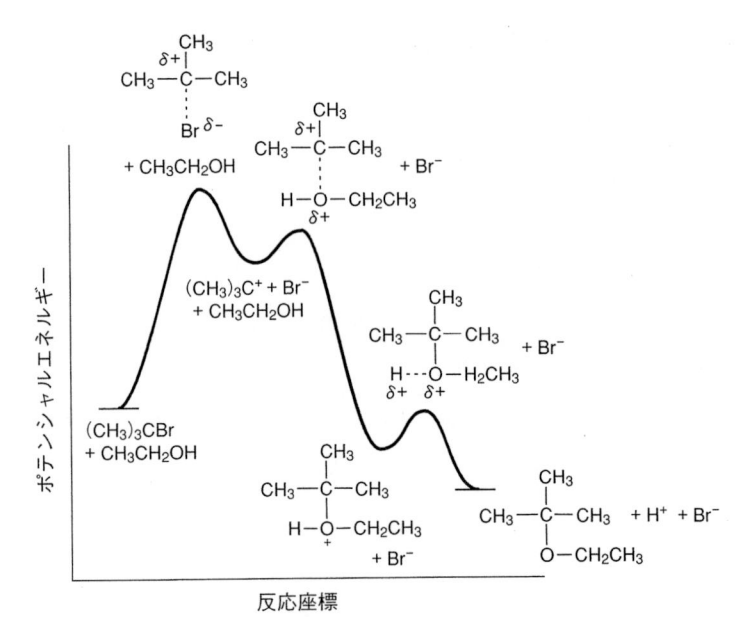

図2.7 S_N1反応のポテンシャルエネルギー図

反応と類似している．式 (2.10) の反応のエネルギー図（概念図）を図 2.6 に示す．

図 2.6 に描かれている E2 反応の遷移状態と，図 2.5 の S_N2 反応の遷移状態とを見比べると，メトキシドイオンの負電荷は，E2 反応の遷移状態では S_N2 のそれよりもより分子全体に非局在化している．

式 (2.11) の競争反応のうちの S_N1 についてのエネルギー図を図 2.7 に示す．中間体が生じるので反応のエネルギー図は協奏機構で進行する S_N2 反応のエネルギー図よりも複雑になる．

E1 反応のエネルギー図は，カルボカチオン中間体までは図 2.7 の S_N1 反応のエネルギー図と全く同じである．カルボカチオン中間体からの遷移状態や中間体のエネルギー準位が，S_N1 反応のそれらとは異なるため，カルボカチオン以降のエネルギー図は，S_N1 反応のそれとは若干異なることになる

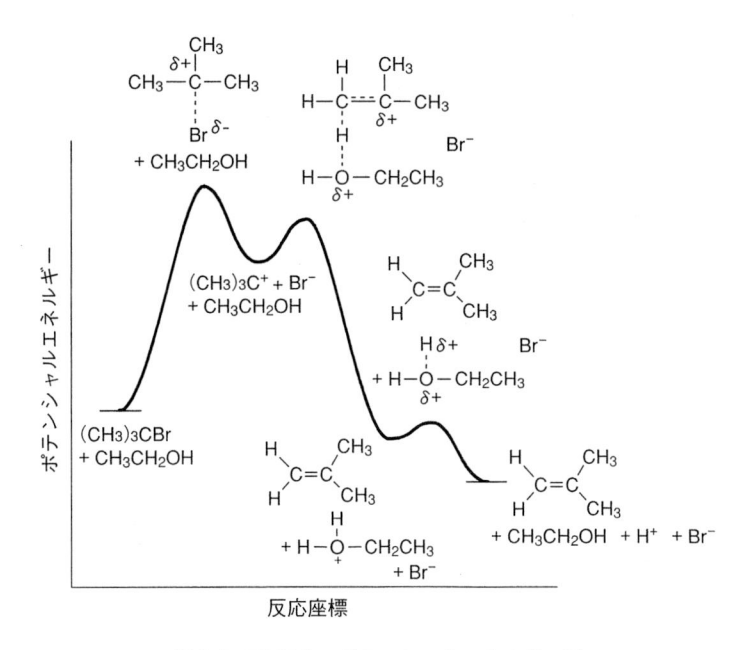

図 2.8　E1 反応のポテンシャルエネルギー図

(図 2.8).

2.1.4 求核剤の求核性

S_N2 反応が起こるかどうかを決める 1 つの要因に，求核剤の求核性 (nucleophilicity) がある．S_N2 反応が起こるためには，求核剤が基質に電子対を供与して新たな結合をつくり，同時に基質からは C−L (L：脱離基) の結合が切れて L^- が脱離していく必要がある．よって，求核剤の電子対供与性 (ルイス塩基性) が強く，基質からの脱離基の解離が起こりやすいほど，S_N2 反応は進行しやすいことになる．すべてのルイス塩基はブレンステッド–ローリーの定義でいう塩基であるので，塩基性が強いほど，言い換えれば塩基の共役酸の pK_a が大きいほど，その塩基は求核性が強いと予想できる．この予想はおおよそ正しい．ただし，塩基性は，酸解離という現象から定義されるものであるのに対し，求核性は 2 分子反応性から定義すべきものであるので，塩基性と求核性との間には，必ずしも直線的な関係がなくても不思議ではない．

そこでピアソン (Pearson) らは，基質としてヨードメタン (CH_3I) を用い，メタノール中，25 ℃における S_N2 反応の速度を基準 (この反応はメタノールの求核性が低いために非常に遅い，$k_{CH_3OH} = 1.3 \times 10^{-7} \mathrm{M^{-1} s^{-1}}$) にとり，この系に各種求核剤 ($Nu^-$) を加えて CH_3I と反応させたときの S_N2 反応速度定数 (k_{Nu}) を測定し，求核剤の求核性の強さを，式 (2.24) で定義される求核性定数 (n_{CH_3I}) で見積もれるようにした．

$$CH_3I + CH_3OH \xrightarrow{k_{CH_3OH}} CH_3OCH_3 + HI \qquad (2.22)$$

$$CH_3I + Nu^- \xrightarrow{k_{Nu}} CH_3Nu + I^- \qquad (2.23)$$

$$n_{CH_3I} = \log \frac{k_{Nu}}{k_{CH_3OH}} \qquad (2.24)$$

式 (2.23) は求核置換反応の形式の 1 つを表現しているに過ぎない．例えば $CH_3CH_2O^-$ や N_3^- による S_N2 反応は式 (2.23) で表現できる．

$$CH_3I \ + \ \overset{..}{\overset{-}{N}}=\overset{+}{N}=\overset{..}{\overset{-}{N}} \ \xrightarrow{k_{Nu}} \ CH_3N_3 \ + \ I^- \qquad (2.25)$$

しかし，次のような S_N2 反応は式 (2.23) では表現できないので注意しよう．

$$CH_3I \ + \ N(CH_3)_3 \ \xrightarrow{k_{Nu}} \ (CH_3)_4N^+ \ I^- \qquad (2.26)$$

$$CH_3I \ + \ P(CH_3)_3 \ \xrightarrow{k_{Nu}} \ (CH_3)_4P^+ \ I^- \qquad (2.27)$$

$$CH_3I \ + \ S(CH_3)_2 \ \xrightarrow{k_{Nu}} \ (CH_3)_3S^+ \ I^- \qquad (2.28)$$

式 (2.26) はメンシュトキン (Menschutkin) 反応と呼ばれている．**表 2.1** には各種求核剤の求核性定数が示されている．

表 2.1 から求核剤の求核性の特徴をまとめてみよう．

1) Nu^-（例えば $C_6H_5S^-$）はその共役酸 NuH（C_6H_5SH）よりも求核性が高い．

2) 主量子数の大きな（周期表の下に位置する）原子を反応に関与する原子として含む求核剤ほどその求核性は大きい．例えば，$C_6H_5SH >$ C_6H_5OH, $C_6H_5S^- > C_6H_5O^-$, $(C_2H_5)_3P > (C_2H_5)_3N$, $I^- > Br^- >$ $Cl^- > F^-$ である．

1) の特徴はすぐに理解できよう．例えば CH_3O^- の共役酸である CH_3OH の pK_a は 15.5 であるのに対し，CH_3OH の共役酸である $CH_3OH_2^+$（メチルオキソニウムイオン）の pK_a は −2.2 である．つまり，CH_3O^- は CH_3OH よりも格段に塩基性が高い．

2) はどのように理解されるだろうか．主量子数の大きなヘテロ原子の非共有電子対は原子核との相互作用が弱く，原子核により束縛されている主量子数の小さなヘテロ原子の非共有電子対よりもより自由に基質と相互作用できる．もっと厳密にはフロンティア電子理論 (4.3 節参照) で説明する必要

表2.1 求核剤の共役酸の pK_a およびピアソンの求核性定数

求核剤	共役酸の pK_a	求核性定数 n_{CH_3OH}
CH_3OH	−2.2	0
F^-	3.17	2.7
CH_3COO^-	4.76	4.3
Cl^-	−8.0	4.37
C_5H_5N (pyridine)	5.7	5.23
NO_2^-	3.29	5.35
NH_3	9.25	5.5
C_6H_5SH	−	5.70
$C_6H_5O^-$	9.95	5.75
N_3^-	4.72	5.78
Br^-	−9.0	5.79
CH_3O^-	15.5	6.29
NH_2NH_2	8.12	6.61
$(C_2H_5)_3N$	10.8	6.66
CN^-	9.4	6.70
$(C_6H_5)_3P$	2.7	7.00
$(C_2H_5)_2NH$	10.9	7.00
I^-	−10	7.42
$(C_2H_5)_3P$	9.1	8.72
$C_6H_5S^-$	7.8	9.92

がある.求核剤の最高被占軌道 (highest occupied molecular orbital, HOMO) の軌道の広がりと基質の最低空軌道 (lowest unoccupied molecular orbital, LUMO) の軌道の広がりとの重なり具合が,主量子数の大きなヘテロ原子を含む求核剤のほうが大きい.フェノキシドイオン (フェノラートイオンともいう) およびベンゼンチオラートイオンの HOMO を図2.9 に示す.ベンゼンチオラートイオンの硫黄上のローブの広がりは,フェノキシドイオンの酸素上のローブの広がりよりも圧倒的に大きい.それだけ,基質の

2.1 脂肪族求核置換反応と脱離反応

$C_6H_5O^-$　　　　　$C_6H_5S^-$

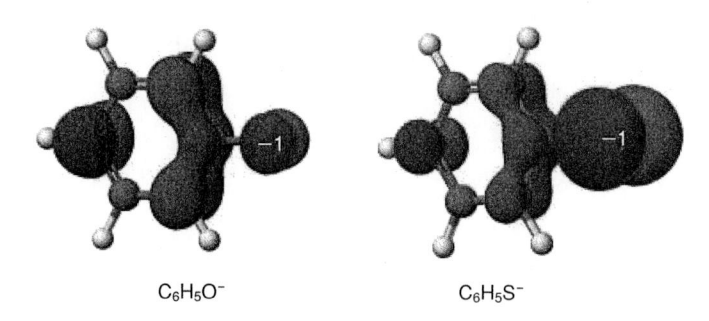

図2.9　フェノキシドイオンおよびベンゼンチオラートイオンのHOMO

LUMOとの相互作用が大きくなる．

ピアソンらの求核性定数は，あくまでもメタノールというプロトン性極性溶媒中において決められたパラメータである．よって，アセトン，アセトニトリル，あるいはジメチルスルホキシド (DMSO), N,N-ジメチルホルムアミド (DMF), N,N-ジメチルアセトアミド (DMA) などの非プロトン性極性溶媒中の反応にはあてはまらないことがある．

2.1.5　求核置換反応および脱離反応における溶媒効果

ある物質がある溶媒に溶解するのは，溶質 (solute) と溶媒 (solvent) との間に，分子間相互作用 (intermolecular interaction) が働くためである．溶媒と溶質の間に働く引力には次のようなものがある．

1) ロンドン (London) 分散力（ファンデルワールス力）：無極性の分子でも，瞬時には電子の偏りが生じ分極する．この瞬時の分極が相手分子の分極を誘起して，その間に静電相互作用が生じるために起こる分子間引力である．この分子間力は分子間の距離 (r) の8乗に反比例する．無極性の溶質が無極性の溶媒に溶けるときには，この分散力が主に関与する．

2) 双極子－双極子相互作用：永久双極子を持つ分子間に働く相互作用

（静電相互作用）である．分子間力は r の3乗に反比例する．

3）イオン－双極子相互作用：イオンと永久双極子間の相互作用である．r の2乗に反比例する．

4）イオン－誘起双極子相互作用：イオンが無極性の分子の分極を誘起して生じる相互作用である．r の4乗に反比例する．

5）双極子－誘起双極子相互作用：永久双極子が相手分子の双極子を誘起することにより起こる分子間力である．分子間力は r の6乗に反比例する．

6）水素結合：ある分子中の電気陰性度の大きな原子と，他の分子の正に分極した水素との間に働く静電相互作用である．

7）配位共有結合：ある分子中の非共有電子対がルイス酸性を有する分子へその電子対を供与してできる結合であり，ボラン（BH_3）がエーテル系溶媒に溶解するのはその1例である．

8）電荷移動相互作用：ある分子から，他の分子へ電荷が一部移動して生じる2つの分極した分子間に働く静電相互作用である．I_2 分子がベンゼンと錯体を形成してベンゼンに溶解するのはその1例である．

　溶質－溶媒相互作用の詳細な説明は本書の範囲外であるが，物理化学等で十分に学ぶ必要がある．ごく初歩的な知識として，極性の高い溶質は，極性の高い溶媒によく溶解し，無極性の溶質は，無極性の溶媒に溶けやすいということをしっかりと記憶しておこう．さらに，酸素や窒素あるいはハロゲンなどの原子を含む分子やハロゲン化物イオンでは，これらのヘテロ原子上の非共有電子対が，アルコールや水のようなプロトン性極性溶媒と水素結合しやすいことも理解すべきである．

　次に，ハロゲン化物イオンの求核性と溶媒和について考えてみる．フッ化物イオンとヨウ化物イオンを考える．フッ化物イオンはK殻の軌道に非共有電子対を4組持つが，ヨウ化物イオンではO殻の軌道に非共有電子対がある．フッ化物イオンのイオン半径は 0.133 nm であり，ヨウ化物イオンの

イオン半径は 0.22 nm である．よって，最外殻の球の表面積 ($4\pi r^2$) は，フッ化物イオンで 0.22 nm^2 であり，ヨウ化物イオンで 0.61 nm^2 である．この表面積に 1 個の負電荷が存在するので，ヨウ化物イオンはフッ化物イオンよりも負電荷の密度は小さく，より疎水性が高いイオンといえる．水素結合は正に分極した水素との静電相互作用なので，負電荷の密度が高いフッ化物イオンはメタノールのようなプロトン性極性溶媒とは強い水素結合を形成する．ヨウ化物イオンとメタノールとの水素結合はフッ化物イオンよりも小さい．フッ化物イオンが S_N2 反応するには，まず，水素結合している溶媒を取り除くためのエネルギーが必要である（吸熱過程）．一方，ヨウ化物イオンの場合には，この脱溶媒和 (desolvation) のエネルギーはより少なくてすむ．よって，アルコールや水のようなプロトン性極性溶媒中では，ハロゲン化物イオンの求核性は次のようになる．

ハロゲン化物イオンの求核性：$I^- > Br^- > Cl^- > F^-$

非プロトン性の溶媒であるアセトン（比較的大きな永久双極子を持つ，25 °C の比誘電率 $\varepsilon = 20.7$）中では水素結合が形成されないので，ハロゲン化物イオンの求核性はかなり強くなる．式 (2.29) のような反応は，フィンケルシュタイン (Finkelstein) 反応と呼ばれる．

$$:\!\ddot{\underset{..}{I}}{}^{-} + \underset{H_3CH_2C}{\overset{H_3C}{}}\!\!\!\!\overset{|}{\underset{|}{C}}\!\!-\!\!\ddot{\underset{..}{Br}}: \xrightleftharpoons{\text{acetone}} :\!\ddot{\underset{..}{I}}-\!\!\!\!\overset{CH_3}{\underset{CH_2CH_3}{\overset{|}{\underset{|}{C}}}}\!\!\!\!H + :\!\ddot{\underset{..}{Br}}{}^{-} \quad (2.29)$$

この反応からは多くのことを学べる．C−Br 結合のエネルギーは C−I 結合エネルギーよりも大きい．よって，熱力学的には基質である 2-ブロモブタンの方が安定である．しかし，式 (2.29) の反応が進むのは，ヨウ化物イオンの求核性が臭化物イオンよりも高く，速度論的には，右へ行く反応のほうが左へ戻る反応よりも優先して起こるためである．このように，反応の進

行方向が速度で決まるような反応を速度論支配の反応 (kinetic control reaction) という.

2-ブロモブタンは第2級ハロアルカンであり，C−Br 結合の背面は相当に立体障害が大きい．そのため，アルコキシドイオンなどの強い塩基を用いると S_N2 反応よりも E2 反応が優先して起こる．しかし，ヨウ化物イオンの塩基性は非常に低いため，式 (2.29) の反応では S_N2 反応がもっぱら進むことになる．

今までの学習から，求核剤の求核性を高めるには，求核剤をできるだけ溶媒和させずに反応させればよいことが分かる．非プロトン性極性溶媒と呼ばれるジメチルスルホキシド (DMSO, $\varepsilon = 46.6$), N,N-ジメチルホルムアミド (DMF, $\varepsilon = 37$) あるいは N,N-ジメチルアセトアミド (DMA, $\varepsilon = 37.8$) は，アニオンと水素結合することができないので，アニオンの求核性を著しく向上させることのできる溶媒である．

これらの溶媒中のアニオンはしばしば"裸のアニオン (naked anion)"と呼ばれ，S_N2 反応を著しく加速することがある．

$$CH_3I + Cl^- \xrightleftharpoons{DMF} CH_3Cl + I^- \quad (2.30)$$

ピアソンの求核性定数からするとヨウ化物イオンの求核性は塩化物イオンよりも高いにもかかわらず，式 (2.30) の反応が DMF 中で進行する．塩基性は塩化物イオンの方がヨウ化物イオンよりも高い．アニオンへの溶媒和が極端に少なくなると，アニオン本来の反応性が発現されるようになる．

S_N1 反応に対する溶媒効果は単純明快である．反応のエネルギー図 (図 2.10) を見ればすぐに理解できるはずである．

2.1 脂肪族求核置換反応と脱離反応

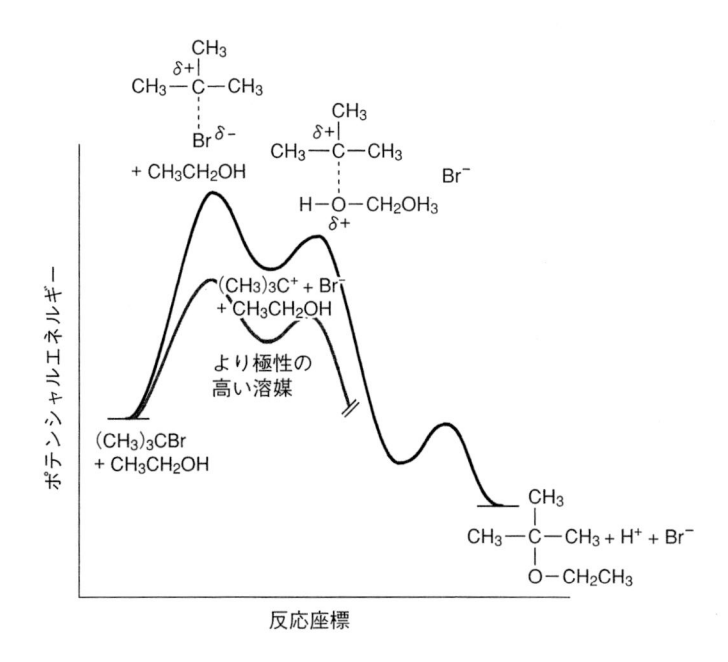

図 2.10 S_N1 反応の溶媒効果

　図 2.10 の S_N1 反応の始原系は，電荷を持たない中性の分子で構成されている．一方，第 1 の中間体はカルボカチオンと臭化物イオンというイオン種である．極性の比較的低い始原系から，極性の非常に高いイオン種ができるところが律速段階である．極性の高い化学種は，極性溶媒によってより強く溶媒和されることから，中間体は極性のより高い溶媒中でより強く安定化されるはずである．よって，極性溶媒中で S_N1 反応は加速されることが分かる．反応の速度は活性化エネルギーの大小で議論すべきであるが，中間体の構造と遷移状態の構造とは類似しているので，有機化学では，中間体の安定性で遷移状態の安定性を議論することが一般に行われる．図 2.10 の反応は 90％アセトン−10％水混合溶媒中よりも，純粋な水中で約 40 万倍速く進行する．

　E1 反応の律速段階も S_N1 反応と同じカルボカチオンの生成にあるので，

極性溶媒中で E1 反応は速く進行する．問題は，E1 反応と S_N1 反応の選択性を溶媒で変えられるかということである．第 2 の遷移状態のエネルギーが溶媒でどのように左右されるかを考えると，反応の選択性がある程度議論できる．図 2.7 と図 2.8 に S_N1 反応と E1 反応における第 2 の遷移状態の構造がそれぞれ描かれている．これらを見ると，E1 反応の遷移状態の陽電荷の分散は，S_N1 反応よりもより広い範囲にわたっている．S_N1 反応の第 2 の遷移状態の方がより分極していることが分かる．よって，S_N1 反応はより極性の高い溶媒中で起こりやすいはずで，事実，次の反応例をみれば，極性の高い水中ではエタノール中に比べて S_N1 反応が優先して進行することが分かる．

$$(CH_3)_3C-Br \xrightarrow[75\,^\circ\mathrm{C}]{CH_3CH_2OH\ (\varepsilon=24.55)} (CH_3)_3C-OCH_2CH_3 + H_2C=C(CH_3)_2$$
64 %　　　　36 %

$$(2.31)$$

$$(CH_3)_3C-Br \xrightarrow[75\,^\circ\mathrm{C}]{H_2O\ (\varepsilon=78.30)} (CH_3)_3C-OH + H_2C=C(CH_3)_2$$
93 %　　　　7 %

$$(2.32)$$

残る問題は，S_N2 反応と E2 反応とが競争して起こる第 2 級ハロアルカンの場合の溶媒効果である．式 (2.33) の結果を見ると，溶媒の極性が下がると E2 反応がより優先して起こっていることが分かる．遷移状態の構造からその理由を自分で考えてほしい．

$$\text{CH}_3\text{-}\underset{\underset{\text{H}}{|}}{\overset{\overset{\text{CH}_3}{|}}{\text{C}}}\text{-Br} \xrightarrow[55\,°\text{C}]{\text{NaOH}} \text{CH}_3\text{-}\underset{\underset{\text{H}}{|}}{\overset{\overset{\text{CH}_3}{|}}{\text{C}}}\text{-OR} + \text{CH}_2\text{=}\underset{\text{H}}{\overset{\text{CH}_3}{\text{C}}}$$

100% CH$_3$CH$_2$OH	29%	71%
60% C$_2$H$_5$OH — 40% H$_2$O	46%	54%

(2.33)

2.1.6 脱 離 基

脂肪族求核置換反応および脱離反応では,原子あるいは原子団が反応基質から脱離する必要がある.脱離する基は脱離基 (leaving group) と呼ばれる.もちろん脱離しやすい基が分子中にあるほうが反応は速やかに進行する.例えば次のような反応は進行しない.

$$\text{CH}_3\text{OH} + \text{Br}^- \xrightarrow{\quad\quad/\!\!\!/\quad\quad} \text{CH}_3\text{Br} + \text{OH}^- \quad (2.34)$$

式 (2.34) の反応が進まないのは,OH 基が良好な脱離基ではないからである.では,良好な脱離基とはどのような基なのだろうか.脱離が起こるには C-L 結合 (L:脱離基) を形成している 1 対の電子を伴って脱離基 L が分子から離れていく必要がある.これは酸解離とよく似ている.

$$\text{H-L} \rightleftharpoons \text{H}^+ + \text{:L}^- \quad (2.35)$$

強い酸 (小さな pK_a を持つ酸) の L ほど,式 (2.35) に示されているように電子対を受け取って L$^-$ として解離しやすい.このことからも分かるように,強酸の共役塩基が良好な脱離基となる.求核剤は弱酸 (大きな pK_a を持つ酸) の共役塩基 (強い塩基) が強い求核性を示す.よって,化合物の pK_a を知れば,S$_N$2 反応を設計できる.この目的のためには,表 1.3 (p.9) および表 2.1 (p. 42) が役に立つ.例えば,次のような反応は合理的である.

$$CH_3I + {}^-\!\!:\!\!\ddot{N}\!\!=\!\!\overset{+}{N}\!\!=\!\!\ddot{N}\!:^- \longrightarrow CH_3N_3 + I^- \qquad (2.36)$$

この S_N2 反応では，基質であるヨードメタンからはヨウ化物イオンが脱離する．ヨウ化物イオンは，強酸 (HI の pK_a は -10) の共役塩基であり，良好な脱離基である．一方，N_3^- の共役酸 HN_3 の pK_a は 4.7 であり，N_3^- は塩基性のやや高いアニオンである．よって，式 (2.36) の反応は容易に進行する．一方，式 (2.34) の反応では，脱離する OH^- の共役酸 H_2O の pK_a は 15.7 であり，ヒドロキシ基は良好な脱離基ではない．

　不良な脱離基を持つアルコールを活性化するために，いろいろな方法が考えられている．最も簡単な方法はアルキルオキソニウムイオンを経る反応である．

$$RCH_2\ddot{O}H \xrightarrow{HBr} RCH_2Br \qquad (2.37)$$

式 (2.37) の反応の機構は次のようである．

$$RCH_2\ddot{O}H + H^+ \rightleftharpoons RCH_2\overset{H}{\underset{\ddot{}}{\overset{|+}{O}}}H \qquad (2.38)$$

$$:\!\ddot{Br}:^- + R\!-\!CH_2\!-\!\overset{H}{\underset{\ddot{}}{\overset{|+}{O}}}H \longrightarrow RCH_2Br + H_2O \qquad (2.39)$$

この S_N2 反応における脱離基は H_2O であり，その共役酸である H_3O^+ ($pK_a = -1.7$) は強酸であるので，アルコールをハロアルカンへ変換することができる．

　同様に，S_N1 反応も強い酸存在下に進行する．

$$(CH_3)_3C\!-\!\ddot{O}H + H^+ \rightleftharpoons (CH_3)_3C\!-\!\overset{H}{\underset{\ddot{}}{\overset{|+}{O}}}H \qquad (2.40)$$

$$(CH_3)_3C\!-\!\overset{H}{\underset{\ddot{}}{\overset{|+}{O}}}H \rightleftharpoons (CH_3)_3C^+ + H_2O \qquad (2.41)$$

$$(CH_3)_3C^+ + :\ddot{Br}:^- \longrightarrow (CH_3)_3CBr \qquad (2.42)$$

第 2 級アルコールの強酸中の反応はカルボカチオンを経て進行し，基質によっては水素やアルキル基の転移を伴うことがある．

$$\begin{array}{c}
CH_3-\underset{\underset{CH_3}{|}}{\overset{\overset{CH_3}{|}}{C}}-\underset{\underset{H}{|}}{\overset{\overset{OH}{|}}{C}}-CH_3 \xrightarrow{HBr} CH_3-\underset{\underset{CH_3}{|}}{\overset{\overset{CH_3}{|}}{C}}-\underset{\underset{H}{|}}{\overset{\overset{Br}{|}}{C}}-CH_3 + CH_3-\underset{\underset{CH_3}{|}}{\overset{\overset{CH_3}{|}}{C}}-CH=CH_2 \\
+ CH_3-\underset{\underset{H}{|}}{\overset{\overset{Br}{|}}{C}}-\underset{\underset{CH_3}{|}}{\overset{\overset{CH_3}{|}}{C}}-CH_3 + \underset{\underset{CH_3}{|}}{\overset{\overset{CH_3}{|}}{C}}=\underset{\underset{CH_3}{|}}{\overset{\overset{CH_3}{|}}{C}} + CH_2=\underset{\underset{CH(CH_3)_2}{|}}{\overset{\overset{CH_3}{|}}{C}}
\end{array} \qquad (2.43)$$

3,3-ジメチル-2-ブタノール（3,3-ジメチルブタン-2-オール）は第 2 級ハロアルカンである．この化合物の臭化水素酸中での反応の生成物は多岐にわたる．この反応は中間に生成する第 2 級カルボカチオンの 1,2-転位（ワグナー-メールワイン（Wagner-Meerwein）転位；後述）で理解できる．

$$CH_3-\underset{\underset{CH_3}{|}}{\overset{\overset{CH_3}{|}}{C}}-\underset{\underset{H}{|}}{\overset{\overset{\overset{+}{O}H}{|}}{C}}-CH_3 \rightleftharpoons CH_3-\underset{\underset{CH_3}{|}}{\overset{\overset{CH_3}{|}}{C}}-\underset{\underset{H}{|}}{\overset{+}{C}}-CH_3 + H_2O \qquad (2.44)$$

$$CH_3-\underset{\underset{CH_3}{|}}{\overset{\overset{CH_3}{|}}{C}}-\underset{\underset{H}{|}}{\overset{+}{C}}-CH_3 + Br^- \rightleftharpoons CH_3-\underset{\underset{CH_3}{|}}{\overset{\overset{CH_3}{|}}{C}}-\underset{\underset{H}{|}}{\overset{\overset{Br}{|}}{C}}-CH_3 \qquad (2.45)$$

$$CH_3-\underset{\underset{CH_3}{|}}{\overset{\overset{CH_3}{|}}{\overset{+}{C}}}-\underset{\underset{H}{|}}{\overset{\overset{H}{|}}{C}}-H + H_2O \rightleftharpoons CH_3-\underset{\underset{CH_3}{|}}{\overset{\overset{CH_3}{|}}{C}}-CH=CH_2 + H_3O^+ \qquad (2.46)$$

$$\text{CH}_3-\underset{\underset{\text{CH}_3}{|}}{\overset{\overset{\text{CH}_3}{|}}{\text{C}}}-\underset{\underset{\text{H}}{|}}{\overset{+}{\text{C}}}-\text{CH}_3 \longrightarrow \text{CH}_3-\overset{+}{\text{C}}-\underset{\underset{\text{CH}_3}{|}}{\overset{\overset{\text{CH}_3}{|}}{\text{C}}}-\text{CH}_3 \quad (2.47)$$

$$\text{CH}_3-\underset{\underset{\text{CH}_3}{|}}{\overset{+}{\text{C}}}-\underset{\underset{\text{H}}{|}}{\overset{\overset{\text{CH}_3}{|}}{\text{C}}}-\text{CH}_3 + \text{Br}^- \rightleftharpoons \text{CH}_3-\underset{\underset{\text{CH}_3}{|}}{\overset{\overset{\text{Br}}{|}}{\text{C}}}-\underset{\underset{\text{H}}{|}}{\overset{\overset{\text{CH}_3}{|}}{\text{C}}}-\text{CH}_3 \quad (2.48)$$

$$\text{CH}_3-\underset{\underset{\text{CH}_3}{|}}{\overset{+}{\text{C}}}-\underset{\underset{\text{H}}{|}}{\overset{\overset{\text{CH}_3}{|}}{\text{C}}}-\text{CH}_3 + \text{H}_2\text{O} \longrightarrow \underset{\underset{\text{CH}_3}{|}}{\overset{\overset{\text{CH}_3}{|}}{\text{C}}}=\underset{\underset{\text{CH}_3}{|}}{\overset{\overset{\text{CH}_3}{|}}{\text{C}}} + \text{H}_3\text{O}^+ \quad (2.49)$$

$$\text{H}-\underset{\underset{\text{H}}{|}}{\overset{\overset{\text{H}}{|}}{\text{C}}}-\underset{\underset{\text{CH}_3}{|}}{\overset{+}{\text{C}}}-\underset{\underset{\text{H}}{|}}{\overset{\overset{\text{CH}_3}{|}}{\text{C}}}-\text{CH}_3 + \text{H}_2\text{O} \longrightarrow \text{CH}_2=\overset{\overset{\text{CH}_3}{|}}{\underset{\underset{\text{CH}(\text{CH}_3)_2}{|}}{\text{C}}} + \text{H}_3\text{O}^+ \quad (2.50)$$

式 (2.44) で生じるカルボカチオンは第 2 級である．このカルボカチオンは式 (2.47) に示されているように，より安定な第 3 級カルボカチオンへ転位する．この転位をワグナー–メールワイン転位という．この点が分かれば，すべての生成物への経路は理解される．転位する基はアルキル基とは限らない．水素も転位する．

$$\text{CH}_3-\underset{\underset{\text{CH}_3}{|}}{\overset{\overset{\text{H}}{|}}{\text{C}}}-\underset{\underset{\text{H}}{|}}{\overset{\overset{\overset{+}{\text{O}}\text{H}}{|}}{\text{C}}}-\text{CH}_3 \rightleftharpoons \text{CH}_3-\underset{\underset{\text{CH}_3}{|}}{\overset{\overset{\text{H}}{|}}{\text{C}}}-\underset{\underset{\text{H}}{|}}{\overset{+}{\text{C}}}-\text{CH}_3 + \text{H}_2\text{O} \quad (2.51)$$

$$\text{CH}_3-\underset{\underset{\text{CH}_3}{|}}{\overset{\overset{\text{H}}{|}}{\text{C}}}-\underset{\underset{\text{H}}{|}}{\overset{+}{\text{C}}}-\text{CH}_3 \longrightarrow \text{CH}_3-\overset{+}{\text{C}}-\underset{\underset{\text{H}}{|}}{\overset{\overset{\text{H}}{|}}{\text{C}}}-\text{CH}_3 \quad (2.52)$$

アルコールを化学修飾して脱離しやすい基に変換する方法がある．最も広く用いられているのはアルコールのトシル化である．

2.1 脂肪族求核置換反応と脱離反応

$$R-CH_2-OH + Cl-\underset{\underset{O}{\|}}{\overset{\overset{O}{\|}}{S}}-\!\!\!\!\bigcirc\!\!\!\!-CH_3 \rightleftharpoons R-CH_2-\overset{+}{\underset{H}{O}}-\underset{\underset{O}{\|}}{\overset{\overset{O}{\|}}{S}}-\!\!\!\!\bigcirc\!\!\!\!-CH_3 + Cl^-$$

(2.53)

$$R-CH_2-\overset{+}{\underset{H}{O}}-\underset{\underset{O}{\|}}{\overset{\overset{O}{\|}}{S}}-\!\!\!\!\bigcirc\!\!\!\!-CH_3 + \text{Py} \longrightarrow R-CH_2-O-\underset{\underset{O}{\|}}{\overset{\overset{O}{\|}}{S}}-\!\!\!\!\bigcirc\!\!\!\!-CH_3 + \text{PyH}^+$$

(2.54)

$$Br^- + R-CH_2-O-\underset{\underset{O}{\|}}{\overset{\overset{O}{\|}}{S}}-\!\!\!\!\bigcirc\!\!\!\!-CH_3 \longrightarrow RCH_2Br + \ ^-O-\underset{\underset{O}{\|}}{\overset{\overset{O}{\|}}{S}}-\!\!\!\!\bigcirc\!\!\!\!-CH_3$$

(2.55)

式 (2.53) はアルコールと塩化 4-メチルベンゼンスルホニル (塩化トシル, 塩化 p-トルエンスルホニル, TsCl と略す) との反応で, アルコールのトシラート生成の反応である. 系にピリジンなどの塩基を加えておき, プロトンを捕捉する (式 (2.54)). アルコールのトシラートは 4-メチルベンゼンスルホン酸アニオン (p-トルエンスルホン酸アニオン, トシラートイオン, TsO$^-$) という非常に良好な脱離基を持っている. 4-メチルベンゼンスルホン酸アニオンの共役酸 (4-メチルベンゼンスルホン酸) の pK_a は -2.2 である.

塩化 4-メチルベンゼンスルホニル以外に, 塩化メタンスルホニルや塩化トリフルオロメタンスルホニルもアルコールのヒドロキシ基を良好な脱離基に変換するために用いられる.

$$R-CH_2-OH + Cl-\underset{\underset{O}{\|}}{\overset{\overset{O}{\|}}{S}}-CH_3 \rightleftharpoons R-CH_2-O-\underset{\underset{O}{\|}}{\overset{\overset{O}{\|}}{S}}-CH_3 + HCl$$

methanesulfonyl chloride (mesyl chloride)　　　mesylate

(2.56)

$$R-CH_2-OH + Cl-\underset{\underset{O}{\|}}{\overset{\overset{O}{\|}}{S}}-CF_3 \rightleftharpoons R-CH_2-O-\underset{\underset{O}{\|}}{\overset{\overset{O}{\|}}{S}}-CF_3 + HCl \quad (2.57)$$

trifluoromethanesulfonyl chloride (triflyl chloride)　　　triflate

メシラートイオンの共役酸であるメタンスルホン酸の pK_a は -2.6, トリフラートイオンの共役酸のトリフルオロメタンスルホン酸の pK_a は -14 であるので，これらの基は良好な脱離基である．特にトリフラートは超脱離基 (super leaving group) と呼ばれている．

2.1.7　脱離反応の配向性

2-ブロモ-2-メチルブタンは第3級ハロアルカンであり，S_N2 反応は起こさない．よって，強い塩基が存在する反応系では E2 反応が進むことになる．E2 反応生成物は 2-メチル-2-ブテンと 2-メチル-1-ブテンの2種類であるが，2-メチル-2-ブテンが主生成物である．

$$CH_3CH_2-\underset{\underset{CH_3}{|}}{\overset{\overset{CH_3}{|}}{C}}-Br \xrightarrow{C_2H_5O^-/C_2H_5OH} \underset{70\%}{CH_3CH=\underset{CH_3}{\overset{CH_3}{C}}} + \underset{30\%}{\underset{CH_3}{\overset{CH_3CH_2}{C}}=CH_2}$$

$$(2.58)$$

一般の脱離反応においては，二重結合を形成する sp^2 炭素により多くのアルキル基が付くように脱離が進行し，このような脱離の配向性に関する規則はザイツェフ (Zaytzeff) (Zaitsev あるいは Saytzev と表記されることもある) 則と呼ばれる．二重結合の炭素により多くのアルキル基が付くほどアルケンとして熱力学的に安定となる．E1 反応もザイツェフ則に従う．ザイツェフ則に従う脱離反応は，熱力学的に安定な化合物が主生成物になるという熱力学支配 (thermodynamic control) の反応である．

式 (2.58) の反応ではエトキシドイオンが塩基であるが，塩基として立体

障害が大きな 2-メチル-2-プロポキシド (t-ブトキシド) イオンを用いると，脱離の配向性が逆転する．

$$CH_3CH_2-\underset{\underset{CH_3}{|}}{\overset{\overset{CH_3}{|}}{C}}-Br \xrightarrow{H_3C-\underset{\underset{CH_3}{|}}{\overset{\overset{CH_3}{|}}{C}}-O^- / H_3C-\underset{\underset{CH_3}{|}}{\overset{\overset{CH_3}{|}}{C}}-OH} CH_3CH=\underset{\underset{CH_3}{}}{\overset{\overset{CH_3}{}}{C}} + \underset{\underset{CH_3}{}}{\overset{\overset{CH_3CH_2}{}}{C}}=CH_2$$

30％ 　　　　　70％

(2.59)

このように，二重結合の炭素により少ないアルキル基が付くように進行する脱離反応はホフマン (Hofmann) 脱離と呼ばれる．式 (2.59) の反応では，大きなサイズの塩基は立体障害のより少ないメチル基の水素をプロトンとして引き抜くほうが有利であるから，ホフマン脱離が起こる．ホフマン脱離は速度論支配の反応である．

オニウムイオン (onium ion) はホフマン脱離を起こす基質である．オニウムイオンとは，もともと中性の分子にプロトンが配位共有結合して生じるカチオンである．例えば，H_3O^+ (オキソニウムイオン) は水にプロトンが配位共有結合したカチオンであり，典型的なオニウムイオンである．また，アンモニウムイオン (NH_4^+) もオニウムイオンである．オニウムイオンにはこれらのほかに，以下に示すような第 4 級アンモニウムイオンやスルホニウムイオンも含まれる．

$$CH_3CH_2CH_2\underset{\underset{N(CH_3)_2}{|}}{C}HCH_3 + CH_3I \longrightarrow CH_3CH_2CH_2\underset{\underset{\overset{+}{N}(CH_3)_3 I^-}{|}}{C}HCH_3 \quad (2.60)$$

$$CH_3CH_2CH_2\underset{\underset{SCH_3}{|}}{C}HCH_3 + CH_3I \longrightarrow CH_3CH_2CH_2\underset{\underset{\overset{+}{S}(CH_3)_2 I^-}{|}}{C}HCH_3 \quad (2.61)$$

式 (2.60) や (2.61) の反応は S_N2 反応 (メンシュトキン反応) である．これらのオニウムイオンに対し，エトキシドイオンを塩基に用いて脱離反応を行うと，脱離の配向がザイツェフ則とは逆のホフマン則 (速度論支配の脱離反

応においては，生成するアルケンの二重結合の炭素には，より少ないアルキル基が結合する）に従う．

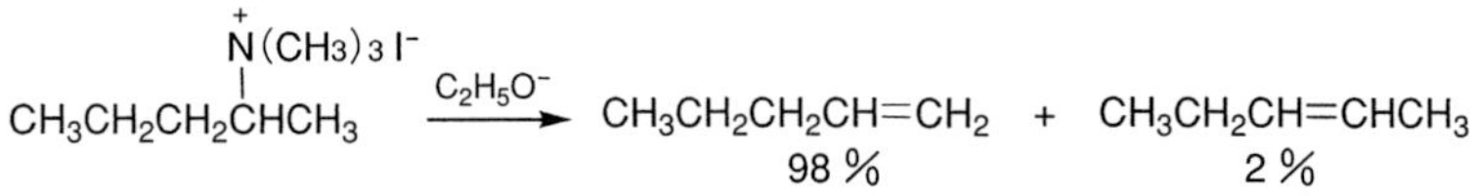

$$\underset{CH_3CH_2CH_2\overset{|}{C}HCH_3}{\overset{\overset{+}{N}(CH_3)_3\ I^-}{}} \xrightarrow{C_2H_5O^-} \underset{98\%}{CH_3CH_2CH_2CH=CH_2} + \underset{2\%}{CH_3CH_2CH=CHCH_3}$$

(2.62)

$$\underset{CH_3CH_2CH_2\overset{|}{C}HCH_3}{\overset{\overset{+}{S}(CH_3)_2\ I^-}{}} \xrightarrow{C_2H_5O^-} \underset{87\%}{CH_3CH_2CH_2CH=CH_2} + \underset{13\%}{CH_3CH_2CH=CHCH_3}$$

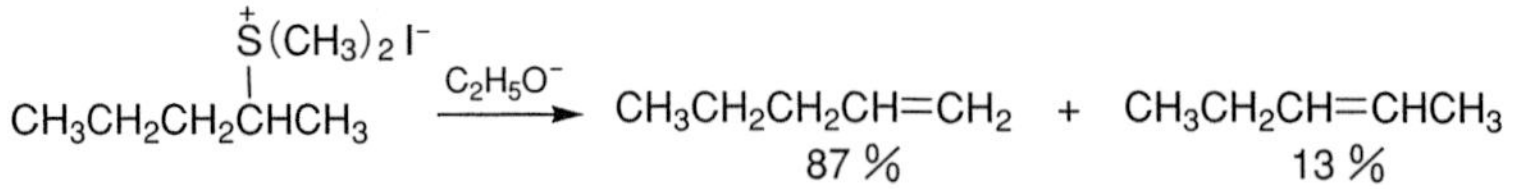

(2.63)

オニウムイオンのホフマン脱離の位置選択性の説明には，2つの機構が考えられる．その1つは電子的要因である．N,N,N-トリメチル-N-(2-ペンチル)アンモニウムヨージド（式(2.62)の反応基質）のペンチル基の1位のメチル基と3位のメチレンの酸性度を考えると，メチレンのほうが低い（アルキル基の$-I$効果を考えよ）．よって，塩基は主に1位のメチル基からプロトンを引き抜いてE2反応が起こると考えるのが，電子的要因説である．一方，立体的要因説は，$anti$-脱離が起こる立体配座の安定性は，ホフマン脱離が起こるときのほうが，ザイツェフ脱離のための立体配座よりも安定だという事実に基づいている（図2.11）．

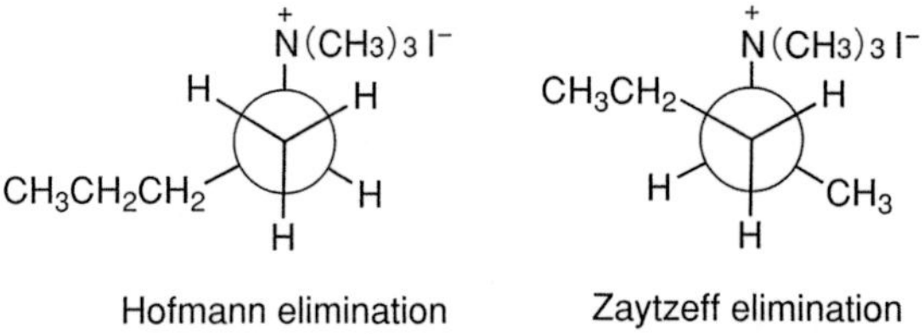

図2.11 N,N,N-トリメチル-N-(2-ペンチル)アンモニウムヨージドにおけるホフマン脱離とザイツェフ脱離のための立体配座

2.2 求核付加反応

この項では,アルデヒドおよびケトンのカルボニル基への求核付加反応 (nucleophilic addition reaction) について解説する.さらに,電子求引性基 (electronegative group, ENG) を持つアルケンへの求核付加反応も取り扱う.

不飽和結合へ試薬が反応し,その不飽和度を減少させる反応は付加反応 (addition reaction) である.付加反応には,求核付加反応,求電子付加反応およびラジカル付加反応がある.ここでは,求核付加反応につき学習する.求核付加反応は次のような形式で進行する.

$$\diagdown C{=}O \; + \; :Nu^- \; \rightleftharpoons \; -\underset{Nu}{\overset{|}{C}}-O^- \tag{2.64}$$

$$-\underset{Nu}{\overset{|}{C}}-O^- \; + \; E^+ \; \longrightarrow \; -\underset{Nu}{\overset{|}{C}}-OE \tag{2.65}$$

$$\diagdown C{=}C\diagdown_{ENG} \; + \; :Nu^- \; \rightleftharpoons \; Nu-\overset{|}{C}-\overset{|}{C}\diagdown_{ENG^-} \tag{2.66}$$

$$Nu-\overset{|}{C}-\overset{|}{C}\diagdown_{ENG^-} \; + \; E^+ \; \longrightarrow \; Nu-\overset{|}{C}-\underset{ENG}{\overset{|}{C}}-E \tag{2.67}$$

2.2.1 アルデヒドおよびケトンの特徴

アルデヒドやケトンのカルボニル基は電子求引性基であり,カルボニル炭素は正に,カルボニル酸素は負に分極している.その様子は次の共鳴構造式 (resonance structure) で表される.

$$\diagup\hspace{-0.3em}\mathrm{C}\!=\!\underset{\cdot\cdot}{\overset{\cdot\cdot}{\mathrm{O}}}: \longleftrightarrow \diagup\hspace{-0.3em}\overset{+}{\mathrm{C}}\!-\!\underset{\cdot\cdot}{\overset{\cdot\cdot}{\mathrm{O}}}:^{-} \qquad (2.68)$$

式 (2.68) の右側の構造式は，ルイスの8電子則を満足していないので，通常カルボニル基を書くときには左の構造式を用いる．しかし，共鳴構造式から，カルボニル炭素は求電子的であり，一方，カルボニル酸素は求核的であることが理解できる．

アルデヒドへの求核付加生成物を見てみよう．

$$\underset{\mathrm{H}}{\overset{\mathrm{CH_3}}{\diagup}}\!\mathrm{C}\!=\!\mathrm{O} \;+\; \mathrm{X}\!-\!\mathrm{Y} \longrightarrow \mathrm{H}\!-\!\underset{\mathrm{X}}{\overset{\mathrm{CH_3}}{\underset{|}{\overset{|}{\mathrm{C}}}}}\!-\!\mathrm{OY} \qquad (2.69)$$

Xが水素やメチル基以外の基であれば，付加生成物の炭素は不斉炭素となる．生成物はキラルな化合物であるが，通常はラセミ体 (racemate) であり光学不活性である．このように，反応が進行するとキラルな化合物に変わるような反応基質はプロキラル (prochiral) な化合物という．ホルムアルデヒド以外のアルデヒドはプロキラルな化合物である．もちろん，ケトンのカルボニル基に結合している2つの置換基が同一でない場合には，このようなケトンもプロキラルな基質である．

$$\underset{\mathrm{CH_3CH_2}}{\overset{\mathrm{CH_3}}{\diagup}}\!\mathrm{C}\!=\!\mathrm{O} \;+\; \mathrm{X}\!-\!\mathrm{Y} \longrightarrow \mathrm{CH_3CH_2}\!-\!\underset{\mathrm{X}}{\overset{\mathrm{CH_3}}{\underset{|}{\overset{|}{\mathrm{C}}}}}\!-\!\mathrm{OY} \qquad (2.70)$$

カルボニル基の炭素および酸素は，共に sp^2 混成軌道を使う．sp^2 混成軌道の特徴は，sp^2 炭素が関与する3つの σ 結合は同一平面にあり，π 原子軌道 (p_z 軌道) はその平面に垂直に立つことであった．一方，カルボニル酸素の1つの σ 結合と2組の非共有電子対が入る軌道は sp^2 混成軌道を用いるので，これらが同一平面にあり，π 原子軌道はこの平面に垂直方向に存在する．

2.2 求核付加反応

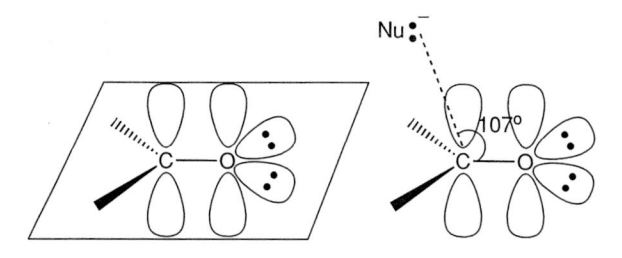

図 2.12 カルボニル基の結合とビュルギ–デュニッツの攻撃角度

付加反応の際,求核剤は求電子性の高いカルボニル炭素を攻撃する.このとき,求核剤はカルボニルのC–O結合に対して107°の角度からカルボニル炭素を攻撃する.この角度はビュルギ–デュニッツの攻撃角度 (Bürgi-Dunitz angle) といわれている (図2.12).

図2.13にはアセトアルデヒドのHOMOとLUMOが書かれている.求核付加反応はアセトアルデヒドのLUMOと求核剤のHOMOとの相互作用で進行するが,基質のLUMOと求核剤のHOMOとの最大重なりと,求核剤とカルボニル酸素の非共有電子対間の静電反発が最小になる角度が107°となる.

アルデヒドの場合は,カルボニル炭素に結合する置換基の1つは必ずファンデルワールス半径の小さな水素であるが,ケトンの場合には2つの置換

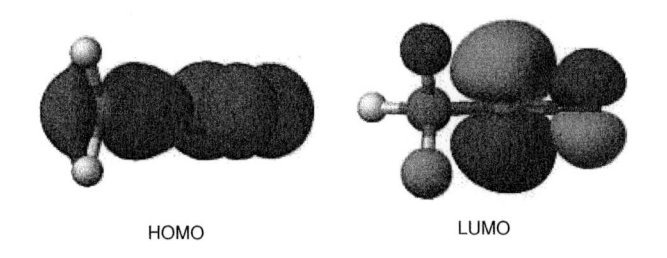

図 2.13 アセトアルデヒドのHOMOとLUMO

基はかさ高いアルキルやアリール基である．よって，ビュルギ-デュニッツの攻撃角度を保って求核剤がカルボニル炭素を攻撃する際，ケトンでは大きな立体反発が生じる．一般にケトンの求核付加反応がアルデヒドよりも進行しにくい理由の1つが，この立体障害である．

ケトンがアルデヒドよりも求核付加に対して不活性である他の理由として，電子的要因が挙げられる．アルキル基は電子供与性基であるので，カルボニル炭素に電子を供与し，その求電子性を下げる働きがある．この効果は，アルデヒドよりも2つのアルキル基を持つケトンのほうが大きい．このように，電子的要因と立体的要因により，アルデヒドはケトンよりも求核付加反応性が高い．

2.2.2 水のカルボニル化合物への求核付加

ホルムアルデヒド (formaldehyde, methanal) は分子量30の気体 (沸点 $-19.3\,°C$) である．しかしこの化合物は水によく溶け，水に37%以上溶解したホルムアルデヒド水溶液はホルマリンと呼ばれる．水に溶けたホルムアルデヒドは式 (2.71) のように水和された gem-ジオール体と平衡にある．

$$\mathrm{H_2C{=}O} + \mathrm{H_2O} \rightleftharpoons \mathrm{H{-}CH(OH)_2} \tag{2.71}$$

この平衡定数 (K) は 2×10^3 である．式 (2.71) の平衡反応に対する平衡定数は，

$$K = \frac{[\mathrm{CH_2(OH)_2}]}{[\mathrm{HCHO}][\mathrm{H_2O}]} \tag{2.72}$$

であるが，H_2O は溶媒として多量に使用され，ホルムアルデヒドへの水和前後で実質的にその濃度は変わらないので，平衡定数を式 (2.73) のように定義する．

$$K = \frac{[\mathrm{CH_2(OH)_2}]}{[\mathrm{HCHO}]} = 2 \times 10^3 \tag{2.73}$$

水中でホルムアルデヒドの大部分はメタンジオールとして存在することが分かる．しかし，このメタンジオールを単離する目的で，溶媒である水を留去すると，平衡は左に偏り，ついには全てのメタンジオールは原料であるホルムアルデヒドにもどり，メタンジオールを単離することはできない．アセトアルデヒドの水和平衡定数は1であり，立体的および電子的要因で，ホルムアルデヒドよりも水和されにくい．アセトンになるとさらに K の値は小さくなる（$K = 1 \times 10^{-3}$）．ヘキサフルオロアセトンの K は 1.2×10^6 であり，非常に水和されやすい．電子的にはヘキサフルオロアセトンのカルボニル炭素は極めて求電子性が高い．これらの平衡定数とカルボニル化合物の構造との関係を，反応のエネルギー図で説明することができる．

図2.14 では単純化するために，水和物（生成系）の自由エネルギーは3つのカルボニル化合物で同じと仮定している（もちろん正しくはない）．平衡定数 K とギブズの自由エネルギー変化 ΔG^0 との間には式 (2.74) の関係が成り立つ．

$$\Delta G^0 = -RT\ln K \tag{2.74}$$

ΔG^0 は始原系と生成系の自由エネルギーのみによって決まるので，もしも3種のカルボニル化合物の水和平衡反応が図2.14のエネルギー図に近いものであれば，平衡定数の大小は始原系の自由エネルギーに依存することになる．では3種のカルボニ

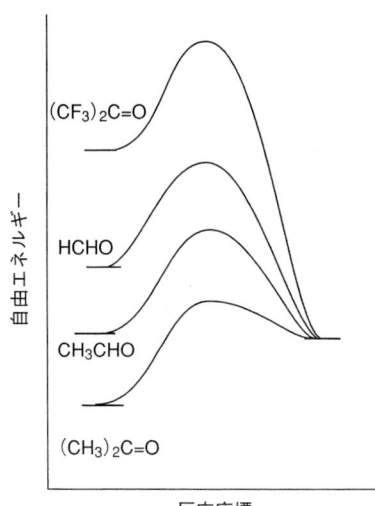

図2.14 アルデヒドおよびケトンの水和反応のエネルギー図（概念図）

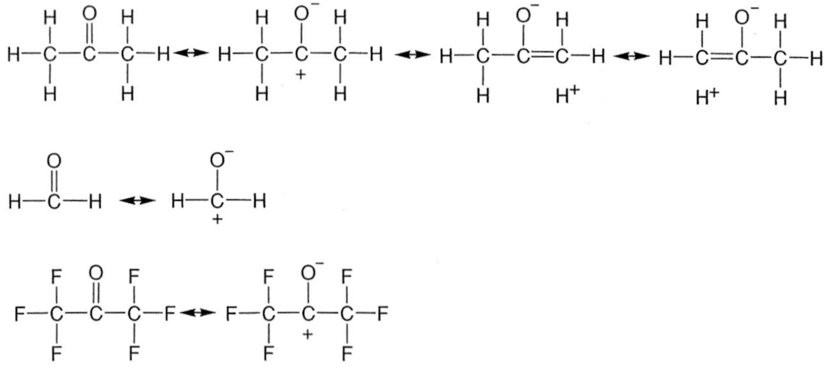

図 2.15 カルボニル化合物の共鳴構造式

ル化合物の安定性を考えてみよう.

　図 2.15 に示すように, アセトンの場合には多くの共鳴構造式を書くことができる. 一方, ホルムアルデヒドやヘキサフルオロアセトンではカルボニル炭素上の正電荷を中和する置換基がない. 特に, ヘキサフルオロアセトンの場合には, フッ素の誘起効果で正に分極したフルオロメチル基の炭素とカルボニル炭素の静電反発があり, この化合物はかなり不安定である. よって, 始原系の自由エネルギーは図 2.14 に示したようになり, 結局, ヘキサフルオロアセトン, ホルムアルデヒドおよびアセトンの順に ΔG^0 が大きくなり, 逆に平衡定数はこの順に小さくなる.

2.2.3 アルコールのカルボニル化合物への求核付加

　水とよく似た性質のアルコールもアルデヒドやケトンに求核付加し, ヘミアセタール (hemiacetal) を生じる.

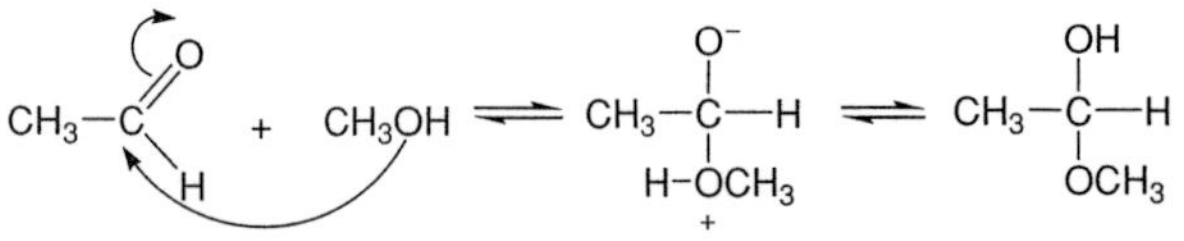

$$(2.75)$$

水の付加の場合と同様に, ヘミアセタールを単離することは, 一般に困難で

ある．分子間のヘミアセタール化反応はエントロピー的に不利な反応である．しかし，分子内ヘミアセタール化反応ではエントロピー的に不利とはいえない．式 (2.76) には酸触媒の分子内ヘミアセタール化反応が示されている．

$$\text{HO}\sim\sim\sim\text{CHO} + \text{H}^+ \rightleftharpoons \text{HO}\sim\sim\sim\text{CH(OH)}^+ \quad (2.76)$$

$$\text{HO}\sim\sim\sim\sim\text{CH(OH)}^+ \rightleftharpoons \underset{\text{OH}_2^+}{\bigcirc}\text{OH} \rightleftharpoons \underset{\text{O}}{\bigcirc}\text{OH} + \text{H}^+ \quad (2.77)$$

カルボニル酸素にプロトン化が起こることにより，カルボニル炭素の求電子性は著しく大きくなる．生成する環状ヘミアセタールには不斉炭素がある．式 (2.76)，(2.77) で生じるヘミアセタール (2-ヒドロキシ-1-オキサシクロヘキサン) はラセミ体である．この環状ヘミアセタールは単離できる．

グルコースの環状ヘミアセタール体はグルコピラノースと呼ばれ，この環状ヘミアセタールも単離できる．

$$\text{(structures of α-anomer and β-anomer of glucopyranose)}$$

α-anomer (36 %)　　　β-anomer (64 %)

$$(2.78)$$

グルコピラノースには α-アノマーと β-アノマーの 2 つの立体異性体がある．β-アノマーのほうがより多く生成する．カルボニル基への付加反応に不斉が誘導されるわけである．α-アノマーでは 1 位のアキシアルのヒドロキシ基が 3-, 5- 位のアキシアル水素と立体反発をする (1,3-ジアキシアル相互作用) ため，α-アノマーは β-アノマーよりも不安定であるというのが，不

斉誘導の理由である．この1,3-ジアキシアル相互作用が生じるのは，グルコースの2-，3-，4-，5-位の炭素が不斉炭素だからである．基質のどこかに不斉炭素があれば，その不斉によって反応点に不斉が誘導されることがある．

酸触媒存在下，アルデヒドあるいはケトンに2分子のアルコールが付加すると，アセタール (acetal) となる．ヘミアセタールを中間に経る反応である．

$$CH_3-CHO + CH_3OH \underset{}{\overset{H^+}{\rightleftharpoons}} CH_3-C(OH)(H)-OCH_3 \quad (2.79)$$

$$CH_3-C(\ddot{O}H)(H)-OCH_3 + H^+ \rightleftharpoons CH_3-C(\overset{+}{O}H_2)(H)-OCH_3 \quad (2.80)$$

$$CH_3-C(\overset{+}{O}H_2)(H)-OCH_3 \rightleftharpoons CH_3-C(H)=\overset{+}{O}CH_3 + H_2O \quad (2.81)$$

$$CH_3-C(H)=\overset{+}{\underset{..}{O}}CH_3 + CH_3OH \rightleftharpoons CH_3-C(H)(\overset{+}{O}H-CH_3)-OCH_3 \quad (2.82)$$

$$CH_3-C(H)(\overset{+}{O}H-CH_3)-OCH_3 \rightleftharpoons CH_3-C(H)(OCH_3)-OCH_3 + H^+ \quad (2.83)$$

式 (2.80) からの反応は S_N1 反応である．式 (2.81) で生じるカルボカチオンは，陽電荷のある炭素の隣にある酸素によって著しく安定化されている．

$$\underset{H}{\overset{H_3C}{>}}C=\overset{+}{\underset{..}{O}}CH_3 \longleftrightarrow \underset{H}{\overset{H_3C}{>}}\overset{+}{C}-\ddot{O}CH_3 \quad (2.84)$$

アセタール化反応の特徴は，式 (2.81) で水が生成することである．生成した水を反応系外に取り除く（実験的にはディーン-スターク (Dean-Stark) トラップを用いる）ことにより，式 (2.81) の平衡は右に偏り，実質上，反応を不可逆にすることができる．アセタール化反応は可逆反応なので，アセタールを酸性水溶液中で処理すると，もとのカルボニル化合物に戻すことができる．この性質を利用して，アセタール化反応は，カルボニル基の保護に使われる．

$$CH_3-\underset{H}{\underset{\|}{C}}=O + HOCH_2CH_2OH \xrightleftharpoons{H^+} \underset{}{\overset{H_3C}{\underset{H}{C}}} \underset{CH_2}{\overset{O-CH_2}{\underset{O-CH_2}{\diagdown\diagup}}} + H_2O \quad (2.85)$$

$$CH_3-\underset{\|}{\overset{O}{C}}-CH_2-\underset{\|}{\overset{O}{C}}-OC_2H_5 \xrightarrow{HO\frown OH, H^+} CH_3-\underset{}{\overset{\frown O \quad O \frown}{C}}-CH_2-\underset{\|}{\overset{O}{C}}-OC_2H_5 \xrightarrow{LiAlH_4}$$

$$CH_3-\underset{}{\overset{\frown O \quad O \frown}{C}}-CH_2-CH_2OH \xrightarrow{H_3O^+} CH_3-\underset{\|}{\overset{O}{C}}-CH_2-CH_2OH \quad (2.86)$$

2.2.4 シアン化水素のカルボニル化合物への求核付加

表 2.1 (p.42) を見てほしい．CN^- の求核性定数は 6.7 であり，CN^- は相当に求核性の高いアニオンである．カルボニル化合物に HCN が求核付加するとシアノヒドリンが生じる．

$$CH_3-\underset{\|}{\overset{O}{C}}-H + HCN \rightleftharpoons CH_3-\underset{H}{\overset{OH}{\underset{|}{C}}}-CN \quad (2.87)$$

実際には HCN そのものを使わず，NaCN を含む溶液中に濃塩酸を添加して HCN を少量ずつ発生させながら反応を行う．アセトアルデヒドはプロキラルな基質であり，生成するシアノヒドリンはラセミ体である．

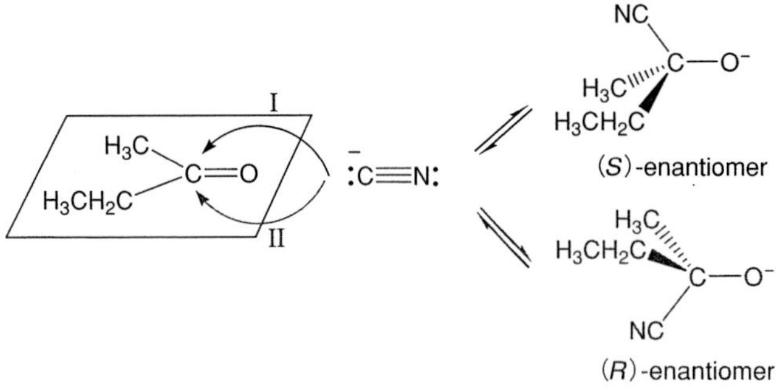

$$（S）\text{-enantiomer} \tag{2.88}$$

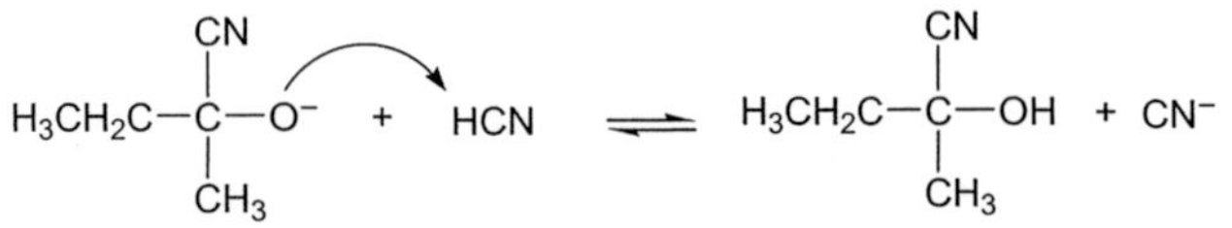

$$（R）\text{-enantiomer}$$

$$\tag{2.89}$$

2.2.5 アミンのカルボニル化合物への求核付加

アミンには第1級, 第2級および第3級アミンと第4級アンモニウム塩とがある. アルキルアミンの共役酸の pK_a はおよそ10〜11である. 第4級アンモニウム塩を除いて, アミンには1組の非共有電子対がある. そのため, ルイス塩基としての性質があり, 良好な求核剤である.

アンモニアと第1級アミンはカルボニル化合物と反応し, イミン (imine) あるいはシッフ (Schiff) 塩基と呼ばれるC=N二重結合を有する化合物を与える.

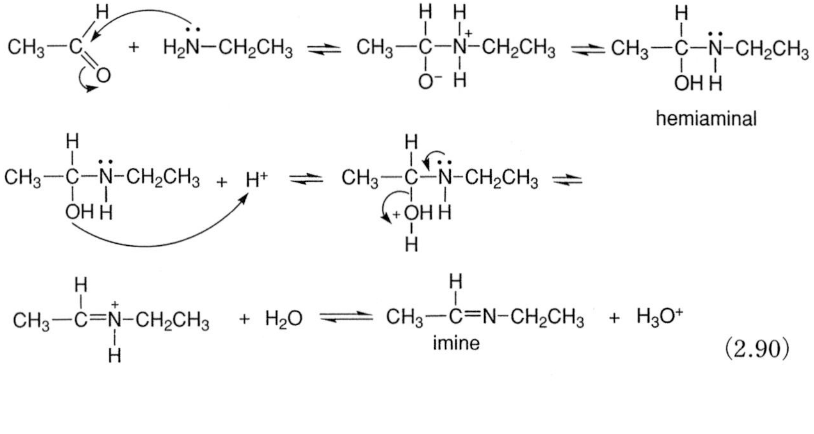

hemiaminal

imine

$$\tag{2.90}$$

2.2 求核付加反応

イミンの合成は弱酸性の条件で行う．イミンが生成する中間に，ヘミアミナール (hemiaminal) が生じ，ヘミアミナールのヒドロキシ基にプロトン化が起こり，良好な脱離基である H_2O を用意する．

還元的アミノ化反応 (reductive amination) により，イミンを還元してアミン誘導体にすることができる．次の反応は，還元的アミノ化反応による α-アミノ酸の合成である．

$$CH_3-\underset{O}{\overset{COOH}{\underset{\|}{C}}} + \ddot{N}H_3 \rightleftharpoons CH_3-\underset{O^-}{\overset{HOOC}{\underset{|}{C}}}-\overset{H}{\underset{H}{\overset{+}{N}}}-H \rightleftharpoons CH_3-\underset{OH}{\overset{HOOC}{\underset{|}{C}}}-\ddot{N}-H \quad (2.91)$$

$$CH_3-\underset{OH}{\overset{HOOC}{\underset{|}{C}}}-\overset{H}{\ddot{N}}-H + H^+ \rightleftharpoons CH_3-\underset{+OH_2}{\overset{HOOC}{\underset{|}{C}}}-\ddot{N}-H \rightleftharpoons CH_3-\underset{H}{\overset{HOOC}{\underset{|}{C}}}=\overset{+}{N}-H + H_2O \quad (2.92)$$

$$CH_3-\underset{H}{\overset{HOOC}{\underset{|}{C}}}=\overset{+}{N}-H + H-\underset{H}{\overset{H}{\underset{|}{B}}}-CN \longrightarrow CH_3-\underset{H}{\overset{COOH}{\underset{|}{C}}}-\underset{H}{\overset{H}{\underset{|}{N}}}-H + \underset{H}{\overset{H}{\underset{|}{B}}}-CN \quad (2.93)$$

式 (2.93) における還元剤としては $NaBH_3CN$ を用いる．$NaBH_4$ を使うと原料であるピルビン酸が還元されてしまうので，CN 基で還元性を下げた $NaBH_3CN$ をイミンの還元剤に使う．

第 2 級アミンとカルボニル化合物との酸性条件下の反応ではエナミン (enamine) が生成する．

$$CH_3CH_2-\overset{O}{\underset{H}{\overset{\|}{C}}}-H + H-\ddot{N}\!\!\bigcirc \rightleftharpoons CH_3CH_2-\underset{H}{\overset{O^-H}{\underset{|}{C}}}-\overset{+}{N}\!\!\bigcirc \rightleftharpoons CH_3CH_2-\underset{H}{\overset{\overset{H}{\overset{|}{O}}}{\underset{|}{C}}}-\ddot{N}\!\!\bigcirc$$

$$(2.94)$$

$$\text{CH}_3\text{CH}_2-\overset{\overset{\displaystyle \text{O}-\text{H}}{|}}{\underset{\underset{\displaystyle \text{H}}{|}}{\text{C}}}-\overset{..}{\text{N}}\diagdown + \text{H}^+ \rightleftharpoons \text{CH}_3\text{CH}_2-\overset{\overset{\displaystyle \overset{+}{\text{O}}\diagup^{\text{H}}_{\text{H}}}{|}}{\underset{\underset{\displaystyle \text{H}}{|}}{\text{C}}}-\overset{..}{\text{N}}\diagdown \rightleftharpoons$$

$$\text{CH}_3\text{CH}-\overset{+}{\text{C}}=\text{N}\diagdown + \text{H}_2\text{O} \rightleftharpoons \text{CH}_3\text{CH}=\text{C}-\text{N}\diagdown + \text{H}_3\text{O}^+$$
$$\text{enamine}$$

(2.95)

第3級アミンはカルボニル化合物とは求核付加反応を起こさない．

2.2.6 エノラートアニオンのカルボニル化合物への求核付加

アセトアルデヒドの pK_a は16，アセトンの pK_a は19である．エタンの pK_a 約49と比べると，これらのカルボニル化合物の酸性度は非常に高い．これは，酸解離したあとに生じるエノラートイオンが共鳴によって安定化されるためである．

$$\text{CH}_3-\overset{\overset{\displaystyle \text{O}}{\|}}{\text{C}}-\text{H} \rightleftharpoons \left[\text{CH}_2=\overset{\overset{\displaystyle \text{O}^-}{|}}{\text{C}}-\text{H} \longleftrightarrow \overset{-}{\text{CH}_2}-\overset{\overset{\displaystyle \text{O}}{\|}}{\text{C}}-\text{H} \right] + \text{H}^+ \quad (2.96)$$
$$\text{enolate anion}$$

$$\text{H}_3\text{C}-\overset{\overset{\displaystyle \text{O}}{\|}}{\text{C}}-\text{CH}_3 \rightleftharpoons \left[\text{H}_2\text{C}=\overset{\overset{\displaystyle \text{O}^-}{|}}{\text{C}}-\text{CH}_3 \longleftrightarrow \overset{-}{\text{H}_2\text{C}}-\overset{\overset{\displaystyle \text{O}}{\|}}{\text{C}}-\text{CH}_3 \right] + \text{H}^+ \quad (2.97)$$
$$\text{enolate anion}$$

エノラートイオンは共鳴によって安定化されたカルボアニオンであり，求核性は高い．よって，エノラートイオンはカルボニル基に求核攻撃し，低温では β-ヒドロキシカルボニル化合物であるアルドールを与える．

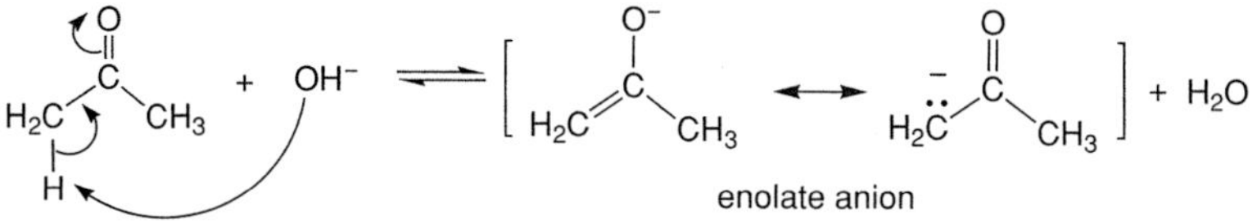
O
C
H_2C
CH_3
H
+ OH^-
O^-
H_2C
CH_3
O
H_2C
CH_3
+ H_2O
enolate anion

(2.98)

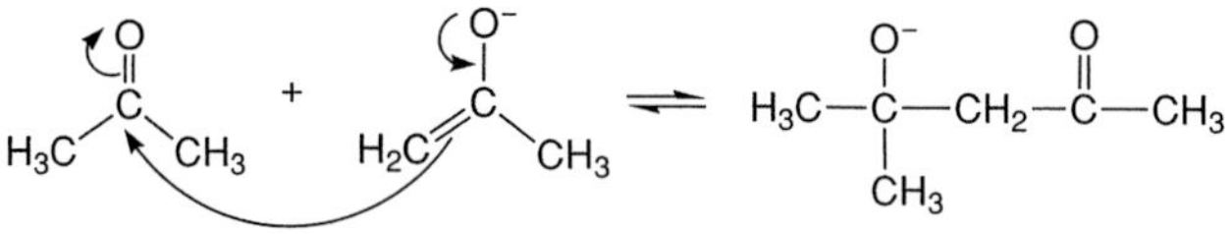
H_3C
CH_3
+
O^-
H_2C
CH_3
$H_3C—C—CH_2—C—CH_3$
CH_3

(2.99)

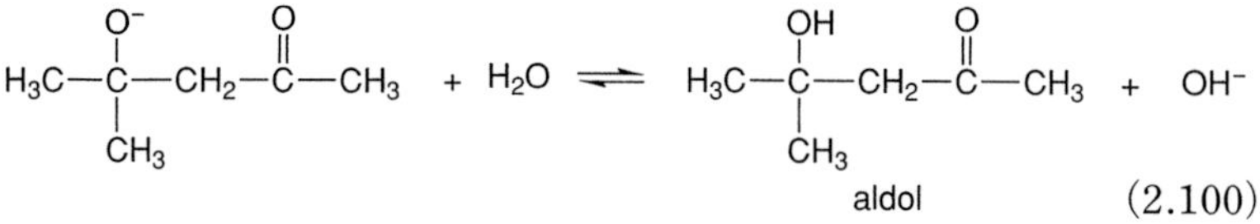
O^-
O
$H_3C—C—CH_2—C—CH_3$
CH_3
+ H_2O
OH
O
$H_3C—C—CH_2—C—CH_3$
CH_3
+ OH^-
aldol

(2.100)

式 (2.98)～(2.100) で，水酸化物イオン濃度が十分な場合には，反応の律速段階は式 (2.99) である．複数の素過程がある場合の全体の反応速度を決定する段階は，その素過程中で最も遅い反応の過程であり，この素過程を律速段階という．反応の律速段階が式 (2.99) のエノラートイオンのカルボニル化合物への求核付加の過程であれば，反応速度 (rate) は，

$$\text{rate} = k_1 [\text{acetone}] [\text{enolate}] \tag{2.101}$$

となる．エノラートイオンの濃度 [enolate] は，式 (2.98) の平衡定数を K とすると，

$$K = \frac{[\text{enolate}]}{[\text{acetone}][\text{OH}^-]} \tag{2.102}$$

$$[\text{enolate}] = K [\text{acetone}][\text{OH}^-] \tag{2.103}$$

式 (2.103) を式 (2.101) に代入すると，

$$\text{rate} = k_1 K [\text{acetone}]^2 [\text{OH}^-] \tag{2.104}$$

$$\text{rate} = k [\text{acetone}]^2 [\text{OH}^-] \tag{2.105}$$

となる．つまり，アルドール反応の速度は，基質であるカルボニル化合物の濃度に対して 2 次，水酸化物イオン濃度に対して 1 次の計 3 次となる．

　アルドール反応生成物である β-ヒドロキシカルボニル化合物は，塩基存在下に加熱すると，次のような脱離反応を起こして，α, β-不飽和カルボニル化合物を与える．

$$\text{H}_3\text{C}-\underset{\underset{\text{CH}_3}{|}}{\overset{\overset{\text{OH}}{|}}{\text{C}}}-\underset{\underset{\text{H}}{|}}{\overset{\overset{\text{H}}{|}}{\text{C}}}-\overset{\text{O}}{\underset{}{\text{C}}}-\text{CH}_3 + \text{OH}^- \rightleftharpoons \text{H}_3\text{C}-\underset{\underset{\text{CH}_3}{|}}{\overset{\overset{\text{OH}}{|}}{\text{C}}}-\overset{\text{H}}{\underset{}{\text{C}}}=\overset{\text{O}^-}{\underset{}{\text{C}}}-\text{CH}_3 + \text{H}_2\text{O}$$

(2.106)

$$\text{H}_3\text{C}-\underset{\underset{\text{CH}_3}{|}}{\overset{\overset{\text{OH}}{|}}{\text{C}}}-\overset{\text{H}}{\underset{}{\text{C}}}=\overset{\text{O}^-}{\underset{}{\text{C}}}-\text{CH}_3 \rightleftharpoons \text{H}_3\text{C}-\underset{\underset{\text{CH}_3}{|}}{\text{C}}=\overset{\text{H}}{\underset{}{\text{C}}}-\overset{\text{O}}{\underset{}{\text{C}}}-\text{CH}_3 + \text{OH}^-$$

(2.107)

この脱離反応がこのようなエノラートイオンを経て進行するのか，あるいは普通の E2 反応機構で進行するのかは，速度論的には決定できない．アルドールの脱離反応は酸触媒でも進行する．

2.2.7　有機金属のカルボニル化合物への付加

　炭素−金属結合を有する化合物を有機金属化合物 (organometallic compound) という．ここでは，アルキルリチウムやグリニャール (Grignard) 試薬とカルボニル化合物との反応を取り上げる．これらの有機金属化合物の特徴は，C−M 結合が強く分極しており，カルボアニオン的な性質が強いということである．

$$\text{C}-\text{M} \longleftrightarrow \text{C}:^- \text{M}^+ \qquad (2.108)$$

このことは，炭素と金属との電気陰性度を見てもすぐに納得できる．メチルリチウム (CH_3Li) や臭化メチルマグネシウム (CH_3MgBr) など有機金属化合物のイオン性は約 35〜40 % 程度で，残る 60〜65 % は共有結合性であ

2.2 求核付加反応

る.十分に脱水したエーテル系の溶媒中,これらの有機金属化合物をカルボニル基に付加させ,水で処理する (work-up) と,アルコールが得られる.

$$CH_3(CH_2)_3CH_2-Br + \ddot{M}g \longrightarrow CH_3(CH_2)_3CH_2-MgBr \tag{2.109}$$

$$CH_3(CH_2)_3CH_2-MgBr + H-\overset{O}{\underset{H}{C}} \longrightarrow CH_3(CH_2)_3CH_2-CH_2O-MgBr \tag{2.110}$$

$$CH_3(CH_2)_4CH_2O-MgBr + H-OH \longrightarrow CH_3(CH_2)_4CH_2OH + HOMgBr \tag{2.111}$$

グリニャール反応の機構は,式 (2.109)～(2.111) に示されたイオン反応機構以外に,ラジカル機構で進む場合もある.例えば,立体障害の大きなグリニャール試薬の反応はラジカル機構だといわれている.

$$\underset{\underset{CH_3}{|}}{\overset{\overset{CH_3}{|}}{CH_3-C-MgBr}} + CH_3CH_2\overset{O}{\overset{\|}{C}}CH_3 \rightleftharpoons CH_3-\overset{\overset{CH_3}{|}}{\underset{CH_3}{C}}\cdot + CH_3CH_2\overset{O-MgBr}{\underset{\cdot}{C}}CH_3 \longrightarrow$$

$$\underset{\underset{C(CH_3)_3}{|}}{\overset{O-MgBr}{|}}{CH_3CH_2CCH_3} \xrightarrow[\text{H}_2\text{O}]{\text{work-up}} \underset{\underset{C(CH_3)_3}{|}}{\overset{OH}{|}}{CH_3CH_2CCH_3} \tag{2.112}$$

グリニャール試薬がカルボアニオン的な性格を有しているということは,強い塩基としても作用することを意味している.

$$CH_3-MgBr + \underset{H}{\overset{H_3C}{\underset{|}{C}}}\overset{O}{\underset{\|}{C}}-CH(CH_3)_2 \longrightarrow CH_4 + \underset{H_3C}{\overset{H_3C}{C}}=\overset{O-MgBr}{\underset{}{C}}-CH(CH_3)_2 \tag{2.113}$$

$$\underset{H_3C}{\overset{H_3C}{>}}C=C(O^-MgBr)-CH(CH_3)_2 + H-OH \longrightarrow (CH_3)_2CH-\overset{O}{\overset{\|}{C}}-CH(CH_3)_2 + HOMgBr \quad (2.114)$$

式 (2.113) ではエノラートイオンが生成し，work-up により，原料であるケトンが再生する．この反応は，グリニャール試薬を分解しただけとなり，合成化学的には意味がないが，反応を設計する段階で注意しなければならない反応である．

グリニャール試薬は二酸化炭素とも反応し，カルボン酸を与える．

$$CH_3CH_2CH_2CH_2-MgBr + O=C=O \longrightarrow CH_3CH_2CH_2CH_2-\overset{O}{\overset{\|}{C}}-O^-MgBr \quad (2.115)$$

work-up

$$CH_3CH_2CH_2CH_2-\overset{O}{\overset{\|}{C}}-O^-MgBr + H_2O \longrightarrow CH_3CH_2CH_2CH_2-\overset{O}{\overset{\|}{C}}-OH + HOMgBr \quad (2.116)$$

有機リチウムとカルボニル化合物との反応は，グリニャール試薬との反応とよく似ているので，詳細は省略する．

$$RCH_2-Li + \underset{R^2}{\overset{R^1}{>}}C=O \longrightarrow RCH_2-\underset{R^2}{\overset{R^1}{\underset{|}{\overset{|}{C}}}}-O^-Li^+ \quad (2.117)$$

work-up

$$RCH_2-\underset{R^2}{\overset{R^1}{\underset{|}{\overset{|}{C}}}}-O^-Li^+ + H_2O \longrightarrow RCH_2-\underset{R^2}{\overset{R^1}{\underset{|}{\overset{|}{C}}}}-OH + LiOH \quad (2.118)$$

2.2.8　ヒドリドのカルボニル化合物への付加

アルデヒドやケトンは，水素化ホウ素ナトリウム（$NaBH_4$, sodium

2.2 求核付加反応

borohydride) や水素化アルミニウムリチウム (LiAlH$_4$) で還元されて，対応するアルコールを与える．これらの還元剤は典型的なアート錯体 (ate complex) である．アート錯体とは，ルイス酸性のある金属化合物にルイス塩基が配位共有結合してできる錯イオンである．例えば，BH$_4^-$ はボラン (BH$_3$) というルイス酸にヒドリドというルイス塩基が配位共有結合したアート錯体である．BH$_4^-$ や AlH$_4^-$ のようなアート錯体は，金属上のヒドリドを求核剤として作用させる性質が強いので，求電子性の高いカルボニル炭素にヒドリドが求核付加する．

プロトン性極性溶媒 (ROH) 中における NaBH$_4$ によるカルボニル化合物の還元機構は以下のようである．

$$H_3B\text{-}H + R^1R^2C=O \longrightarrow R^2\text{-}\underset{H}{\overset{R^1}{C}}\text{-}OBH_3^- \quad (2.119)$$

$$R^2\text{-}\underset{H}{\overset{R^1}{C}}\text{-}OBH_3^- + ROH \longrightarrow R^2\text{-}\underset{H}{\overset{R^1}{C}}\text{-}OH + ROBH_3^- \quad (2.120)$$

NaBH$_4$ は穏やかな還元剤であり，アルカリ水溶液やアルコールなどのプロトン性極性溶媒中でも用いることができる．この還元剤は，カルボキシ基，ニトロ基，シアノ基，アミド基あるいは炭素－炭素不飽和結合を還元することはない．また，ジフェニルケトン（ベンゾフェノン）のような立体障害が大きな基質も還元できない．式 (2.120) で生じる ROBH$_3^-$ はあと 3 分子のカルボニル化合物を還元することができ，最終的には (RO)$_4$B$^-$ となる．

一方，LiAlH$_4$ は極めて還元力が強く，プロトン性極性溶媒に入れると，直ちに水素ガスを発生して分解する．

$$H_3Al\text{-}H + ROH \longrightarrow H_2 + ROAlH_3^- \quad (2.121)$$

$$ROAlH_3^- + 3\,ROH \longrightarrow 3\,H_2 + (RO)_4Al^- \qquad (2.122)$$

　LiAlH$_4$ と NaBH$_4$ の反応性の違いは，Al と B の電気陰性度の違いによる．Al と B の電気陰性度はそれぞれ 1.6 と 2.0 であり，Al のほうが電気的に陽性である．そのため，Al$-$H の分極は B$-$H の分極よりも大きく，AlH$_4^-$ のほうがヒドリドとしての性質が強い．

$$H-\underset{H}{\overset{H}{Al}}-H + \underset{R^2}{\overset{R^1}{C}}=O \longrightarrow R^2-\underset{H}{\overset{R^1}{C}}-O^- + AlH_3 \qquad (2.123)$$

$$R^2-\underset{H}{\overset{R^1}{C}}-O^- + AlH_3 \longrightarrow R^2-\underset{H}{\overset{R^1}{C}}-OAlH_3^- \qquad (2.124)$$

$$R^2-\underset{H}{\overset{R^1}{C}}-OAlH_3^- + 3\,\underset{R^2}{\overset{R^1}{C}}=O \longrightarrow \left(R^2-\underset{H}{\overset{R^1}{C}}-O-\right)_4 Al^- \qquad (2.125)$$

work-up
$$\left(R^2-\underset{H}{\overset{R^1}{C}}-O-\right)_4 Al^- + 4\,H_2O \longrightarrow 4\,R^2-\underset{H}{\overset{R^1}{C}}-OH + Al(OH)_4^- \qquad (2.126)$$

　式 (2.127) ～ (2.129) に示すカニッツァーロ (Cannizzaro) 反応もカルボニル基へのヒドリド移動を伴う反応である．

$$2\;\underset{OCH_3}{\text{(o-anisaldehyde)}} \xrightarrow[\text{2) H}_3\text{O}^+]{\text{1) KOH}} \underset{OCH_3}{\text{(o-anisic acid)}} + \underset{OCH_3}{\text{(o-methoxybenzyl alcohol)}} \qquad (2.127)$$

$$R-\overset{O}{\underset{H}{C}} + OH^- \rightleftharpoons R-\underset{OH}{\overset{O^-}{C}}-H \qquad (2.128)$$

2.2 求核付加反応

$$\text{(2.129)}$$

アルデヒドは還元するとアルコールとなり,酸化するとカルボン酸となる.アルデヒドを多量のNaOHやKOHと共に加熱すると,酸化-還元反応が同じ分子の間で起こり(不均化反応,disproportionation),一方のアルデヒドは酸化されてカルボン酸となり,他方は還元されてアルコールとなる.式(2.129)を見れば分かるように,この反応は実質的に不可逆反応である.反応後,中和するとカルボン酸が得られる.

メールワイン-ポンドルフ-バーレー(Meerwein-Ponndorf-Varley)還元はアルミニウムトリイソプロポキシド(aluminum triisopropoxide)を触媒に用いる,カルボニル化合物の2-プロパノールによるヒドリド移動を伴う還元である(式(2.130)).

$$\text{(2.130)}$$

$$\text{(2.131)}$$

$$\text{(構造式)} \tag{2.132}$$

3価のアルミニウム化合物はルイス酸として作用することと，Al⁻－O 結合が，Al の電気的陽性の性質により Al⁻－O ↔ Al O⁻ に分極するということが，メールワイン-ポンドルフ-バーレー還元には重要である．この還元法の特徴は，2-プロパノールという安価なアルコールを還元剤に使える点にある．また，この還元は穏やかに進行し，選択性に優れている（炭素－炭素多重結合やエステルなどを還元しない）．

メールワイン-ポンドルフ-バーレー還元はプロキラルなカルボニル化合物の不斉還元に使える．

$$\text{(反応式)} \quad 6\%\ ee \tag{2.133}$$

$$\text{(反応式)} \quad 22\%\ ee \tag{2.134}$$

2.2.9 電子求引性基によって活性化された炭素－炭素二重結合への求核付加反応

α, β-不飽和カルボニル化合物は，式 (2.135) のような共鳴構造式からも

2.2 求核付加反応

分かるように1,4-双極子としての性質が強い.

$$\text{（1,4-dipole 構造式）} \quad (2.135)$$

グリニャール試薬は α,β-不飽和カルボニル化合物へ，1,4-付加を起こす.

$$C_6H_5-CH=CH-C(=O)-C_6H_5 + BrMg-C_6H_5 \longrightarrow C_6H_5-CH(C_6H_5)-CH=C(OMgBr)-C_6H_5 \quad (2.136)$$

work-up

$$C_6H_5-CH(C_6H_5)-CH=C(OMgBr)-C_6H_5 + H-O-H \longrightarrow (C_6H_5)_2CH-CH_2-\overset{O}{\underset{\|}{C}}-C_6H_5 + HOMgBr \quad (2.137)$$

マイケル (Michael) 付加反応は，エノラートイオンのマイケル受容体への付加反応であり，マイケル受容体としては，α,β-不飽和カルボニル化合物やニトリルなど，1,4-双極子を持つ化合物が使われる.

$$CH_3-\overset{O}{\underset{\|}{C}}-\underset{H}{\overset{|}{C}}H_2 + OH^- \rightleftharpoons CH_3-\overset{O^-}{\underset{\|}{C}}=CH_2 + H_2O \quad (2.138)$$

enolate ion

$$CH_3-\overset{O^-}{\underset{\|}{C}}=CH_2 + CH_2=CH-\overset{O}{\underset{\|}{C}}-CH_3 \rightleftharpoons CH_3-\overset{O}{\underset{\|}{C}}-CH_2CH_2CH=\overset{O^-}{\underset{\|}{C}}-CH_3 \quad (2.139)$$

$$CH_3-\overset{O}{\underset{\|}{C}}-CH_2CH_2CH=\overset{O^-}{\underset{\|}{C}}-CH_3 + H_2O \longrightarrow CH_3-\overset{O}{\underset{\|}{C}}-CH_2CH_2CH_2-\overset{O}{\underset{\|}{C}}-CH_3 + OH^- \quad (2.140)$$

2.3 求核付加-脱離反応

カルボン酸およびその誘導体(カルボン酸エステル,カルボン酸無水物,ハロゲン化アルカノイル,アミド)は,アルデヒドやケトンとは異なった反応性を示す.求核剤がこれらの化合物のカルボニル基に付加して生じる4面体中間体から,脱離基(leaving group)が脱離する.

$$R-\underset{}{\overset{\overset{\cdot\cdot}{\overset{\cdot\cdot}{O}}:}{C}}-L + :Nu^- \rightleftharpoons R-\underset{Nu}{\overset{\overset{\cdot\cdot}{\overset{\cdot\cdot}{O}}:^-}{C}}-L \qquad (2.141)$$

$$R-\underset{Nu}{\overset{\overset{\cdot\cdot}{\overset{\cdot\cdot}{O}}:}{C}}-L \rightleftharpoons R-\underset{Nu}{\overset{\overset{\cdot\cdot}{\overset{\cdot\cdot}{O}}:}{C}} + :L^- \qquad (2.142)$$

4面体中間体から脱離が起こるのは,カルボン酸誘導体にはアルデヒドやケトンとは異なり,良好あるいは比較的良好な脱離基があるためである.

2.3.1 カルボン酸誘導体の特徴

ハロゲン化アルカノイル(ハロゲン化アシル)を例にとり説明しよう.塩化アセチル(acetyl chloride)は,酢酸を塩化チオニルで処理して合成できる.塩化アセチルの共鳴構造式を式(2.143)に示す.

$$CH_3-\overset{\overset{\cdot\cdot}{\overset{\cdot\cdot}{O}}:}{\underset{}{C}}-Cl \longleftrightarrow CH_3-\underset{+}{\overset{:\overset{\cdot\cdot}{O}:^-}{C}}-Cl \qquad (2.143)$$

この共鳴構造式から,カルボニル炭素には求電子性があることが分かる.アルデヒドやケトンとは異なり,塩化アセチルの場合には電気陰性度の大きな塩素がカルボニル炭素に結合しているため,その+I効果によって,カルボニル炭素の求電子性はさらに高められている.

2.3 求核付加−脱離反応

$$CH_3-\underset{Cl}{\underset{|}{\overset{\overset{\ddot{O}:}{\|}}{C}}}-Cl + :Nu^- \rightleftharpoons CH_3-\underset{Nu}{\underset{|}{\overset{:\ddot{O}:^-}{\overset{|}{C}}}}-Cl \quad (2.144)$$

$$CH_3-\underset{Nu}{\underset{|}{\overset{:\ddot{O}:^-}{\overset{|}{C}}}}-Cl \longrightarrow CH_3-\underset{Nu}{\overset{\overset{\ddot{O}:}{\|}}{C}} + Cl^- \quad (2.145)$$

2.1 節でも学習したように,ハロゲンは良好な脱離基である.よって,4 面体中間体から容易に脱離が起こって,生成物となる.良好な脱離基とは強酸の共役塩基である.脱離基の共役酸は,ハロゲン化アルカノイルではハロゲン化水素 ($pK_a = -8 \sim -9$),エステルではアルコール ($15 \sim 16$),カルボン酸無水物ではカルボン酸 ($4 \sim 5$),アミドではアミン (~ 38),カルボン酸そのものでは水 (15.7) である.一方,アルデヒドおよびケトンの 4 面体中間体から脱離が起こるとすると,脱離基の共役酸はそれぞれ水素 (H_2, 36) およびアルカン ($45 \sim 55$) となる.アミドを除き,カルボン酸誘導体の脱離基はアルデヒドやケトンの脱離基に比べて,相対的に良好な脱離基といえる.

反応系に酸が共存した場合には 4 面体中間体からの脱離はさらに容易になる.例えば,エステルの場合を例にして考えてみよう.

$$CH_3-\overset{\overset{\ddot{O}:}{\|}}{C}-OC_2H_5 + H^+ \rightleftharpoons \left[CH_3-\overset{\overset{+\ddot{O}-H}{\|}}{C}-OC_2H_5 \longleftrightarrow CH_3-\underset{+}{\overset{:\ddot{O}-H}{\overset{|}{C}}}-OC_2H_5 \right] \quad (2.146)$$

$$CH_3-\overset{\overset{+\ddot{O}-H}{\|}}{C}-OC_2H_5 + :Nu^- \rightleftharpoons CH_3-\underset{Nu}{\underset{|}{\overset{:\ddot{O}-H}{\overset{|}{C}}}}-OC_2H_5 \quad (2.147)$$

$$CH_3-\underset{Nu}{\underset{|}{\overset{O-H}{\overset{|}{C}}}}-\ddot{O}C_2H_5 + H^+ \rightleftharpoons CH_3-\underset{Nu}{\underset{|}{\overset{O-H}{\overset{|}{C}}}}-\underset{H}{\overset{+}{O}}C_2H_5 \quad (2.148)$$

$$\text{CH}_3-\underset{\underset{\text{H}}{|}}{\overset{\overset{\text{O-H}}{|}}{\underset{\text{Nu}}{C}}}-\text{OC}_2\text{H}_5 \rightleftharpoons \text{CH}_3-\underset{\text{Nu}}{\overset{\overset{+}{\text{O-H}}}{C}} + \text{C}_2\text{H}_5\text{OH} \rightleftharpoons$$

$$\text{CH}_3-\underset{\text{Nu}}{\overset{\overset{\text{O}}{\|}}{C}} + \text{C}_2\text{H}_5\text{OH} + \text{H}^+ \quad (2.149)$$

酸性の条件では，まずカルボニル炭素の求電子性が増大し，求核剤の攻撃がより容易になる (式 (2.146))．さらに，式 (2.148) で脱離する基にプロトン化が起こることにより，脱離基の共役酸が，酸不在下ではエタノール ($pK_a = 16$) であったのが，酸存在下ではエチルオキソニウムイオン ($pK_a = -2$) になる．このことから，カルボン酸誘導体の反応では，酸触媒が有効であることが理解される．

2.3.2 カルボン酸誘導体と水あるいはアルコールとの反応

水やメタノールの求核性は非常に弱い．しかし，水やアルコールの酸素原子上には非共有電子対があるので，弱いながらも求核性がある．ハロゲン化アルカノイルあるいはカルボン酸無水物は，触媒なしでも水中で加水分解される．水との反応性は，カルボン酸無水物よりもハロゲン化アルカノイルのほうが圧倒的に高い．

$$R^1-\overset{\overset{\ddot{\text{O}}:}{\|}}{C}-L + H-\ddot{\text{O}}H \rightleftharpoons R^1-\underset{\underset{+}{H-\ddot{\text{O}}H}}{\overset{:\ddot{\text{O}}:^-}{\underset{|}{C}}}-L \rightleftharpoons R^1-\underset{\text{OH}}{\overset{:\ddot{\text{O}}-H}{\underset{|}{C}}}-L$$

$$(2.150)$$

2.3 求核付加-脱離反応

$$\text{R}^1-\underset{\text{OH}}{\overset{\ddot{\text{O}}-\text{H}}{\underset{|}{\text{C}}}}-\text{L} \rightleftharpoons \text{R}^1-\underset{\text{OH}}{\overset{\overset{+}{\text{O}}-\text{H}}{\text{C}}} + :\text{L}^- \rightleftharpoons \text{R}^1-\underset{\text{OH}}{\overset{\ddot{\text{O}}:}{\text{C}}} + :\text{L}^- + \text{H}^+$$

$$\text{L: Cl (alkanoyl chloride)}, \ \text{O}\overset{\text{O}}{\underset{\|}{\text{C}}}\text{R}^2 \text{ (carboxy anhydride)}$$

(2.151)

ハロゲン化アルカノイルおよびカルボン酸無水物はアルコールと反応し，それぞれカルボン酸エステルを与える．

$$\text{R}^1-\overset{\ddot{\text{O}}:}{\underset{|}{\text{C}}}-\text{L} + \text{H}-\ddot{\text{O}}\text{R}^3 \rightleftharpoons \text{R}^1-\underset{\underset{+}{\text{H}-\ddot{\text{O}}\text{R}^3}}{\overset{:\ddot{\text{O}}:^-}{\underset{|}{\text{C}}}}-\text{L} \rightleftharpoons \text{R}^1-\underset{\text{OR}^3}{\overset{\ddot{\text{O}}-\text{H}}{\text{C}}}-\text{L}$$

(2.152)

$$\text{R}^1-\underset{\text{OR}^3}{\overset{\ddot{\text{O}}-\text{H}}{\underset{|}{\text{C}}}}-\text{L} \rightleftharpoons \text{R}^1-\underset{\text{OR}^3}{\overset{\overset{+}{\text{O}}-\text{H}}{\text{C}}} + :\text{L}^- \rightleftharpoons \text{R}^1-\underset{\text{OR}^3}{\overset{\ddot{\text{O}}:}{\text{C}}} + :\text{L}^- + \text{H}^+$$

$$\text{L: Cl (alkanoyl chloride)}, \ \text{O}\overset{\text{O}}{\underset{\|}{\text{C}}}\text{R}^2 \text{ (carboxy anhydride)}$$

(2.153)

式 (2.152) および (2.153) は式 (2.150) および (2.151) の H_2O を R^3OH に代えただけである．

カルボン酸エステルやアミドは酸あるいはアルカリ条件で，有意な加水分解反応が進行する．

$$\text{R}^1-\overset{\ddot{\text{O}}:}{\underset{\|}{\text{C}}}-\text{OR}^2 + \text{H}^+ \rightleftharpoons \left[\text{R}^1-\overset{\overset{+}{\ddot{\text{O}}}-\text{H}}{\underset{\|}{\text{C}}}-\text{OR}^2 \leftrightarrow \text{R}^1-\overset{:\ddot{\text{O}}-\text{H}}{\underset{+}{\text{C}}}-\text{OR}^2 \right]$$

(2.154)

$$R^1-\underset{\substack{\| \\ +\text{O}-H}}{C}-OR^2 + H-\ddot{\text{O}}H \rightleftharpoons R^1-\underset{\substack{| \\ H-\overset{+}{\text{O}}H}}{\overset{:\ddot{\text{O}}-H}{C}}-OR^2 \rightleftharpoons R^1-\underset{\substack{| \\ :\ddot{\text{O}}H \ H}}{\overset{:\ddot{\text{O}}-H}{C}}-\overset{+}{O}R^2$$

(2.155)

$$R^1-\underset{\substack{| \\ :\ddot{\text{O}}H \ H}}{\overset{:\ddot{\text{O}}-H}{C}}-\overset{+}{O}R^2 \rightleftharpoons CH_3-\underset{\substack{\| \\ OH}}{\overset{\overset{+}{\text{O}}-H}{C}} + R^2OH \rightleftharpoons CH_3-\underset{\substack{\| \\ OH}}{\overset{O}{C}} + R^2OH + H^+$$

(2.156)

カルボン酸エステルの酸触媒加水分解反応は可逆反応である．よって，カルボン酸とアルコールによる酸触媒エステル化反応の機構は，式 (2.156) の右辺から始めて，逆にたどればよい（微視的可逆性の原理, principle of microscopic reversibility）．カルボン酸エステルを酸触媒下にアルコールと反応させれば，エステル交換反応 (transesterification) が起こる．

$$R^1-\underset{\|}{\overset{\ddot{\text{O}}:}{C}}-OR^2 + H^+ \rightleftharpoons \left[R^1-\underset{\|}{\overset{+\ddot{\text{O}}-H}{C}}-OR^2 \leftrightarrow R^1-\underset{+}{\overset{:\ddot{\text{O}}-H}{C}}-OR^2 \right]$$

(2.157)

$$R^1-\underset{\|}{\overset{+\ddot{\text{O}}-H}{C}}-OR^2 + R^3\ddot{\text{O}}H \rightleftharpoons R^1-\underset{\substack{| \\ H-\overset{+}{\text{O}}R^3}}{\overset{:\ddot{\text{O}}-H}{C}}-OR^2 \rightleftharpoons R^1-\underset{\substack{| \\ :\ddot{\text{O}}R^3 \ H}}{\overset{:\ddot{\text{O}}-H}{C}}-\overset{+}{O}R^2$$

(2.158)

$$R^1-\underset{\substack{| \\ OR^3 \ H}}{\overset{:\ddot{\text{O}}-H}{C}}-\overset{+}{O}R^2 \rightleftharpoons R^1-\underset{\substack{\| \\ OR^3}}{\overset{\overset{+}{\text{O}}-H}{C}} + R^2OH \rightleftharpoons R^1-\underset{\substack{\| \\ OR^3}}{\overset{O}{C}} + R^2OH + H^+$$

(2.159)

式 (2.154)〜(2.156) の基質の OR^2 を NHR^2 にすれば，アミドの酸触媒加水分解反応の機構となる．

$$R^1-\underset{\overset{..}{\overset{..}{O}:}}{\underset{|}{C}}-NHR^2 + H^+ \rightleftharpoons \left[R^1-\underset{\overset{+\overset{..}{O}-H}{|}}{\underset{|}{C}}-NHR^2 \leftrightarrow R^1-\underset{\overset{:\overset{..}{O}-H}{|}}{\underset{+}{C}}-NHR^2 \right]$$

(2.160)

$$R^1-\underset{\overset{+\overset{..}{O}-H}{|}}{\underset{|}{C}}-NHR^2 + H-\overset{..}{\overset{..}{O}}H \rightleftharpoons R^1-\underset{\overset{:\overset{..}{O}-H}{|}}{\underset{\underset{+}{H-\overset{..}{O}H}}{C}}-\overset{..}{N}HR^2 \rightleftharpoons R^1-\underset{\overset{:\overset{..}{O}-H}{|}}{\underset{\underset{H}{:\overset{..}{O}H}}{C}}-\overset{+}{N}HR^2$$

(2.161)

$$R^1-\underset{\overset{:\overset{..}{O}-H}{|}}{\underset{\underset{H}{:\overset{..}{O}H}}{C}}-\overset{+}{N}HR^2 \rightleftharpoons CH_3-\underset{\overset{+\overset{..}{O}-H}{|}}{\underset{OH}{C}} + R^2NH_2 \rightleftharpoons CH_3-\underset{\overset{O}{||}}{\underset{OH}{C}} + R^2NH_3^+$$

(2.162)

アミドも酸触媒存在下，アルコールと反応させると，カルボン酸エステルを与える．

$$C_6H_5-\underset{\overset{O}{||}}{C}-NH_2 \xrightarrow{C_2H_5OH/HCl} C_6H_5-\underset{\overset{O}{||}}{C}-OC_2H_5$$

(2.163)

カルボン酸エステルのアルカリ加水分解反応は，実質的に不可逆反応である．式 (2.165) の反応を見れば明らかだろう．

$$R^1-\underset{\overset{O}{||}}{C}-OR^2 + OH^- \rightleftharpoons R^1-\underset{\overset{O^-}{|}}{\underset{OH}{C}}-OR^2$$

(2.164)

$$R^1-\underset{\overset{O^-}{|}}{\underset{OH}{C}}-OR^2 \rightleftharpoons R^1-\underset{\overset{O}{||}}{\underset{OH}{C}} + R^2O^- \longrightarrow R^1-\underset{\overset{O}{||}}{\underset{O^-}{C}} + R^2OH$$

(2.165)

2.3.3 カルボン酸誘導体とアミンとの反応

アミンは窒素上に非共有電子対を有する塩基であり，求核剤としても作用

する．水やアルコールよりもアミンの求核性は強い．

　アルデヒドやケトンと第1級アミンとの反応では，縮合反応が進行し，イミン（シッフ塩基）が生成する（2.2.5項参照）．一方，ハロゲン化アルカノイルやカルボン酸エステルはアミンと反応し，アミドを生じる．

$$R^1-\underset{}{\overset{O}{\underset{}{C}}}-L + NH_3 \rightleftharpoons R^1-\underset{\overset{|}{NH_3^+}}{\underset{}{\overset{O^-}{\underset{}{C}}}}-L \quad (2.166)$$

$$R^1-\underset{\overset{|}{NH_3^+}}{\underset{}{\overset{O^-}{\underset{}{C}}}}-L + NH_3 \rightleftharpoons R^1-\underset{NH_2}{\underset{}{\overset{O^-}{\underset{}{C}}}}-L + NH_4^+ \quad (2.167)$$

$$R^1-\underset{NH_2}{\underset{}{\overset{O^-}{\underset{}{C}}}}-L \longrightarrow R^1-\overset{O}{\underset{}{C}}-NH_2 + L^- \quad (2.168)$$

L: Cl, OR^2

　塩化アルカノイルとアルキルアミンとの反応ではHClが生成し，生じるHClは，アルキルアミンと塩をつくってアミンの求核性を消失させる．そのため，アミンは塩化アルカノイルの少なくとも2倍等量を使用しなければならない．

$$CH_3-\overset{O}{\underset{}{C}}-Cl + H_2NCH_2CH_2CH_3 \rightleftharpoons CH_3-\underset{H-\overset{+}{N}HCH_2CH_2CH_3}{\underset{}{\overset{O^-}{\underset{}{C}}}}-Cl \longrightarrow CH_3-\underset{NHCH_2CH_2CH_3}{\underset{}{\overset{OH}{\underset{}{C}}}}-Cl \quad (2.169)$$

$$CH_3-\underset{NHCH_2CH_2CH_3}{\underset{}{\overset{OH}{\underset{}{C}}}}-Cl \rightleftharpoons CH_3-\underset{NHCH_2CH_2CH_3}{\underset{}{\overset{\overset{+}{OH}}{\underset{}{C}}}} + Cl^- \quad (2.170)$$

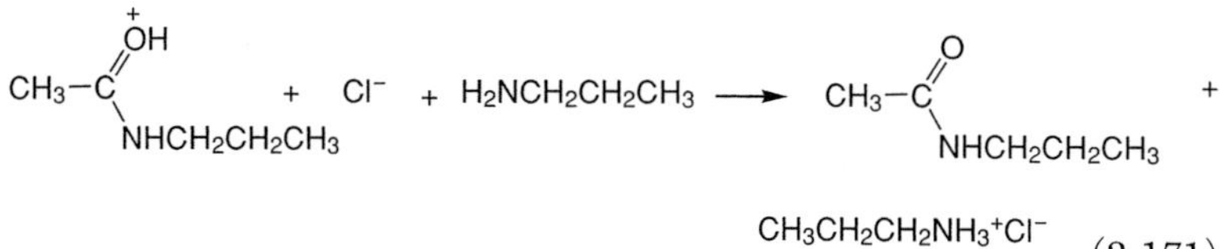

2.3 求核付加-脱離反応

$$\text{CH}_3-\overset{+\text{OH}}{\underset{\text{NHCH}_2\text{CH}_2\text{CH}_3}{\text{C}}} + \text{Cl}^- + \text{H}_2\text{NCH}_2\text{CH}_2\text{CH}_3 \longrightarrow \text{CH}_3-\overset{\text{O}}{\underset{\text{NHCH}_2\text{CH}_2\text{CH}_3}{\text{C}}} + \text{CH}_3\text{CH}_2\text{CH}_2\text{NH}_3^+\text{Cl}^-$$
(2.171)

塩化アセチルのような分子量の小さな塩化アルカノイルは水により直ちに加水分解されるが, $C_9H_{19}COCl$ 程度になると, 加水分解されにくくなる. このような場合には, ジクロロメタン-水のような 2 層系の溶媒を用い, 水層に NaOH などのアルカリを溶解させて, かき混ぜながらジクロロメタン中のアミンと反応させると, 収率良くアミドを合成することができる. このように有機溶媒-水 2 層系のアミドの合成法を, ショッテン-バウマン (Schotten-Baumann) 法という.

2.3.4 カルボン酸誘導体とカルボン酸との反応

酢酸アニオンのピアソンの求核性定数は 4.3 であり, あまり良好な求核剤ではない. 非解離のカルボン酸の求核性はカルボキシラートイオンよりも低い. しかし, 反応活性なハロゲン化アルカノイルとは反応し, 酸無水物を与える.

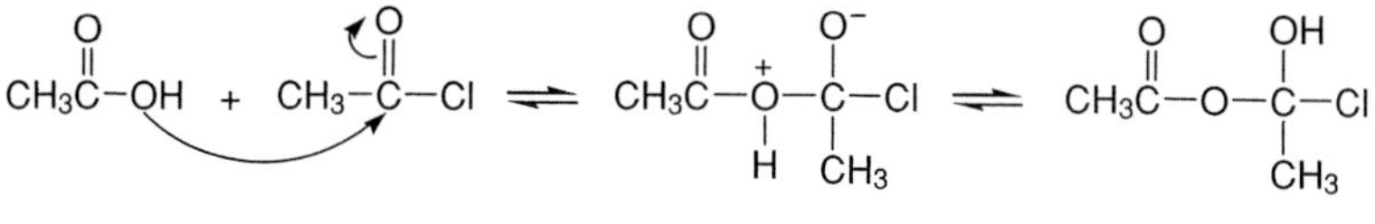

(2.172)

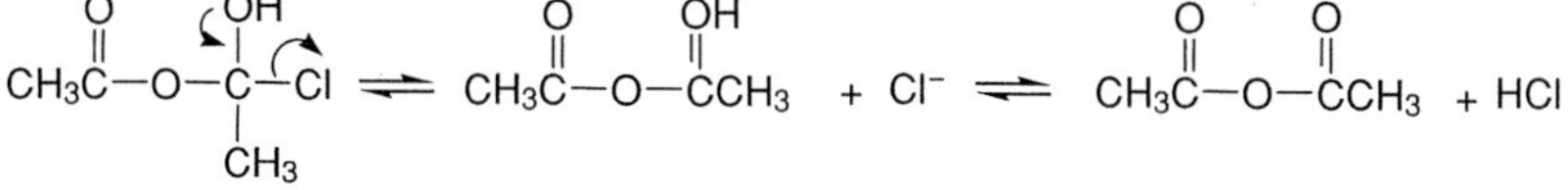

(2.173)

副生する HCl はピリジンを共存させておいて, ピリジンの塩酸塩として中和する必要がある.

2.3.5 カルボン酸誘導体とカルボアニオンとの反応

カルボアニオンは非常に強い塩基であり，同時に強い求核剤である．カルボン酸エステルのカルボニル基に対してα-位の水素は，カルボニル基の電子求引性のために酸性度が高い．

$$\text{H-CH}_2\text{CH}_3 \qquad \text{H-CH}_2\text{-C(=O)-OCH}_3 \qquad \text{H-CH}_2\text{-C(=O)-CH}_3 \qquad (2.174)$$
$$\text{p}K_a = 49 \qquad\qquad \text{p}K_a = 26 \qquad\qquad \text{p}K_a = 19$$

カルボン酸エステルを強い塩基存在下に反応させると，エノラートイオンを中間に経るクライゼン (Claisen) 反応を起こす．式 (2.175) の共鳴構造式からも明らかなように，エノラートイオンは共鳴によって安定化されたカルボアニオンである．クライゼン反応は，クライゼン縮合反応とも呼ばれ，アルデヒドやケトンの反応におけるアルドール反応によく似た反応である．ただし，クライゼン反応ではエノラートイオンが求核付加してできる4面体中間体から，脱離が起こってβ-ケトカルボン酸エステルが生じる．この生成物はβ-ジカルボニル化合物であり，活性なメチレンから容易に脱プロトンが起こり，共鳴によって安定化されたエノラートイオンが最終生成物として得られる．反応後の酸処理でβ-ケトカルボン酸エステルが生成する．

$$\underset{\text{H}}{\text{CH}_2}\text{-C(=O)-OC}_2\text{H}_5 + {}^-\text{OC}_2\text{H}_5 \rightleftharpoons \left[\text{CH}_2\text{=C(O}^-)\text{-OC}_2\text{H}_5 \leftrightarrow {}^-\text{CH}_2\text{-C(=O)-OC}_2\text{H}_5 \right] + \text{C}_2\text{H}_5\text{OH}$$
$$\text{enolate ion} \qquad (2.175)$$

$$\text{CH}_3\text{-C(=O)-OC}_2\text{H}_5 + \text{CH}_2\text{=C(O}^-)\text{-OC}_2\text{H}_5 \rightleftharpoons \text{CH}_3\text{-C(O}^-)(\text{OC}_2\text{H}_5)\text{-CH}_2\text{COC}_2\text{H}_5$$
$$(2.176)$$

2.3 求核付加－脱離反応

$$\begin{array}{c} \text{CH}_3\text{-}\underset{\underset{\text{CH}_2\text{COC}_2\text{H}_5}{|}}{\overset{\text{O}^-}{\text{C}}}\text{-OC}_2\text{H}_5 \end{array} \rightleftharpoons \text{CH}_3\text{-}\overset{\text{O}}{\underset{||}{\text{C}}}\text{-CH}_2\text{-}\overset{\text{O}}{\underset{||}{\text{C}}}\text{-OC}_2\text{H}_5 + \text{C}_2\text{H}_5\text{O}^- \rightleftharpoons$$

$$\left[\text{CH}_3\text{-}\overset{\text{O}}{\underset{||}{\text{C}}}\text{-CH}=\overset{\text{O}^-}{\underset{|}{\text{C}}}\text{-OC}_2\text{H}_5 \leftrightarrow \text{CH}_3\text{-}\overset{\text{O}}{\underset{||}{\text{C}}}\text{-}\underset{-}{\text{CH}}-\overset{\text{O}}{\underset{||}{\text{C}}}\text{-OC}_2\text{H}_5 \right.$$

$$\left. \leftrightarrow \underset{\text{enolate ion}}{\text{CH}_3\text{-}\overset{\text{O}^-}{\underset{|}{\text{C}}}=\text{CH}-\overset{\text{O}}{\underset{||}{\text{C}}}\text{-OC}_2\text{H}_5} \right] + \text{C}_2\text{H}_5\text{OH} \quad (2.177)$$

クライゼン反応は可逆反応であるので，もしも最終生成物 (β-ケトカルボン酸エステル) に酸解離する活性な水素がない場合には，平衡は始原系に偏るため，原料が回収されるにとどまってしまう．このような系においては，塩基として水素化ナトリウムを用いるとよい．

$$\underset{\underset{\text{H}}{|}}{\overset{\text{H}_3\text{C}}{|}}\text{H}_3\text{C}-\overset{}{\underset{}{\text{C}}}-\overset{\text{O}}{\underset{||}{\text{C}}}\text{-OC}_2\text{H}_5 + \text{-H} \longrightarrow \underset{\underset{\text{H}_3\text{C}}{|}}{\overset{\text{H}_3\text{C}}{|}}\text{C}=\overset{\text{O}^-}{\underset{|}{\text{C}}}\text{-OC}_2\text{H}_5 + \text{H}_2 \quad (2.178)$$
enolate ion

式 (2.178) の反応は，水素ガスが反応系外に出てしまうため，実質的に不可逆である．

2.2.7 項で説明したように，グリニャール試薬やアルキルリチウムはカルボアニオン的な性質が強い (約 40 % がイオン結合性，約 60 % が共有結合性)．カルボン酸エステル，カルボン酸無水物，ハロゲン化アルカノイルとグリニャール試薬とを反応させると，ケトンを経て，最終的にはアルコールが得られる．

$$\text{R}^1\text{-}\overset{\text{O}}{\underset{||}{\text{C}}}\text{-L} + \text{R}^2\text{-MgX} \rightleftharpoons \text{R}^1\text{-}\underset{\underset{\text{R}^2}{|}}{\overset{\text{O-MgBr}}{\underset{|}{\text{C}}}}\text{-L} \quad (2.179)$$

$$R^1-\underset{R^2}{\underset{|}{C}}-L \xrightarrow{\curvearrowleft O^--MgBr} R^1-\underset{}{\overset{O}{C}}-R^2 + LMgX \quad (2.180)$$

$$R^1-\overset{O}{\underset{}{C}}-R^2 + R^2-MgX \longrightarrow R^1-\underset{R^2}{\underset{|}{C}}-R^2 \quad (2.181)$$

$$R^1-\underset{R^2}{\underset{|}{\overset{O^--MgBr}{\overset{|}{C}}}}-R^2 \xrightarrow[H_2O]{\text{work-up}} R^1-\underset{R^2}{\underset{|}{\overset{OH}{\overset{|}{C}}}}-R^2 \quad (2.182)$$

L: Cl, OR^3, OC(O)R^3

一般にアミドのグリニャール試薬との反応性は低い．カルボン酸とグリニャール試薬とは反応し，不溶性の塩をつくり，有意な反応は起こらない．

$$R^1-\overset{O}{\underset{}{C}}-OH + R^2-MgX \rightleftharpoons R^1-\overset{O}{\underset{}{C}}-OMgX + R^2H \quad (2.183)$$

カルボン酸誘導体に対し，有機リチウム化合物は基本的にグリニャール試薬と同じ反応を起こす．ただし，カルボン酸はグリニャール試薬とは有意な反応を起こさないが，有機リチウムとは反応し，ケトンを生じる．

$$R^1-\overset{O}{\underset{}{C}}-O-H + R^2-Li \rightleftharpoons R^1-\overset{O^-Li^+}{\underset{}{C}}=O + R^2H \quad (2.184)$$

$$R^1-\overset{O^-Li^+}{\underset{}{C}}=O + R^2-Li \rightleftharpoons R^1-\underset{R^2}{\underset{|}{\overset{O^-Li^+}{\overset{|}{C}}}}-O^-Li^+ \quad (2.185)$$

work-up

$$R^1-\underset{R^2}{\underset{|}{\overset{O^-Li^+}{\overset{|}{C}}}}-O^-Li^+ + 2H_2O \rightleftharpoons R^1-\underset{R^2}{\underset{|}{\overset{OH}{\overset{|}{C}}}}-OH + 2LiOH \quad (2.186)$$

2.3 求核付加−脱離反応

$$R^1-\underset{R^2}{\underset{|}{C}}(OH)_2 \longrightarrow R^1-\overset{+}{C}(OH)=R^2 + OH^- \longrightarrow R^1-C(=O)-R^2 + H_2O \quad (2.187)$$

式 (2.184) の反応では, 有機リチウムは塩基として作用しているが, 式 (2.185) の反応では, 求核剤として働いている.

話はやや本論からずれるが, 塩基としては作用するが, 求核性がない試薬にリチウムジイソプロピルアミド (lithium diisopropylamide, LDA) がある.

$$\text{LDA} + CH_3CH_2CH_2CH_2Br \longrightarrow CH_3CH_2CH=CH_2 \text{ (major product)} + HN(CH(CH_3)_2)_2 + LiBr$$

$$pK_a = 40 \quad (2.188)$$

1-ブロモブタンは第1級ハロアルカンであるので, LDA に求核性があれば S_N2 反応 (メンシュトキン反応) が主に進行するはずであるが, 実際には E2 反応が主として進行する. 2つのイソプロピル基の立体障害により, 求核置換反応が起こりにくくなっている. LDA とカルボン酸との反応ではエノラートイオンが生じる.

$$CH_3CH_2-C(=O)OH + \text{LDA} \longrightarrow CH_3CH_2-C(=O)OLi + HN(CH(CH_3)_2)_2 \quad (2.189)$$

$$CH_3CH(H)-C(=O)OLi + \text{LDA} \longrightarrow CH_3CH=C(OLi)_2 + HN(CH(CH_3)_2)_2 \quad (2.190)$$

$$CH_3CH=C\begin{matrix}OLi\\OLi\end{matrix} + 2\ Cl-\underset{CH_3}{\underset{|}{\overset{CH_3}{\overset{|}{Si}}}}-CH_3 \longrightarrow CH_3CH=C\begin{matrix}OSi(CH_3)_3\\OSi(CH_3)_3\end{matrix} + 2\ LiCl$$

disilyl ketene acetal

(2.191)

ジシリルケテンアセタールはエノラートイオン等価体であり,アルドール反応に用いることができる.

2.3.6 カルボン酸誘導体とヒドリドとの反応

普通の条件では,カルボン酸誘導体のうちハロゲン化アルカノイルのみが $NaBH_4$ と反応し,対応するアルコールとなる.アミド以外のカルボン酸誘導体は $LiAlH_4$ と反応し,対応する第1級アルコールを与える.

$$R-\overset{O}{\underset{}{\overset{\|}{C}}}-L \xrightarrow[2)\ H_3O^+]{1)\ LiAlH_4} R-CH_2OH \quad (2.192)$$

$$R^1-\overset{O}{\underset{}{\overset{\|}{C}}}-L + H-AlH_3^- \rightleftharpoons \left[R^1-\underset{H}{\overset{O^-}{\underset{|}{\overset{|}{C}}}}-L + AlH_3\right] \longrightarrow R^1-\underset{H}{\overset{OAlH_3^-}{\underset{|}{\overset{|}{C}}}}-L \quad (2.193)$$

$$R^1-\underset{H}{\overset{O-AlH_3^-}{\underset{|}{\overset{|}{C}}}}-L \rightleftharpoons R^1-\overset{O}{\underset{H}{\overset{\|}{C}}} + LAlH_3^- \quad (2.194)$$

$$R^1-\overset{O}{\underset{H}{\overset{\|}{C}}} \xrightarrow[2)\ H_3O^+]{1)\ AlH_4^-} R^1CH_2OH \quad (2.195)$$

L: OH, Cl, OC(O)R², OR²

アミドの $LiAlH_4$ 還元ではアミンが生成する.還元の機構はよく分かって

いないが，一応，次のように考えると説明がつく．

$$R^1-\underset{\substack{\| \\ O}}{C}-NHR^2 + H-AlH_3^- \rightleftharpoons \left[R^1-\underset{\substack{| \\ H}}{\overset{\substack{O^- \\ |}}{C}}-NHR^2 + AlH_3 \right] \longrightarrow R^1-\underset{\substack{| \\ H}}{\overset{\substack{O-AlH_3^- \\ |}}{C}}-NHR^2 \quad (2.196)$$

$$R^1-\underset{\substack{| \\ H}}{\overset{\substack{O-AlH_3^- \\ |}}{C}}-NHR^2 \rightleftharpoons \left[R^1-\underset{\substack{| \\ H}}{C}\!\!=\!\!\overset{+}{N}HR^2 \right] {}^-OAlH_3^- \quad (2.197)$$

$$\left[R^1-\underset{\substack{| \\ H}}{C}\!\!=\!\!\overset{+}{N}HR^2 \right] {}^-OAlH_2^- \xrightarrow{Li^+} R^1-\underset{\substack{| \\ H}}{\overset{\substack{H \\ |}}{C}}-NHR^2 + LiO-AlH_2 \quad (2.198)$$

このようなアミドの還元では，4面体中間体からの脱離は起こらない．

2.4 芳香族求核置換反応

芳香族化合物の反応のほとんどは求電子置換反応である（第3章参照）．ベンゼンは求電子試薬に対して，通常ルイス塩基として作用し，そのπ電子を求電子剤に供与してシクロヘキサジエニル中間体を生じ，その後脱プロトン化を経て，求電子置換反応が完了する．しかし，電子求引性の置換基を有する芳香族化合物の中には，求核剤の攻撃を受けて置換反応を起こす場合がある．芳香族求核置換反応（nucleophilic aromatic substitution）の機構は大きく3つに分類される．

1）付加－脱離機構（芳香族 S_N2 反応）
2）アリールカチオン機構（芳香族 S_N1 反応）
3）脱離－付加機構（ベンザイン機構）

この節は，第3章の後に学習してもよい．

2.4.1 付加－脱離機構 (芳香族 S_N2 反応)

次の反応を見てみよう．

$$\text{(p-フルオロニトロベンゼン)} + CH_3O^- \longrightarrow \text{(p-メトキシニトロベンゼン)} + F^- \quad (2.199)$$

電子求引性のニトロ基を持つベンゼン環に結合していたフルオロ基がメトキシ基に置換している．フッ素は電気陰性度の大きな原子であるので，p-フルオロニトロベンゼンのベンゼン環の π 電子密度は相当に低くなっている．このような π 電子欠乏型の基質に，求核剤であるメトキシドイオンが C-F 結合の付け根の炭素に攻撃し，置換が起こる．もともとの置換基を他の置換基に変換する反応はイプソ置換 ($ipso$-substitution) 反応といわれる．反応の機構は以下の通りである．

$$(2.200)$$

2.4 芳香族求核置換反応

$$\text{(式中の構造式)} \longrightarrow \text{(生成物)} + F^- \quad (2.201)$$

式 (2.200) で生じるシクロヘキサジエニルアニオン中間体は，ニトロ基によって安定化されることが，その共鳴構造式より理解できるだろう．ここでは求核剤の付加が起こり，式 (2.201) では芳香族性を回復しようと脱離が起こる．

シクロヘキサジエニルアニオンのニトロ基による安定化の寄与は著しく，次のような場合には，シクロヘキサジエニルアニオンが単離できる．

$$\text{(2,4,6-トリニトロアニソール)} + C_2H_5OK \rightleftharpoons \text{(錯体)} K^+ \quad (2.202)$$

式 (2.202) で生じる塩はジャクソン-マイゼンハイマー (Jackson-Meisenheimer) 錯体と呼ばれる．この錯体が単離できるのは，3つのニトロ基によるアニオン中間体の安定化と，アルコキシドイオンが良好な脱離基でないという理由による．

2,4,6-トリニトロクロロベンゼンと水酸化ナトリウムをおだやかな条件で反応させると，ピクリン酸が得られる．

$$\text{(2,4,6-トリニトロクロロベンゼン)} + OH^- \longrightarrow \text{(ピクリン酸)} + Cl^- \quad (2.203)$$

求核剤としては，OH^-，RO^- 以外に，NH_3，NH_2NH_2，RNH_2，R_2NH，N_3^- などが使われる．例えば，アミンとの反応の機構は次のようである．

$$\text{(2.204)}$$

$$\text{(2.205)}$$

 X としてのハロゲンの反応性は高い順に，F＞Cl＞Br＞I となり，Cl と Br との差はあまりない．F が最も反応性が高いのは，F の電気陰性度が高く，誘起効果（I 効果）により，F が結合している付け根の炭素の電子密度を著しく下げることに原因がある．フッ化物イオンの共役酸は弱酸の HF（$pK_a = 3.2$）である．弱酸の共役塩基は脱離基としては良好ではないということを 2.1.6 項で学んだ．フッ素は良好な脱離基ではないのに，最も反応性が高いことから，反応の律速段階は，シクロヘキサジエニルアニオンからの X^- の脱離の段階ではなく，シクロヘキサジエニルアニオン中間体の生成の段階にあることが分かる．

 芳香族化合物の求核付加－脱離機構による反応は，芳香族 S_N2 反応と呼ばれている．反応の律速段階はシクロヘキサジエニルアニオン中間体の生成段階なので，反応速度は基質濃度に対して 1 次，求核剤濃度に対して 1 次の計 2 次となる．しかし，反応機構は脂肪族化合物の S_N2 反応とは根本的に異なる．脂肪族 S_N2 反応は協奏的に反応が進行し，中間体は生じないが，芳香族 S_N2 反応では中間体が生じる．脂肪族 S_N2 反応では必ずワルデン反転を伴うが，芳香族 S_N2 反応では立体配置の反転はない．

2.4.2 アリールカチオン機構（芳香族 S_N1 反応）

 アニリンを亜硝酸と塩酸とで処理すると，塩化ベンゼンジアゾニウムが得

$$\text{HO-N=O: + H}^+ \rightleftharpoons \text{H}_2\overset{+}{\text{O}}\text{-N=O:} \tag{2.206}$$

$$\text{H}_2\overset{+}{\text{O}}\text{-N=O:} \rightleftharpoons \overset{+}{\text{N}}\text{=O: + H}_2\text{O} \tag{2.207}$$

$$\text{Ph-NH}_2 + \overset{+}{\text{N}}\text{=O:} \rightleftharpoons \text{Ph-}\overset{+}{\text{N}}\text{H}_2\text{-N=O:} \tag{2.208}$$

$$\text{Ph-}\overset{+}{\text{N}}\text{H}_2\text{-N=O:} \rightleftharpoons \text{Ph-NH=N-OH} \rightleftharpoons \text{Ph-N=}\overset{+}{\text{N}}\text{-OH} \quad | \quad \text{H} \tag{2.209}$$

$$\text{Ph-N=}\overset{+}{\text{N}}\text{-}\overset{+}{\text{O}}\text{H}_2 \rightleftharpoons \text{Ph-}\overset{+}{\text{N}}\text{≡N + H}_2\text{O} \tag{2.210}$$

HNO_2($pK_a = 3.3$) は弱酸であり, 強酸である HCl ($pK_a = -8$) に対して塩基となる (式 (2.206)).

ベンゼンジアゾニウム塩は不安定であり, 分解してフェニルカチオンを生じる. 一般にアリールカチオンという. 置換ベンゼン類の総称はアレーン (arene) であり, アレーンが置換基になるとそれをアリール基 (aryl group) と呼ぶ. アリル基 (allyl group) と間違わないように注意する必要がある.

$$\text{Ph-}\overset{+}{\text{N}}\text{≡N} \longrightarrow \text{Ph}^+ + \text{N≡N} \tag{2.211}$$

アリールカチオンは求電子性が高いので, 種々の求核剤と反応する.

$$\text{C}_6\text{H}_5^+ + \text{H}-\ddot{\text{O}}\text{H} \longrightarrow \text{C}_6\text{H}_5-\overset{+}{\underset{\text{H}}{\text{OH}}} \rightleftharpoons \text{C}_6\text{H}_5-\text{OH} + \text{H}^+ \quad (2.212)$$

$$\text{C}_6\text{H}_5^+ + \text{Cl}^- \longrightarrow \text{C}_6\text{H}_5-\text{Cl} \quad (2.213)$$

次の反応のようにベンゼン環にフッ素を導入する反応はバルツ-シーマン (Balz-Schiemann) 反応と呼ばれる.

$$\text{C}_6\text{H}_5-\text{NH}_2 \xrightarrow{\text{HNO}_2/\text{HBF}_4} \text{C}_6\text{H}_5-\text{N}_2^+ \text{BF}_4^- \quad (2.214)$$

$$\text{C}_6\text{H}_5-\text{N}_2^+ \text{BF}_4^- \xrightarrow{\Delta} \text{C}_6\text{H}_5-\text{F} + \text{N}_2 + \text{BF}_3 \quad (2.215)$$

フッ化ホウ素酸は強い酸であり,アニリンのジアゾ化の触媒となる.この反応の中間体はフェニルカチオンであり,この反応性の高いカチオンが BF_4^- から F^- を奪って,フッ素化が進行する(Δ は加熱を表す).

$$\text{C}_6\text{H}_5-\text{N}_2^+ \text{BF}_4^- \xrightarrow{\Delta} \text{C}_6\text{H}_5^+ + \text{N}_2 + \text{BF}_4^- \quad (2.216)$$

$$\text{C}_6\text{H}_5^+ + \text{F}-\text{BF}_3^- \longrightarrow \text{C}_6\text{H}_5-\text{F} + \text{BF}_3 \quad (2.217)$$

アリールジアゾニウム塩を Cu (I) 存在下に反応すると,ハロゲンやシアノ基をベンゼン環に導入することができる.このような反応はザンドマイヤー (Sandmeyer) 反応と呼ばれる.

$$\text{C}_6\text{H}_5-\text{N}_2^+ \text{X}^- \xrightarrow{\text{CuX}} \text{C}_6\text{H}_5-\text{X} \quad (2.218)$$

X: Cl, Br, CN

この反応の機構は十分に解明されていないが,ラジカル反応だと考えられて

いる.

$$\text{C}_6\text{H}_5\text{-N}_2^+ \text{X}^- + \text{Cu(I)X} \longrightarrow \text{C}_6\text{H}_5\cdot + \text{Cu(II)X}_2 + \text{N}_2 \quad (2.219)$$

$$\text{C}_6\text{H}_5\cdot + \text{Cu(II)X}_2 \longrightarrow \text{C}_6\text{H}_5\text{-X} + \text{Cu(I)X} \quad (2.220)$$

2.4.3 脱離－付加機構（ベンザイン機構）

次の反応を見てほしい.

$$\text{C}_6\text{H}_5\text{-Br} \xrightarrow[\text{alkali fusion}]{\text{NaOH}} \text{C}_6\text{H}_5\text{-OH} \quad (2.221)$$

ブロモベンゼンを水酸化ナトリウムと溶融（アルカリ溶融, alkali fusion）すると，フェノールが生成する．一見するとS_N2反応が起こっているように見受けられるが，ワルデン反転を起こしえないブロモベンゼンでS_N2反応が起こることはない．この不思議な反応はベンザイン（benzyne, 1,2-デヒドロベンゼン）という不安定中間体を経る反応である．

$$\text{(o-H)C}_6\text{H}_4\text{-Br} + \text{OH}^- \rightleftharpoons \text{C}_6\text{H}_4^-\text{-Br} + \text{H}_2\text{O} \quad (2.222)$$

$$\text{C}_6\text{H}_4^-\text{-Br} \rightleftharpoons \text{C}_6\text{H}_4 + \text{Br}^- \quad (2.223)$$

$$\text{C}_6\text{H}_4 + \text{H-OH} \rightleftharpoons \text{C}_6\text{H}_4(\text{H})(\text{OH}^+) \rightarrow \text{C}_6\text{H}_5\text{-OH} \quad (2.224)$$

ブロモベンゼンのオルト位の水素は，BrのI効果により酸性度は高くなっている．過酷な条件において，この水素がOH^-によってプロトンとして引き抜かれるとフェニルアニオンが生じ，このアニオンから良好な脱離基であるBrがアニオンとして脱離するとベンザインができる.

普通，C≡C 三重結合は炭素の sp 混成軌道を用いてつくられる．この sp 混成軌道の特徴は，結合が直線状になることである．しかし，ベンザインは六員環化合物で，C－C－C 結合が直線になることは不可能である．ベンザインの三重結合を形成する炭素は sp^2 混成軌道であり，この混成軌道に不対電子が入る．

図 2.15 を見ても明らかなように，2 つの不対電子が入っている sp^2 混成軌道間の重なりは小さい．

アルカリ溶融には多量のアルカリと高温，高圧が必要である．しかし，より強い塩基を用いてベンゼン環の水素をプロトンとして引き抜けば，温和な条件でベンザインを発生させることができる．

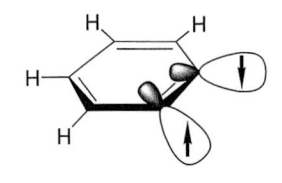

図 2.15 一重項ベンザインの軌道

$$\text{o-クロロトルエン} \xrightarrow{KNH_2/\text{liq. } NH_3} \text{o-トルイジン} + \text{m-トルイジン} \qquad (2.225)$$

アミドアニオン (NH_2^-) は強力な塩基である（共役酸 NH_3 の pK_a は 38）ので，液体アンモニア（沸点 -33.4 ℃）中でも o-クロロトルエンの水素をプロトンとして引き抜き，ベンザインを生じる．

$$\text{ArH} + :NH_2^- \rightleftharpoons \text{Ar}:^- + NH_3 \qquad (2.226)$$

$$\text{Ar}(Cl):^- \rightleftharpoons \text{benzyne} + Cl^- \qquad (2.227)$$

$$\text{benzyne} + :NH_2^- \rightleftharpoons \text{Ar}^-\text{-}NH_2 \qquad (2.228)$$

2.4 芳香族求核置換反応

$$\text{(o-methylaniline anion)} + NH_3 \longrightarrow \text{(m-methylaniline)} + NH_2^- \quad (2.229)$$

$$\text{(o-toluene, benzyne formation)} + :NH_2^- \rightleftharpoons \text{(2-amino-3-methylphenyl anion)} \quad (2.230)$$

$$\text{(2-amino-3-methylphenyl anion)} + NH_3 \longrightarrow \text{(o-methylaniline)} + NH_2^- \quad (2.231)$$

この反応では o-アミノトルエン (生成割合: 45 %) と m-アミノトルエン (55 %) が生成し, 反応の位置選択性はあまりよくない. しかし, トリフルオロメチルクロロベンゼンの場合には次のような位置選択性がある.

$$\text{(o-CF}_3\text{-C}_6\text{H}_4\text{Cl)} \xrightarrow{NH_2^-/NH_3} \text{(m-CF}_3\text{-C}_6\text{H}_4\text{NH}_2\text{)} \quad (2.232)$$

$$\text{(m-CF}_3\text{-C}_6\text{H}_4\text{Cl)} \xrightarrow{NH_2^-/NH_3} \text{(m-CF}_3\text{-C}_6\text{H}_4\text{NH}_2\text{)} \quad (2.233)$$

$$\text{(p-CF}_3\text{-C}_6\text{H}_4\text{Cl)} \xrightarrow{NH_2^-/NH_3} \text{(m-CF}_3\text{-C}_6\text{H}_4\text{NH}_2\text{)} + \text{(p-CF}_3\text{-C}_6\text{H}_4\text{NH}_2\text{)} \quad (2.234)$$
$$1:1$$

式 (2.232) の反応ではオルト体とメタ体がほぼ同じ割合で生成してもよさそうであるのに, メタ体のみが位置選択的に生成する. なぜだろうか.

$$\text{(o-CF}_3\text{-C}_6\text{H}_4\text{Cl)} \xrightarrow{NH_2^-} \text{(CF}_3\text{-benzyne)} \quad (2.235)$$

$$\text{CF}_3\text{-C}_6\text{H}_3\text{(triple bond)} \xrightarrow{\text{NH}_2^-} \text{CF}_3\text{-C}_6\text{H}_3(\text{C}^-)(\text{NH}_2) \quad (2.236)$$

$$\text{CF}_3\text{-C}_6\text{H}_3\text{(triple bond)} \xrightarrow{\text{NH}_2^-} \text{CF}_3\text{-C}_6\text{H}_3(\text{NH}_2)(\text{C}^-) \quad (2.237)$$

式 (2.236) で生じるカルボアニオンは負電荷の近くに電子求引性の CF_3 基があり，この基による I 効果で，負電荷は非局在化できる．一方，式 (2.237) で生じるカルボアニオンは CF_3 基から遠く，負電荷の非局在化はあまり期待できない．すなわち，メタ置換体を与える中間体がオルト体のそれよりも安定なため，位置選択的な反応が進行する．もちろん，オルト体では CF_3 と NH_2 との立体障害もあり，式 (2.237) に書かれているオルト体中間体はますます不安定となる．

　ベンザインの別の発生法は，o-アミノ安息香酸（アントラニル酸）のジアゾニウム塩の分解である．

$$\text{o-H}_2\text{N-C}_6\text{H}_4\text{-COOH} \xrightarrow[\text{in MeOH}]{(CH_3)_2CHCH_2CH_2ONO} \text{o-}^+N_2\text{-C}_6\text{H}_4\text{-CO}_2^- \quad (2.238)$$

$$\text{o-}^+N_2\text{-C}_6\text{H}_4\text{-CO}_2^- \longrightarrow \text{C}_6\text{H}_4 + N_2 + CO_2 \quad (2.239)$$

有機溶媒中では亜硝酸アルキルでジアゾ化することができる．式 (2.238) では亜硝酸イソアミルでジアゾ化する反応が示されている．このジアゾニウム塩は爆発性があるので注意する必要がある．

　ベンザインは第 4 章で詳しく述べるディールス-アルダー (Diels-Alder) 反応を起こす．

2.4 芳香族求核置換反応

(2.240)

有機反応論とノーベル賞

第1回ノーベル化学賞が熱力学で有名なファント・ホッフ (van't Hoff) に授与されたのは1901年であった．以来，非常に顕著な業績を挙げた化学者が世界で最も栄誉に輝く賞を受けている．本章では有機化学の中で最も基本的で重要な求核剤による反応を取り上げている．この章に関係した業績でノーベル賞を受けた人物を列挙してみよう．

- 1902年　エミール・フィッシャー (H. E. Fischer)「糖類およびプリン誘導体の合成」
- 1912年　グリニャール (F. A. V. Grignard)「グリニャール試薬の発見」
- 1979年　ブラウン (H. C. Brawn)，ウィッティヒ (G. Wittig)「新しい有機合成法の開発」
- 1984年　メリフィールド (R. B. Merrifield)「ペプチド固相合成法の開発」
- 1987年　ペダーセン (C. J. Pedersen)，クラム (D. J. Cram)，レーン (J. M. Lehn)「クラウンおよびその関連化合物の発見とその機能」
- 1990年　コーリー (E. J. Corey)「有機合成理論および方法論の開発」
- 2001年　ノールズ (W. N. Knowles)，野依 (野依良治)，シャープレス (B. Sharpless)「不斉触媒反応の開発」

純粋に求核試薬の反応でノーベル賞を獲得したのは，グリニャール，ブラウンおよびウィッティヒであり，反応機構の研究で受賞した化学者は一人もいない．第2章の内容の広がりから見て，ややノーベル賞受賞者が少ないように思われる．しかし，この事実はある意味では当然であり，有機化学研究に関わる本質の一端を物語っている．第2章で取り上げられた反応の1つ1つを反応機構論的に眺めたとき，何か意外性が認められただろうか．電子の流れを矢印で示して反応機構を説明すると，どの反応も矛盾なく説明するこ

とができる．実に見事な学問体系の完成がこの分野では見られている．今から50年ほど前の有機化学は記憶の学問であり，多種多様な有機反応を体系的に理解する手立てがなかった．そのようなときに井本 稔の『有機電子論』(共立出版)という参考書が出版され，当時の初学者はむさぼるようにこの本で勉強したものである．その後，1982年にはパイン，ヘンドリックソン，クラム，ハモンド共著の『有機化学』(廣川書店)という名著が出版され，今日の有機反応論の基礎が確立されたように思われる．一昔前の有機化学者は，すでに完成されていた量子力学から派生した量子化学や化学結合論を必死で勉強し，ややこしい記号にあふれた熱力学や速度論を習得し，分子の対称性を取り扱う難解な群論を勉強し，これらもろもろの学問を集大成させることにより今日のような有機反応論を完成させてきたのである．非常に多くの先達が基盤学問としての有機反応論に関わってきた．

有機反応論の完成には，ノーベル化学賞(1954)と平和賞(1962)を受賞したポーリング(L. C. Pauling)の寄与を忘れてはならない．共鳴，混成軌道，電気陰性度などの概念を考え出し，さらにタンパク質のα-ヘリックス構造を証明した20世紀のレオナルド・ダ・ビンチである．共鳴や混成軌道は有機化学を理解する上で極めて便利な概念であり，現在でも有機反応論では広く用いられている．共鳴や混成軌道というのは化学を理解するための概念であり，これらが分子の真の姿を捉えた理論であるという意味ではない．

有機化学を真に理解する最良の方法は，分子軌道法であるという考え方が，次第に広まりつつある．この考えの端緒を開いたのは1981年度のノーベル化学賞受賞者の福井謙一である．福井の業績は一般に認識されているよりもずっと大きいのではないかと思われる．しかし，福井のフロンティア電子理論は，現状においては有機反応論ほど手軽で便利に有機化学反応の理解に用いることができない．化学を学び始めたばかりの初学者の諸君はまず有機反応論をマスターし，起こるべき有機反応を予測できるようになってほしい．その上で，有機化学反応の本質をさらに極めるための努力をすればよいだろう．

有機反応論は基盤学問である．これをマスターしなければ次のステップに進めない．次のステップにノーベル賞の可能性が待っている．

演習問題

[1] 次の反応の主生成物を予測し，反応の機構を電子の流れ図 (⌢) で示して説明せよ．

1) $Br-CH_2CH_2-OH \xrightarrow{Ca(OH)_2}$

2) $\underset{O}{CH_2-CH_2} + CH_3SH \xrightarrow[\text{2) } H_3O^+]{\text{1) NaOH}}$

3) $C_6H_5-CH_2OH \xrightarrow[\text{2) } C_2H_5OH]{\text{1) } CH_3-C_6H_4-SO_2Cl\,/\,pyridine}$

4) $C_5H_5N + C_6H_5-CH_2Br \longrightarrow$

5) $\underset{O}{CH_2-CH_2} + C_6H_5-CH_2NH_2 \longrightarrow$

6) $C_6H_5-OH + CH_3O-\underset{\underset{O}{\|}}{\overset{\overset{O}{\|}}{S}}-OCH_3 \xrightarrow{NaOH}$

[2] 次の反応の主生成物の構造式を示し，反応の位置選択性につき説明せよ．

（H_3CH_2C と H_3CH_2C が一方の炭素に，H と CH_3 が他方の炭素に結合したエポキシド）$\xrightarrow{C_2H_5O^-/C_2H_5OH}$

[3] 2-メチル-2-プロポキシドを 2-ブロモ-2-メチルブタンと反応させたときの主反応の機構を，電子の流れ図で示せ．また，副反応生成物の構造式を書き，このものの生成割合が少ない理由を説明せよ．

[4] *trans*-1-クロロ-2-メチルシクロヘキサンと *cis*-1-クロロ-2-メチルシクロヘキサンとでは，メタノール中 KOH を塩基とする E2 反応は，どちらが速く進

行するか.

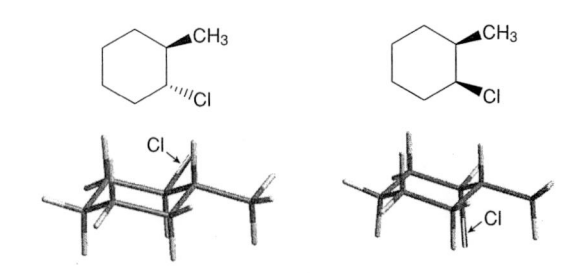

trans-1-chloro-2-methylcyclohexane   *cis*-1-chloro-2-methylcyclohexane

[5] 1-ブロモ-4-*t*-ブチルシクロヘキサンの2つの立体異性体のうち，E2反応を起こしやすい異性体の構造式を，その立体配置が分かるように書け (*t*-ブチル基は 2-メチル-2-プロピル基と同じ).

[6] 次の反応は S_N1 反応である．中間に第1級カルボカチオンが生じるが，なぜこれらの第1級カルボカチオンを考えてもよいのだろうか．その理由を説明せよ.

$CH_2=CHCH_2OH \xrightarrow{HBr} CH_2=CHCH_2Br$

Ph-CH_2OH $\xrightarrow{HBr}$ Ph-CH_2Br

[7] 次の加溶媒分解反応におけるラセミ化率の相違を簡潔に説明せよ.

Ph-CHCH₃(Br) $\xrightarrow{CH_3OH}$ Ph-CHCH₃(OCH₃)

73% racemization
27% inversion

$$\underset{CH_3(CH_2)_4\overset{Br}{\underset{|}{C}}HCH_3}{} \xrightarrow{C_2H_5OH/H_2O} \underset{CH_3(CH_2)_4\overset{OC_2H_5}{\underset{|}{C}}HCH_3}{} + \underset{CH_3(CH_2)_4\overset{OH}{\underset{|}{C}}HCH_3}{}$$

26 % racemization   32 % racemization
74 % inversion   68 % inversion

[8] 次の加溶媒分解反応の相対速度をカルボカチオンの安定性から論じよ．

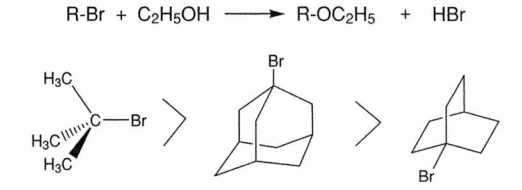

$$R\text{-}Br + C_2H_5OH \longrightarrow R\text{-}OC_2H_5 + HBr$$

(CH$_3$)$_3$C-Br ＞ 1-ブロモアダマンタン ＞ 1-ブロモビシクロ[2.2.2]オクタン

[9] (S)-2-ブロモペンタンをエタノール中でナトリウムエトキシドと反応させると，E2反応が主として進行し，S$_N$2反応は副反応となる．両反応の機構を電子の流れ図で示せ．

[10] 式 (2.26) に書かれているメンシュトキン反応は極性溶媒中で著しく加速される．その理由を，反応のエネルギー図を描いて説明せよ．

[11] 式 (2.33) に書かれている S$_N$2 と E2 反応との競争反応では，溶媒の極性によって反応の選択性が変わる．極性が低い溶媒中でE2反応の選択性が高くなる理由を説明せよ．

[12] 次の反応式を完結させ，それぞれの反応の機構を，電子の流れ図を用いて説明せよ．

$$CH_3(CH_2)_3OH + HBr \longrightarrow$$

$$HO(CH_2)_6OH + 2HI \longrightarrow$$

[13] 次の反応の機構を電子の流れ図で示せ．

$$H_3C-\underset{\underset{CH_3}{|}}{\overset{\overset{H}{|}}{C}}-\underset{\underset{H}{|}}{\overset{\overset{CH_3}{|}}{C}}-OH \xrightarrow{HBr} H_3C-\underset{\underset{CH_3}{|}}{\overset{\overset{H}{|}}{C}}-\underset{\underset{H}{|}}{\overset{\overset{CH_3}{|}}{C}}-Br + H_3C-\underset{\underset{CH_3}{|}}{\overset{\overset{Br}{|}}{C}}-\underset{\underset{H}{|}}{\overset{\overset{H}{|}}{C}}-CH_3$$

[14] 次のスキームの各ステップで起こる反応を，反応式を書いて説明せよ．

$$CH_3CH_2\underset{NH_2}{C}HCH_3 \xrightarrow[\text{2) Ag}_2\text{O/H}_2\text{O/}\Delta]{\text{1) CH}_3\text{I (excess)}} CH_3CH_2CH=CH_2 + CH_3CH=CHCH_3 + N(CH_3)_3$$

major product   minor product

ただし，第2段階目の反応を考える上での参考を以下に示している．

$Ag_2O + H_2O \rightleftharpoons 2\,AgOH \rightleftharpoons 2\,Ag^+ + 2\,OH^-$

[15] アルデヒドやケトンにはケト-エノールの互変異性を起こすという特徴がある．

$$CH_3-\underset{\text{keto}}{\overset{O}{\overset{\|}{C}}}-CH_3 \rightleftharpoons CH_2=\underset{\text{enol}}{\overset{OH}{\overset{|}{C}}}-CH_3$$

この性質を考慮して，次の反応の機構を考えよ（Dは重水素）．

$$CH_3-\overset{O}{\overset{\|}{C}}-CH_3 \xrightarrow{D_2O} CD_3-\overset{O}{\overset{\|}{C}}-CD_3$$

[16] アセトンを $H_2{}^{18}O$ に溶かして放置すると，アセトンのカルボニル酸素の一部に ^{18}O が取り込まれる．この反応の機構を説明せよ．

[17] α- および β-グルコピラノースは，再結晶溶媒を選べばそれぞれを単品で得ることができる．しかし，光学活性なグルコピラノースを水に溶かすと次第に式 (2.78) に示した平衡状態に変化する（変旋光）．この変旋光の機構を説明せよ．

[18] 次の反応の機構を電子の流れ図で示せ．

$$CH_3-\underset{H}{\overset{OCH_3}{\overset{|}{\underset{|}{C}}}}-OCH_3 + H_2O \xrightarrow{H^+} CH_3CHO + 2\,CH_3OH$$

[19] 式 (2.85) の反応の機構を電子の流れ図で示せ．

[20] 次の反応を完結させるためのスキームを示せ．

$$CH_3-\overset{O}{\overset{\|}{C}}-CH_2CH_2Br \longrightarrow CH_3-\overset{O}{\overset{\|}{C}}-CH_2CH_2CH_2OH$$

[21] シアノヒドリンのシアノ基は，酸性条件で加水分解すればカルボキシ基へ，LiAlH$_4$ で還元すればアミノメチル基へ変換できる．ベンズアルデヒドのシアノヒドリンから生成するオキシカルボン酸および第1級アミンの構造式を書け．

[22] イミン（RCH=NR'）の弱酸性水溶液中での加水分解機構を，電子の流れ図で示せ．

[23] 第3級アミンがカルボニル化合物と求核付加反応を起こさない理由を説明せよ．

[24] ピロリジンとシクロヘキサノンとをベンゼン中 p-トルエンスルホン酸を触媒として反応させたときのエナミン生成の機構を，電子の流れ図で示せ．

[25] マンニッヒ（Mannich）反応について調べよ．

[26] ストーク（Stork）のエナミンアルキル化について調べよ．

[27] エノラートイオンとしては，式 (2.96) の共鳴式のうち，一般に酸素原子上に負電荷を持つ共鳴式を書く．その理由を考えよ．

[28] アセトンの酸触媒アルドール反応の機構を，電子の流れ図で示せ．

[29] ベンゼンカルボアルデヒド（ベンズアルデヒド）とプロパナール（プロピオンアルデヒド）との混合アルドール反応（cross aldol reaction）の機構を，電子の流れ図で示せ．ただし，塩基としては水酸化物イオンを用いることとし，生成物は α, β-不飽和カルボニル化合物である．

[30] グリニャール反応を用いて，プロパン-1-オールからブタン-1-オールおよびペンタン-2-ノールを合成する全反応を，反応式で示せ．

[31] カルボニル化合物（RCOR'）を非プロトン性溶媒である 1,4-ジオキサン中で水素化ホウ素ナトリウム還元する場合の考えられる反応機構を，電子の流れ図で示せ．

[32] 次のような反応の考えられる機構を電子の流れ図で示せ．

$$\underset{\alpha\text{-ketoaldehyde}}{R-\overset{O}{\underset{\|}{C}}-\overset{O}{\underset{\|}{C}}-H} \xrightarrow[\text{2) H}^+]{\text{1) OH}^-} R-\overset{OH}{\underset{H}{C}}-\overset{O}{\underset{\|}{C}}-OH$$

[33] 5-メチル-2-シクロヘキセノンとメチルリチウムとの反応では1,2-付加が優先的に起こる．カルボニル基とLiとの間に弱い結合を考えると，1,2-付加が進行する理由が説明できる．どのように説明することができるか各自で考えてみよ．

[34] 次の反応（マイケル付加反応）の機構を電子の流れ図で示せ．

$$\text{H}_3\text{C-CH(CH}_3)\text{CH}_2\text{COCH}_3 \xrightarrow[\text{3) H}_2\text{O}]{\text{1) LDA} \atop \text{2) }\bigcirc\!\!=\!\!\text{O / THF/25 ℃}}$$

[35] 塩化アセチルとエタノールとの反応でエステルを得る反応の機構を，電子の流れ図で示せ．

[36] 無水酢酸とシクロヘキサノールとのエステル化反応の機構を，電子の流れ図で示せ．ただし，塩基としてピリジンを用いるものとする．

[37] カルボン酸エステル（R^1COOR^2）のエステル交換反応は，塩基触媒（R^3O^-）下でも進行する．この反応の機構を，電子の流れ図で示せ．

[38] 式（2.163）の反応の機構を，電子の流れ図で示せ．

[39] 式（2.178）の反応で始まるクライゼン反応の機構を書け．

[40] 2種類の異なるカルボン酸エステルを塩基存在下に反応させると混合クライゼン反応を進行させることができる．酢酸エチルとギ酸エチルとの混合クライゼン反応の機構を，電子の流れ図で示せ．塩基としてナトリウムエトキシドを，溶媒としてはエタノールを用いる．

[41] 安息香酸メチルとメチルマグネシウムブロミドとの反応でアルコールを合成する反応の機構を，電子の流れ図で示せ．

[42] 式（2.202）に示されたシクロヘキサジエニルアニオンの共鳴構造式を書け．

[43] 2,4-ジニトロクロロベンゼンとN_3^-との反応の機構を書け．

[44] 芳香族S_N2反応のエネルギー図を描き，脂肪族S_N2反応のエネルギー図と比較せよ．

[45] ベンゼンからp-ブロモフェノールを合成する経路をスキームで示せ．ただし途中でザンドマイヤー法を用いること．

[46] o-クロロアニソールを,ナトリウムアミドを含む液体アンモニア中で反応させると,選択的に m-アミノアニソールが生成する.その理由を述べよ.メトキシ基のI効果と立体障害を考えること.

[47] 式 (2.233) の反応では2種類のベンザインが生じる可能性があるが,なぜ,生成物は位置選択的にメタ体となるのか.その理由を,反応機構を示して説明せよ.

[48] 式 (2.234) の生成物分布を,反応機構を示しながら説明せよ.

第3章 求電子剤による反応

　本章では，求電子剤 (electrophile, E$^+$) の関与する反応とそれらの反応機構を学ぶ．

　求電子剤は，第2章で学んだ求核剤 (nucleophile) と対比的な反応試剤 (reagent) であり，反応基質 (substrate) の電子密度の高い箇所を攻撃し，求電子付加反応 (electrophilic addition reaction) や芳香族求電子置換反応 (electrophilic aromatic substitution reaction) を引き起こす．求電子剤は電子不足な性質を持っており，プロトン，ハロニウムカチオン，カルボカチオン，アシルカチオンなどが典型的な求電子剤である．ルイスの酸ー塩基の定義によるルイス酸としての性質を持つ反応試剤は，求電子剤となりうる．

　求電子剤が反応する反応基質は，π結合を有する．このπ結合を形成する1対の電子は，原子核に挟まれて存在するσ結合の電子に比べて原子核の影響をあまり受けておらず，比較的動きやすい．したがって，このπ結合の1対の電子が求電子剤と反応して新たな結合を形成する．

3.1 アルケンへの求電子付加反応

　アルケンは，求電子付加反応における最も一般的な反応基質である．そこで本節では，アルケンへの求電子付加反応を取り上げ，求電子付加反応の基本的な事項について理解する．

3.1.1 ハロゲンの付加

　ハロゲンのアルケンへの求電子付加反応を理解するため，式 (3.1) に示す

3.1 アルケンへの求電子付加反応

シクロペンテンと臭素との反応を代表例として取り上げる．ハロゲンは臭素ばかりでなく，塩素，ヨウ素でも同じである．また，シクロペンテンは，一般のアルケンに拡張できる．

$$\text{(式 3.1)}\tag{3.1}$$

シクロペンテンに臭素を作用させると，立体特異的 (stereospecific) に *trans*-1,2-ジブロモシクロペンタン，すなわちエナンチオマーの関係にある $(1S,2S)$-体と $(1R,2R)$-体の等量混合物 (*trans*-1,2-ジブロモシクロペンタンのラセミ体 (racemate)) が得られる．この反応に代表されるハロゲンのアルケンへの求電子付加反応は，式 (3.2) に示すように，アルケンの濃度とハロゲンの濃度それぞれに対して 1 次，計 2 次の反応速度式 (rate law) に従う．このような反応を 2 分子的 (bimolecular) 求電子付加反応 (Ad_E2 反応) という．

$$\frac{d[\text{product}]}{dt} = k[\text{substrate}][Br_2] \tag{3.2}$$

この反応の機構として，まず，協奏機構 (concerted mechanism) とカルボカチオン機構 (carbocation mechanism) を考えてみよう．

式 (3.3) に示す協奏機構とすると，付加した 2 個の臭素原子は炭素-炭素二重結合とそれに直結した 4 つの原子を通る平面の同一方向から結合して *syn* 付加 (*syn* は「同じ側」を意味する) が起こるはずである．したがって，*cis*-1,2-ジブロモシクロペンタンが立体特異的に得られるはずであり，*trans*-1,2-ジブロモシクロペンタンが立体特異的に得られることを説明できない．

$$\text{(式 3.3)}\tag{3.3}$$

一方，式 (3.4) に示すカルボカチオン機構では，中間に生成するカルボカチ

オンに対する臭化物イオンの求核攻撃は sp^2 カチオン炭素の上下で起こり, *trans*-1,2-ジブロモシクロペンタンと *cis*-1,2-ジブロモシクロペンタンの両者が生成するはずである. したがって, カルボカチオン機構によっても, 立体特異的な *trans*-1,2-ジブロモシクロペンタンの生成を説明できない.

$$(3.4)$$

$$(3.5)$$

それでは, どのような機構によって反応は進行するのであろうか. その答えは, ブロモニウムイオン機構 (bromonium ion mechanism) である.

　カルボカチオン機構で生成するカルボカチオンの炭素は, その最外殻に6個の電子しか存在せず, ルイスの8電子則を満足していない. 一方, 臭素原子には非共有電子対があり, 1対の電子をカルボカチオンとなるべき炭素と共有することによりブロモニウムイオンとなれば, 炭素原子も臭素原子もルイスの8電子則を満足することができる. したがって, ブロモニウムイオン中間体は, カルボカチオン中間体よりもエネルギー的に極めて安定であり, 反応中間体としてもっぱら生成する (式 (3.6)).

$$(3.6)$$

次の段階である臭化物イオンによる求核反応は, 式 (3.7) に示すように, より立体障害が小さい方向から, すなわち切断される炭素－臭素結合の背面か

ら起こり（2.1.1 項を見よ），trans-1,2-ジブロモシクロペンタンが立体特異的に生成する．

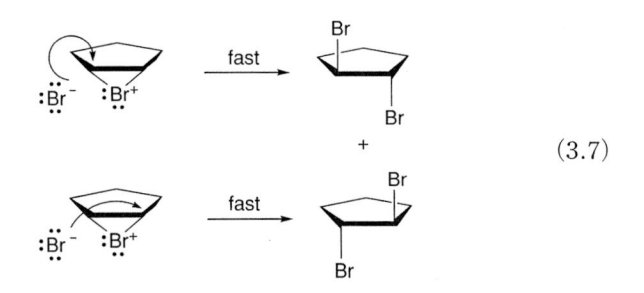

$$
\begin{array}{c}
\text{(図)} \xrightarrow{\text{fast}} \text{(trans-1,2-ジブロモシクロペンタン)} \\
+ \\
\text{(図)} \xrightarrow{\text{fast}} \text{(trans-1,2-ジブロモシクロペンタン)}
\end{array}
\tag{3.7}
$$

この反応は二段階反応である．シクロペンテンと臭素からブロモニウムイオン・臭化物イオンのイオン対（ion pair）が生成する段階が律速段階であり，いったんイオン対が生成すると速やかにジブロモ体となる．

　臭素分子は，同一の原子からなる2原子分子であり，分子そのものは分極していない．一方，求電子付加反応では，比較的動きやすいπ電子と反応して新たな結合を形成する電子不足な性質を持つ求電子剤が必要なはずである．それでは，どのようにして臭素分子から電子不足な性質を持つ求電子剤が生成するのであろうか．この疑問には，次のように答えることができる．本来分極していない分子でも，相手の分子によって分極が誘起される（誘起双極子，induced dipole）．この現象は，アルケンが存在すると臭素でも起こり，臭素は式 (3.8) のように分極する．この $Br^{\delta+}$ が，求電子剤として働く．

$$
Br-Br \longrightarrow \overset{\delta+}{Br}-\overset{\delta-}{Br} \tag{3.8}
$$

　シクロペンテンに代表される環状アルケンとハロゲンとの反応で立体特異的に trans-1,2-ジハロゲン化物が得られるだけでなく，その他のアルケンを反応基質として用いても，ハロニウムイオン中間体を経由して立体特異的にジハロゲン化物が得られる．いずれの場合にも，付加した2個のハロゲン原子は，アルケンの炭素－炭素二重結合とそれに直結した4つの原子を通る平

面の上方向と下方向から結合している．このような立体特異的な付加を *anti* 付加という (*anti* は「反対側」を意味する)．

一つの例として，シクロヘキセンに対する塩素の求電子付加反応を考えてみよう．塩素は，炭素－炭素二重結合とそれに直結した4つの原子を通る平面の下方と上方から接近することができる．しかし，式 (3.9) に示すように，下方と上方から接近することによって生成すると考えられる2つのクロロニウムイオン中間体は全く同じである．したがって，この反応は，唯一のクロロニウムイオン中間体を経由して進行し，$(1S,2S)$-1,2-ジクロロシクロヘキサンと $(1R,2R)$-1,2-ジクロロシクロヘキサンの等量混合物を与える．

$$(3.9)$$

$$(3.10)$$

臭素とシクロペンテンの反応でブロモニウムイオン中間体の生成を示す式 (3.6) では，炭素－炭素二重結合とそれに直結した4つの原子を通る平面の下方から接近するブロモニウムイオン中間体のみを取り上げている．しかし，上方から接近して生成するブロモニウムイオン中間体は，下方から接近して生成するブロモニウムイオン中間体と同じである．したがって式 (3.6)，(3.7) は，臭素とシクロペンテンの反応を表すのに充分であることが分かる．

3.1 アルケンへの求電子付加反応

次に，非対称に置換されたアルケンである (Z)-2-ペンテンに対する臭素の求電子付加反応を考えてみよう．今までに例示した場合と異なり，臭素が炭素－炭素二重結合とそれに直結した4つの原子を通る平面の下方と上方から接近して生成するブロモニウムイオン中間体は，式 (3.11) に示すように同じではない．

$$\text{CH}_3\text{CH}_2\text{CH=CHCH}_3 + \text{Br}_2 \rightleftharpoons \text{(bromonium ion intermediates)} \tag{3.11}$$

さらに，生成したそれぞれのブロモニウムイオン中間体について，臭化物イオンの求核攻撃が左右の炭素原子に起こりうる．このことは，考えなければならない反応経路は4つになることを意味している．したがって，多種類の生成物が生成するように思うかもしれない．しかし実際には，式 (3.12) に示すように，臭素のアルケンへの求電子付加反応が立体特異的に *anti* 付加で進行することから，得られる付加体は $(2S,3S)$-2,3-ジブロモペンタンと $(2R,3R)$-2,3-ジブロモペンタンの2種類である．

同様に，(Z)-2-ブテンと臭素の反応では，$(2S,3S)$-2,3-ジブロモブタンと $(2R,3R)$-2,3-ジブロモブタンの等量混合物が得られる（式 (3.13)）．これに対して，臭素と (E)-2-ブテンの反応では，*meso*-2,3-ジブロモブタン（$(2R,3S)$-2,3-ジブロモブタン）が唯一の立体異性体として得られる（式 (3.14))．それぞれの反応経路について，臭素は炭素－炭素二重結合とそれに直結した4つの原子を通る平面の下方と上方から接近することができ，さらに臭化物イオンの求核攻撃がブロモニウムイオン中間体の左右の炭素に起こることを考慮に入れ，各自で考えてもらいたい．

$$\text{(3.12)}$$

$$\text{(3.13)}$$

$$\text{(3.14)}$$

ハロゲンのアルケンに対する求電子付加反応は，基本的にはハロニウムイオン機構で進行するが，それ以外にカルボカチオン機構で進行した生成物が副生する場合がある．その副生の程度は，共鳴によるカルボカチオンの安定化，溶媒効果によるカルボカチオンの安定化などに依存する．例えば (Z)-1-フェニルプロペンと臭素の反応では，他のアルケンと臭素の反応と同様に，式 (3.15) に示したブロモニウムイオン中間体を経由する反応が起こる．

3.1 アルケンへの求電子付加反応

$$\text{(構造式)} + Br_2 \longrightarrow \text{(構造式)} + \text{(構造式)} \quad (3.15)$$

そのほかに式 (3.16), (3.17) に示すカルボカチオン中間体を経由する反応も起こり，(1S,2R)-1,2-ジブロモ-1-フェニルプロパンと (1R,2S)-1,2-ジブロモ-1-フェニルプロパンが副生する．一般にハロゲンのアルケンに対する求電子付加反応に用いられる無極性な四塩化炭素を溶媒として用いても，式 (3.15) と式 (3.16), (3.17) の反応が約 3:1 の割合で起こる．これは，生成した C1 位のカチオン（ベンジルカチオン）が隣接するフェニル基を含む共鳴効果によって安定化され，ハロニウムイオンの安定性とカルボカチオンの安定性の差が小さくなるためである．また，極性のより高い酢酸を溶媒として用いると，式 (3.15) と式 (3.16), (3.17) の反応が約 1:1 の割合で起こ

$$\text{(構造式)} + Br_2 \rightleftharpoons \text{(構造式)} Br^- + \text{(構造式)} Br^- \quad (3.16)$$

$$\text{(構造式群)} \quad (3.17)$$

る．この変化は，カルボカチオンが極性溶媒による溶媒和 (solvation) によってさらに安定になることに起因している．

3.1.2 次亜ハロゲン酸の付加

次亜ハロゲン酸のアルケンへの求電子付加反応は，ハロゲンのアルケンへの求電子付加反応と同様の機構で進行する．ハロゲンは誘起双極子によって式 (3.18) のように分極するが，次亜ハロゲン酸は式 (3.19) に示すように分極する．

$$X-X \longrightarrow \overset{\delta+}{X}-\overset{\delta-}{X} \quad (3.18)$$
$$X = Cl, Br, I$$

$$X-OX \longrightarrow \overset{\delta+}{X}-\overset{\delta-}{O}X \quad (3.19)$$
$$X = Cl, Br, I$$

したがって，ハロニウムイオン中間体に対して水酸化物イオンが求核攻撃し，ハロヒドリンが生成する．この場合も *anti* 付加で反応が進行する．例えば，次亜臭素酸のシクロペンテンへの求電子付加反応では，ブロモニウムイオン中間体 (式 (3.20)) を経由して *trans*-ブロモヒドリンが得られる (式 (3.21))．

$$\bigcirc + BrOH \rightleftharpoons \underset{Br^+}{\bigcirc}\ ^-OH \quad (3.20)$$

$$\begin{array}{c} \underset{Br^+}{\bigcirc}\ ^-OH \longrightarrow \underset{Br}{\overset{OH}{\bigcirc}} \\ + \\ \underset{Br^+}{\bigcirc}\ ^-OH \longrightarrow \underset{Br}{\overset{OH}{\bigcirc}} \end{array} \quad (3.21)$$

3.1 アルケンへの求電子付加反応

ハロヒドリンのより簡便な合成法は，アルケンに大過剰の水の存在下でハロゲンを作用させる方法である．このときは，中間に生成したハロニウムイオンに対する求核剤は，ハロゲン化物イオンでなく大過剰に存在する水になる（式 (3.22) 〜 (3.24)）．

$$CH_3CH=CH_2 + Br_2 \rightleftharpoons CH_3CH\overset{Br^+}{\underset{}{-}}CH_2 \quad Br^- \tag{3.22}$$

$$CH_3CH\overset{Br^+}{-}CH_2 \ Br^- + H-\ddot{O}-H \rightleftharpoons CH_3-CH-CH_2Br \atop \underset{H}{\overset{O^+}{|}}\underset{H}{} \ Br^- \tag{3.23}$$

$$CH_3-CH-CH_2Br \atop \underset{H}{\overset{O^+}{|}}\underset{H}{} \ Br^- \ H_2\ddot{O}: \longrightarrow CH_3-CH-CH_2Br \atop \underset{OH}{|} + H_3O^+Br^- \tag{3.24}$$

式 (3.23) の水の求核攻撃の位置選択性は，結合エネルギーの差並びに遷移状態への活性化エネルギーの差で説明できる．まず，第 2 級炭素－臭素結合の結合エネルギーは第 1 級炭素－臭素結合の結合エネルギーよりも小さく，第 2 級炭素－臭素結合は第 1 級炭素－臭素結合よりも切れやすい．したがって，第 2 級炭素への水分子の求核攻撃のほうが起こりやすい．一方，水がブロモニウムイオンに接近すると，式 (3.25) に示すように，水の酸素原子とブロモニウムイオンの炭素の間に結合ができつつあり，ブロモニウムイオンの炭素－臭素結合が切れつつある遷移状態を経由する．A の遷移状態では第 2 級炭素が関与しているのに対し，B の遷移状態では第 1 級炭素が関与している．当然のことながら，第 2 級カルボカチオンは第 1 級カルボカチオンよりも安定なので，A の遷移状態を経由する反応の活性化エネルギーは B の遷移状態を経由する反応の活性化エネルギーよりも小さく，A の遷移状態を経由する反応が起こりやすい．このように，A の遷移状態を経由する反応は，結合エネルギー並びに遷移状態への活性化エネルギーの観点から有利である．しかしアルケンの種類によっては，この位置選択性が高くないことも

ある.

$$\underset{H-\ddot{O}-H}{CH_3\overset{Br^+\ Br^-}{\overset{|}{CH}}-CH_2} \longrightarrow \left[\underset{H-O-H\ \ \ Br^-}{CH_3\overset{Br}{\overset{|}{CH}}-CH_2}\right]^{\ddagger+} \longrightarrow \underset{OH}{CH_3-\overset{}{\underset{|}{CH}}-CH_2Br} + H_3O^+Br^-$$

A more favorable / major

$$\underset{H-O-H}{CH_3\overset{Br^+\ Br^-}{\overset{|}{CH}}-CH_2} \longrightarrow \left[\underset{H-O-H\ \ \ Br^-}{CH_3\overset{Br}{\overset{|}{CH}}-CH_2}\right]^{\ddagger+} \longrightarrow \underset{}{CH_3-\overset{Br}{\underset{|}{CH}}-CH_2OH} + H_3O^+Br^-$$

B less favorable / minor

(3.25)

3.1.3　ハロゲン化水素の付加

ハロゲン化水素はアルケンに求電子的に付加し，ハロアルカンを与える．構成原子の電気陰性度の差から分かるように，ハロゲン化水素では，式 (3.26) の解離平衡が成り立っている．この解離平衡によって生じるプロトンは，電子不足な反応試剤であり，求電子剤の典型例である.

$$HX \rightleftharpoons H^+ + X^- \qquad (3.26)$$

ここで，臭化水素の 1,2-ジメチルシクロペンテンへの求電子付加反応を考えてみよう．臭化水素の 1,2-ジメチルシクロペンテンへの求電子付加反応は，4 種類の立体異性体 (stereo-isomer) の混合物を与える．

(3.27)

この反応の機構が協奏機構とすれば，式 (3.28) に示すように，生成物は 2 種類の立体異性体のみとなるはずである．しかし現実には，4 種類の立体異

3.1 アルケンへの求電子付加反応

性体が得られる．このことから，反応の機構が協奏機構ではないことは明らかである．

$$(3.28)$$

また，プロトンは1,2-ジメチルシクロペンテンのπ電子を使って炭素－水素結合を形成するが，炭素－水素結合を形成した水素原子には非共有電子対が存在しないため，ハロニウムイオン中間体に類似した三員環中間体を形成することはできない．

$$(3.29)$$

4種類の立体異性体が生成することは，カルボカチオン機構によって説明することができる．臭化水素の1,2-ジメチルシクロペンテンへの求電子付加反応では，式(3.30)に示すように，プロトンは炭素－炭素二重結合とそれに直結した4つの原子を通る平面の下方と上方から接近することができ，さらに左右の炭素と結合を形成することができることから，4種類のカルボカチオン中間体が生成する可能性がある．しかし，式(3.30)の左2つのカルボカチオンは同じであり，右2つのカルボカチオンも同じである．したがって，生成するカルボカチオンは2種類となる．

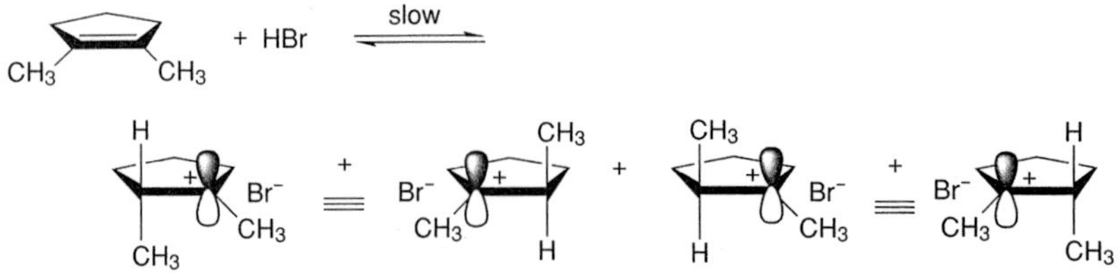

[式 (3.30) の反応式]

(3.30)

ここで，カルボカチオンの炭素は sp^2 であるので，臭化物イオンは sp^2 平面の上方と下方から求核攻撃することができる．結果として，4種類の立体異性体が生成する．

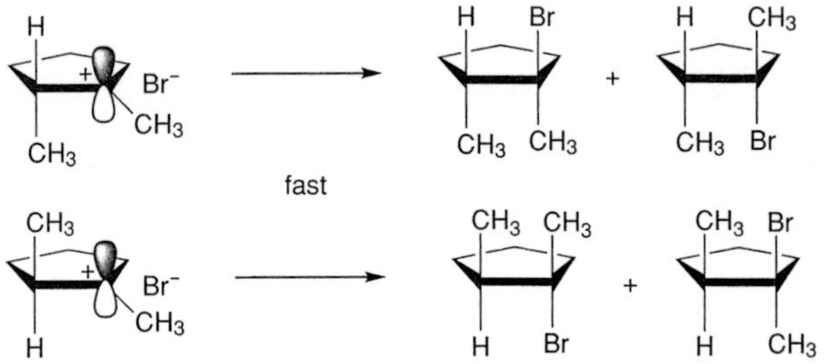

(3.31)

式 (3.30), (3.31) に示す臭化水素の 1,2-ジメチルシクロペンテンへの求電子付加反応も二段階反応である．1,2-ジメチルシクロペンテンと臭化水素からカルボカチオン・臭化物イオンのイオン対が生成する段階が律速段階であり，いったんイオン対が生成すると速やかにブロモ体となる．

塩化水素の 2-メチルプロペン（イソブテン）への求電子付加反応は 2-クロロ-2-メチルプロパンを主生成物として与え，1-クロロ-2-メチルプロパンはほとんど生成しない（式 (3.32)）．

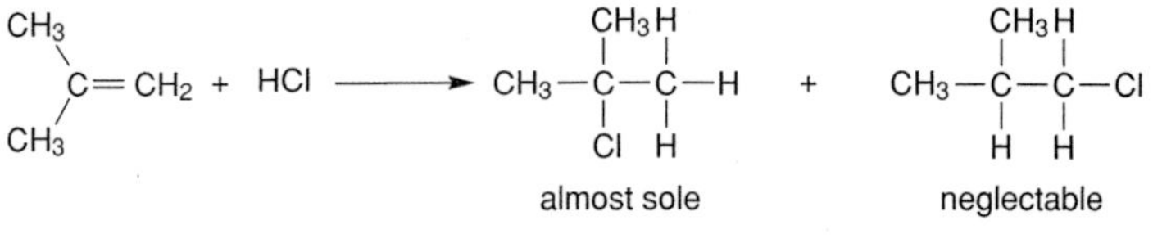

almost sole　　　neglectable

(3.32)

3.1 アルケンへの求電子付加反応

このように，ハロゲン化水素の非対称オレフィンへの付加反応では，プロトンが炭素−炭素二重結合を形成している炭素のうちで置換基の少ない炭素と結合した化合物が主生成物となる．これらの結果をまとめた経験則をマルコフニコフ (Markovnikov) 則といい，これに従う付加をマルコフニコフ付加という．このマルコフニコフ則は，式 (3.33) で説明できる．

$$\underset{CH_3}{\overset{CH_3}{C}}\!\!\!\overset{2}{=}\overset{1}{CH_2} + HCl \rightleftharpoons CH_3-\underset{Cl^-}{\overset{CH_3}{C^+}}-\underset{H}{\overset{|}{C}}-H + CH_3-\underset{H}{\overset{CH_3}{C}}-\underset{H}{\overset{|}{C^+}} \; Cl^-$$

highly stable 　　highly unstable

(3.33)

すなわち，プロトンが 2-メチルプロペンの 1 位の炭素と反応した場合と 2 位の炭素と反応した場合で，2 種類のカルボカチオン中間体が考えられる．1 位の炭素と反応すると第 3 級カルボカチオンが生成し，2 位の炭素と反応すると第 1 級カルボカチオンが生成する．ここで，アルキル置換カルボカチオンの安定性は超共役で説明でき，その安定性は第 3 級カルボカチオン＞第 2 級カルボカチオン ≫ 第 1 級カルボカチオン＞メチルカチオンである．したがって，より安定な中間体を経る反応が主になり，2-クロロ-2-メチルプロパンが主生成物となる．

しかし，プロトンが付加する炭素は置換基の少ない炭素であると単純に理解しないでほしい．本質は，生成するカルボカチオン中間体の安定性によってプロトンの付加位置が決定されることにある．例えば，式 (3.34) に示す塩化水素の 1-エトキシ-2-メチルプロペンへの求電子付加反応を考えてみよう．1 位の炭素は一置換であり，2 位の炭素は二置換である．したがって，単純にマルコフニコフ則を適用すると，2-クロロ-1-エトキシ-2-メチルプロパンが主に生成することになる．しかし，実際に主生成物として得られるのは，1-クロロ-1-エトキシ-2-メチルプロパンである．

$$(CH_3)_2C=CHOC_2H_5 + HCl \longrightarrow \underset{\text{major}}{CH_3-\underset{H}{\overset{CH_3}{\underset{|}{C}}}-\underset{Cl}{\overset{H}{\underset{|}{C}}}-OC_2H_5} + \underset{\text{minor}}{CH_3-\underset{Cl}{\overset{CH_3}{\underset{|}{C}}}-\underset{H}{\overset{H}{\underset{|}{C}}}-OC_2H_5}$$

(3.34)

なぜならば，式 (3.35)，(3.36) に示すように，プロトンが1位に結合して生成するカルボカチオンは，隣接する酸素原子の非共有電子対の電子が流れ込むことによる共鳴構造が存在し，第3級カチオンよりも安定だからである．

$$\overset{2}{\underset{CH_3}{\overset{CH_3}{C}}}=\overset{1}{C}HOC_2H_5 + HCl \longrightarrow CH_3-\underset{H}{\overset{CH_3}{\underset{|}{C}}}-\underset{Cl^-}{\overset{H}{\underset{|}{C^+}}}-OC_2H_5 + CH_3-\underset{Cl^-}{\overset{CH_3}{\underset{|}{C^+}}}-\underset{H}{\overset{H}{\underset{|}{C}}}-OC_2H_5$$

(3.35)

$$\left[CH_3-\underset{H}{\overset{CH_3}{\underset{|}{C}}}-\underset{Cl^-}{\overset{H}{\underset{|}{C^+}}}-OC_2H_5 \longleftrightarrow CH_3-\underset{H}{\overset{CH_3}{\underset{|}{C}}}-\underset{Cl^-}{\overset{H}{\underset{|}{C}}}=O^+C_2H_5 \right]$$

(3.36)

非対称二置換オレフィンへの求電子付加反応では，中間体として生成する2つのカルボカチオンの安定性の差が小さい場合には，2種類のハロアルカンが生成する．例えば，式 (3.37) に示す2-ペンテンへの臭化水素の求電子付加反応では，プロトンと2位の炭素が結合を形成して生じるカルボカチオンおよびプロトンと3位の炭素が結合を形成して生じるカルボカチオンは，共に第2級カルボカチオンであり，安定性にほとんど差がない．したがって，2-ブロモ体と3-ブロモ体が生成する．非対称四置換オレフィンの場合も同様で，2種類の第3級カルボカチオンが生じ，それぞれが別の生成物を与える．

$$CH_3CH_2CH=CHCH_3 + HBr \longrightarrow CH_3CH_2-\underset{H}{\overset{H}{\underset{|}{C}}}-\underset{Br}{\overset{H}{\underset{|}{C}}}-CH_3 + CH_3CH_2-\underset{Br}{\overset{H}{\underset{|}{C}}}-\underset{H}{\overset{H}{\underset{|}{C}}}-CH_3$$

(3.37)

ここで，プロトンは炭素－炭素二重結合とそれに直結した4つの原子を通る平面の下方と上方から接近することができ，さらにカルボカチオンの炭素の分子軌道は sp^2 であることから，ハロゲン化物イオンは sp^2 平面の上方と下方から求核攻撃することができる．このことは，ハロゲン化水素のアルケンへの求電子付加反応によって不斉炭素 (chiral carbon) が生じる場合，生成物はその炭素について R の絶対配置と S の絶対配置を持つ化合物の混合物となることを示している．式 (3.34) および式 (3.37) で示した生成物は，立体化学を省略した構造式で示しているが，実際には不斉炭素を有する生成物に関しては両エナンチオマー (enantiomer) の混合物であることに注意してほしい．

式 (3.30)，(3.31) に示したように，対称四置換オレフィンである 1,2-ジメチルシクロペンテンに対する臭化水素の求電子付加反応は，4種類の立体異性体を生成物として与え，この立体異性体は2組のエナンチオマー対となっている．1-ブロモ-1,2-ジメチルシクロペンタンの $(1R,2R)$-，$(1S,2S)$-，$(1S,2R)$- および $(1R,2S)$-体であることは各自で確認しよう．しかし，非対称四置換オレフィンの場合には，生成物は8種類の立体異性体 (4組のエナンチオマー対) の混合物となる．例として，(Z)-3-メチル-4-プロピル-3-オクテンに対する臭化水素の求電子付加反応を式 (3.38) に示す．生成物の A/C，B/D，E/G，F/H は，それぞれエナンチオマーの関係にある．

$$\underset{\underset{CH_3}{|}}{\overset{\overset{CH_3CH_2}{|}}{C}}=\underset{\underset{CH_2CH_2CH_3}{|}}{\overset{\overset{CH_2CH_2CH_2CH_3}{|}}{C}} + HBr \longrightarrow$$

2位炭素に平面の上方からプロトンが求電子付加して C-H 結合が生成したときの生成物

$$\underset{A}{CH_3CH_2\overset{H}{\underset{CH_3}{\overset{|}{\text{\tiny{||||}}C}}}\overset{Br}{\underset{CH_2CH_2CH_3}{\overset{|}{\text{\tiny{||||}}C}}}CH_2CH_2CH_2CH_3} \quad \underset{B}{CH_3CH_2\overset{H}{\underset{CH_3}{\overset{|}{\text{\tiny{||||}}C}}}\overset{CH_2CH_2CH_3}{\underset{Br}{\overset{|}{\text{\tiny{||||}}C}}}CH_2CH_3}$$

$(3.38) \sim$
（次頁へ）

2位炭素に平面の下方からプロトンが求電子付加してC-H結合が生成したときの生成物

$$+ \quad \underset{C}{CH_3CH_2\text{—}CH\text{—}CBr\text{—}CH_2CH_2CH_3} \quad + \quad \underset{D}{CH_3CH_2\text{—}CH\text{—}CBr\text{—}CH_2CH_2CH_3}$$

3位炭素に平面の上方からプロトンが求電子付加してC-H結合が生成したときの生成物

$$+ \quad \underset{E}{CH_3CH_2\text{—}CBr(CH_3)\text{—}CH\text{—}CH_2CH_2CH_3} \quad + \quad \underset{F}{CH_3CH_2\text{—}C(CH_3)H\text{—}CBr\text{—}CH_2CH_2CH_3}$$

3位炭素に平面の下方からプロトンが求電子付加してC-H結合が生成したときの生成物

$$+ \quad \underset{G}{CH_3CH_2\text{—}CBr(CH_3)\text{—}CH\text{—}CH_2CH_2CH_3} \quad + \quad \underset{H}{CH_3CH_2\text{—}C(CH_3)H\text{—}CBr\text{—}CH_2CH_2CH_3}$$

$\sim$ (3.38)

3.1.4　ラジカル条件での臭化水素の付加

臭化水素の 2-メチルプロペンへの求電子付加反応は，2-ブロモ-2-メチルプロパンを主生成物として与える．

$$(CH_3)_2C=CH_2 + HBr \xrightarrow{\text{ionic conditions}} \underset{\text{major}}{CH_3\text{—}CBr(CH_3)\text{—}CH_2\text{—}H} + \underset{\text{minor}}{CH_3\text{—}CH(CH_3)\text{—}CH_2\text{—}Br}$$

(3.39)

しかし，同様の反応を過酸化物，例えば過酸化ベンゾイル存在下で加熱して行うと，式 (3.40) に示すように付加形式が逆転し，1-ブロモ-2-メチルプロパンが主生成物として得られる．このような付加を *anti*-マルコフニコフ付加という．

$$\underset{CH_3}{\overset{CH_3}{C}}=CH_2 + HBr \xrightarrow[\Delta]{peroxide} \underset{\underset{major}{}}{CH_3-\overset{CH_3}{\underset{H}{C}}-\overset{H}{\underset{H}{C}}-Br} + \underset{\underset{minor}{}}{CH_3-\overset{CH_3}{\underset{Br}{C}}-\overset{H}{\underset{H}{C}}-H}$$

(3.40)

この反応では，臭素ラジカルが主役を務める．過酸化ベンゾイルは熱によってホモリシスし，ベンゼンカルボキシルラジカルとなり，これから脱炭酸してフェニルラジカルを与える（式 (3.41), (3.42)）．このようにして生成したフェニルラジカルは，式 (3.43) に示すように，臭化水素と反応してベンゼンと臭素ラジカルになる．これらの反応は，臭素ラジカルが発生する段階なので，開始反応 (initiation reaction) という．

$$C_6H_5-\underset{O}{\overset{}{C}}-\ddot{O}-\ddot{O}-\underset{O}{\overset{}{C}}-C_6H_5 \xrightarrow{\Delta} 2\ C_6H_5-\underset{O}{\overset{}{C}}-\ddot{O}: \quad (3.41)$$

$$C_6H_5-\underset{O}{\overset{}{C}}-\ddot{O}: \longrightarrow C_6H_5\cdot \ =\ \bigcirc\cdot\ +\ CO_2 \quad (3.42)$$

$$C_6H_5\cdot\ +\ H-\ddot{Br}: \longrightarrow C_6H_5 + \cdot\ddot{Br}: \ =\ \cdot Br \quad (3.43)$$

2-メチルプロペンと臭素ラジカルの反応は，式 (3.44) に示すように 2 種類の炭素ラジカルを与える可能性がある．炭素ラジカルの安定性は，カルボカチオンと同様に超共役による安定化によって説明でき，その安定性は第 3 級炭素ラジカル ＞ 第 2 級炭素ラジカル ≫ 第 1 級炭素ラジカル ＞ メチルラジカルの順である．したがって，臭素ラジカルの付加によって生成する第 3 級炭素ラジカルのほうが第 1 級炭素ラジカルよりもはるかに安定であり，anti-マルコフニコフ付加生成物を主に与える．炭素ラジカルは臭化水素と反応して再び臭素ラジカルを与えることから，式 (3.44), (3.45) の反応は

連鎖反応 (chain reaction) である．

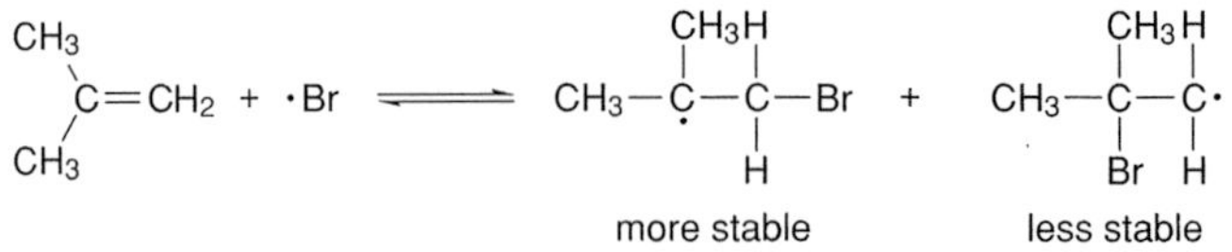

$$\underset{CH_3}{\overset{CH_3}{C}}=CH_2 + \cdot Br \rightleftharpoons \underset{\underset{more\ stable}{}}{CH_3-\overset{CH_3}{\underset{\cdot}{C}}-\overset{H}{\underset{H}{C}}-Br} + \underset{\underset{less\ stable}{}}{CH_3-\overset{CH_3}{\underset{Br}{C}}-\overset{H}{\underset{H}{C}}\cdot} \quad (3.44)$$

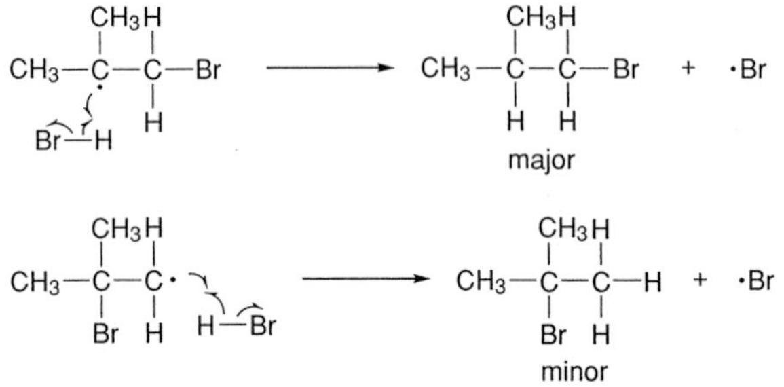

(3.45)

炭素ラジカルの分子軌道は sp^2 混成軌道である (1.6節を見よ) ことから，臭化水素は炭素ラジカル sp^2 平面の上方と下方から接近することができる．このことは，ラジカル条件でのアルケンへの臭化水素の付加反応についても，3.1.3 項で学んだイオン条件でのアルケンへのハロゲン化水素の付加反応と同様に，アルケンの炭素－炭素二重結合に関する置換様式によっては，多くの立体異性体が生じることを意味している．

一方，臭素ラジカル同士，炭素ラジカル同士および臭素ラジカルと炭素ラジカルの結合，炭素ラジカルからの β-水素引き抜きなどによる停止反応 (termination reaction) が存在し，連鎖反応は停止する．

ラジカル条件下でのハロゲン化水素のアルケンへの付加反応は，臭化水素の付加のみが実用的であり，塩化水素の付加，ヨウ化水素の付加は実用的でない．それは，水素－ハロゲン結合および炭素－ハロゲン結合の結合エネルギーに起因する．以下に，ハロゲン化水素とエテン (エチレン) の反応について，それぞれの吸発熱量を示す．

$$CH_2=CH_2 + Br\cdot \xrightarrow{\Delta H^\circ = -38 \text{ kJ mol}^{-1}} BrCH_2CH_2\cdot \quad (3.46)$$

$$BrCH_2CH_2\cdot + HBr \xrightarrow{\Delta H^\circ = -59 \text{ kJ mol}^{-1}} BrCH_2CH_3 + Br\cdot \quad (3.47)$$

$$CH_2=CH_2 + Cl\cdot \xrightarrow{\Delta H^\circ = -91 \text{ kJ mol}^{-1}} ClCH_2CH_2\cdot \quad (3.48)$$

$$ClCH_2CH_2\cdot + HCl \xrightarrow{\Delta H^\circ = +8 \text{ kJ mol}^{-1}} ClCH_2CH_3 + Cl\cdot \quad (3.49)$$

$$CH_2=CH_2 + I\cdot \xrightarrow{\Delta H^\circ = +25 \text{ kJ mol}^{-1}} ICH_2CH_2\cdot \quad (3.50)$$

$$ICH_2CH_2\cdot + HI \xrightarrow{\Delta H^\circ = -126 \text{ kJ mol}^{-1}} ICH_2CH_3 + I\cdot \quad (3.51)$$

臭化水素の付加では，式 (3.46)，(3.47) の両反応は発熱反応であるのに対して，塩化水素の反応では式 (3.49) が吸熱反応であり，ヨウ化水素の反応では式 (3.50) が吸熱反応である．一方，連鎖反応と競争的に起こる停止反応は，結合の開裂を伴うことなくラジカル同士が結合することから，発熱反応である．したがって，吸熱反応を含む塩化水素およびヨウ化水素の反応の連鎖反応は，素早く停止してしまう．

このように，イオン条件下での臭化水素のアルケンへの付加反応はマルコフニコフ則に従い，ラジカル条件下での付加反応は *anti*-マルコフニコフ則に従う．ハロアルカンの合成法として両反応は相補的であり，有機合成上重要である．

3.1.5 水の付加

水は酸性度が低いので，水単独ではアルケンへ求電子付加しない．しかし，強酸性の条件にすると水もアルケンに付加し，マルコフニコフ則に従ったアルコールを与える．このような反応を水和 (hydration) という．水和反応

は，一般に硫酸酸性の条件で反応を行う．酸性の条件での水のアルケンへの求電子付加反応では，全過程が平衡にある（式 (3.52)〜(3.55)）．第2章のE1反応を思い出してもらいたい．

$$H_2O + H_2SO_4 \rightleftharpoons H_3O^+ + HSO_4^- \quad (3.52)$$

$$(CH_3)_2C=CH_2 + H_3O^+ / HSO_4^- \rightleftharpoons (CH_3)_3C^+ \; HSO_4^- + H_2O \quad (3.53)$$

$$(CH_3)_3C^+ + H-\ddot{O}-H / HSO_4^- \rightleftharpoons (CH_3)_3C-\overset{+}{O}(H)H \; HSO_4^- \quad (3.54)$$

$$(CH_3)_3C-\overset{+}{O}(H)H / HSO_4^- \rightleftharpoons (CH_3)_3C-OH + H_2SO_4 \quad (3.55)$$

強酸は，アルケンのカチオン重合の触媒となりうる．したがって，強酸性の条件で水のアルケンへの求電子付加反応を行うと，アルケンのオリゴマー化 (oligomerization) も同時に進行し，求電子付加反応の収率が低くなることがある．このような理由により，水のアルケンへの求電子付加反応は，有機合成ではあまり利用されていない．

形式的に水のアルケンへの求電子付加反応と見なすことのできる反応の一つに，酢酸水銀(II)を用いたオキシ水銀化反応 (oxymercuration)（式 (3.56)〜(3.58)）－還元反応 (reduction)（式 (3.59)）を経由する反応がある．

式 (3.56) で中間に生成する，水銀を含む三員環化合物をマーキュリニウムイオン (mercurinium ion) という．このマーキュリニウムイオン中間体に対する水の求核攻撃は，3位の炭素と2位の炭素に起こる可能性があるが，もっぱら3位の炭素に起こる．その理由は，式 (3.25) を参考に考えてもら

3.1 アルケンへの求電子付加反応　　　　　　　　　　　131

いたい.

　マーキュリニウムイオン中間体に対する水の求核攻撃は，ハロニウムイオン中間体への求核攻撃と同じように炭素－水銀結合の背面から起こり，最終生成物の水酸基とアセトキシ水銀基は *anti* 付加となる.

$$ (3.56) $$

$$ (3.57) $$

$$ (3.58) $$

次いで，式 (3.59) の反応で炭素－水銀結合が還元され，水がアルケンにマルコフニコフ則に従って求電子付加したときと同じ生成物が得られる．炭素－水銀結合の切断には，還元の代わりに加水分解を用いることもできる．

$$ (3.59) $$

　このオキシ水銀化反応－脱水銀化反応を経由する反応は選択性の高い反応ではあるが，水銀塩を用い有機水銀化合物が中間体として生成するなど大き

な問題を抱えている．有機合成の立場からは，ほかのより安全な反応を用いるべきである．

3.1.6 ボランの付加

3.1.1～3.1.5項で，ハロゲンのように誘起双極子によって分極した極性種や，ハロゲン化水素のように解離平衡によって生じた陽イオン種を求電子剤とするアルケンへの求電子付加反応を学んだ．求電子付加反応は，求電子剤が極性種や陽イオン種でなくとも進行することがある．その代表がボラン（水素化ホウ素）である．

ボランそのものは単量体としては存在せずに二量体として存在し，常温・常圧で気体の物質である．二量体で存在するボランをテトラヒドロフラン（THF）などのエーテル系溶媒に加えると溶解し，単量体として安定に存在するようになる．なぜ単量体となって溶解するのであろうか．ここで，ボランの混成軌道と最外殻電子に注目してほしい．ボランの分子軌道は sp^2 混成軌道であり，最外殻電子は6個である（1.6節を見よ）．すなわち，ボランの最外殻電子数はルイスの8電子則を満足しておらず，したがってボランには1対の電子を収容して安定になろうという性質が強くある（強いルイス酸性）．一方，エーテル酸素には非共有電子対が存在し，ルイス塩基である．したがって式 (3.60) に示すように，ルイス酸であるボランとルイス塩基であるエーテル系溶媒が安定な塩を形成し，結果としてエーテル系溶媒に溶解するのである．

$$\mathrm{H_2B_2H_4} + 2\,\mathrm{O} \rightleftarrows 2\,\mathrm{H_3B^- - O^+} \qquad (3.60)$$

1対の電子を収容して安定になろうとするボランの性質によって，ボランがアルケンに対して求電子的に付加し，ヒドロボレーション反応 (hydroboration，ヒドロホウ素化反応ともいう) が進行する．ルイス酸であるボラン

3.1 アルケンへの求電子付加反応

とルイス塩基であるアルケンは，まず酸−塩基相互作用による錯体を形成し（式 (3.61)），次いで四員環遷移状態を経由する協奏反応によってアルキルボランを与える（式 (3.62)）．四員環遷移状態を経由することから，反応は *syn* 付加で進行するが，*syn* 付加の進行は式 (3.63) の反応結果から明らかである．

$$\underset{R^2}{\overset{R^1}{>}}C=C\underset{R^4}{\overset{R^3}{<}} + BH_3 \rightleftharpoons \underset{R^2}{\overset{R^1}{>}}C=C\underset{R^4}{\overset{R^3}{<}} \cdots BH_3 \quad (3.61)$$

$$\underset{R^2}{\overset{R^1}{>}}C=C\underset{R^4}{\overset{R^3}{<}} \longrightarrow \left[\begin{array}{c} R^1 \quad\quad R^3 \\ C^{\delta+}{-}C \\ R^2 \overset{\delta-}{\cdots} R^4 \\ H{-}{-}{-}BH_2 \end{array} \right]^{\ddagger} \longrightarrow \underset{H}{\overset{R^1}{>}}\overset{R^2}{C}-\overset{R^3}{C}\underset{BH_2}{\overset{R^4}{<}} \quad (3.62)$$

$$\text{(シクロペンテン-CH}_3\text{,CH}_3\text{)} + BH_3 \longrightarrow \text{(生成物)} \quad (3.63)$$

具体例として，ボランのプロペンへの求電子付加反応を取り上げる．式 (3.64) に示すように，ボランはプロペンと反応し，プロピルボランを与える．そのモノアルキルおよびジアルキル体も十分な反応性を有しているため順次プロペンと反応し（式 (3.65), (3.66)），最終的にはトリプロピルボランが得られる．

$$CH_3CH=CH_2 + BH_3 \longrightarrow CH_3CH_2CH_2-BH_2 \quad (3.64)$$

$$CH_3CH=CH_2 + CH_3CH_2CH_2-BH_2 \longrightarrow (CH_3CH_2CH_2)_2BH \quad (3.65)$$

$$CH_3CH=CH_2 + (CH_3CH_2CH_2)_2BH \longrightarrow (CH_3CH_2CH_2)_3B \quad (3.66)$$

ボランとプロペンの反応ではプロピルボランが得られ，2-プロピルボランはほとんど得られない．この配向選択性は，遷移状態を考えることによって理解できる．ボランとプロペンの反応の遷移状態を式 (3.67) に示す．遷移状態では，プロペンの1対の π 電子はボランの空の軌道に強く引きつけられる結果，プロペンはカルボカチオンに近い性質を持つ．第2級カルボカチオンは第1級カルボカチオンよりも安定であるので，正電荷が2位の炭素に偏った遷移状態がエネルギー的に有利になり，この遷移状態を経由して生成物が得られる．

$$\left[\begin{array}{c}\overset{2}{CH_3CH}\overset{\delta+}{\cdots}\overset{1}{CH_2}\\ \vdots\\ H\cdots_{\delta-}\cdots BH_2\end{array}\right]^{\ddagger} \quad \left[\begin{array}{c}\overset{2}{CH_3CH}\overset{\delta+}{\cdots}\overset{1}{CH_2}\\ \vdots\\ H_2B\cdots_{\delta-}\cdots H\end{array}\right]^{\ddagger} \qquad (3.67)$$

トリアルキルボランは，式 (3.68)～(3.71) および式 (3.72)～(3.74) に示す酸化反応－加水分解反応によってアルコールへと変換可能である．式 (3.75) の反応の結果から分かるように，炭素－ホウ素結合の酸化は，立体保持で進行する．

$$H_2O_2 + {}^-OH \rightleftharpoons {}^-OOH + H_2O \qquad (3.68)$$

$$(CH_3CH_2CH_2)_3B + {}^-OOH \rightleftharpoons \underset{\underset{CH_3CH_2CH_2}{|}}{(CH_3CH_2CH_2)_2B^-\!-\!O\!-\!OH} \qquad (3.69)$$

$$\underset{\underset{CH_3CH_2CH_2}{|}}{(CH_3CH_2CH_2)_2B^-\!-\!O\!-\!OH} \longrightarrow (CH_3CH_2CH_2)_2BOCH_2CH_2CH_3 + {}^-OH \qquad (3.70)$$

$$(CH_3CH_2CH_2)_2BOCH_2CH_2CH_3 \longrightarrow (CH_3CH_2CH_2O)_3B \qquad (3.71)$$

$$(CH_3CH_2CH_2O)_3B \ + \ H_2\ddot{O} \ \rightleftharpoons \ \begin{matrix}(CH_3CH_2CH_2O)_2B^- - O^+ - H \\ | \quad\quad\quad\quad\quad | \\ CH_3CH_2CH_2O \quad\quad H \end{matrix} \quad (3.72)$$

$$\begin{matrix}(CH_3CH_2CH_2O)_2B^- - O^+ - H \\ | \quad\quad\quad\quad\quad | \\ CH_3CH_2CH_2O \quad\quad H \end{matrix} \ \longrightarrow \ CH_3CH_2CH_2OH \ + \ (CH_3CH_2CH_2O)_2BOH \quad (3.73)$$

$$(CH_3CH_2CH_2O)_2BOH \ \longrightarrow \ 2\,CH_3CH_2CH_2OH \ + \ B(OH)_3 \quad (3.74)$$

$$\text{(1-メチルシクロヘキセン)} \xrightarrow{BH_3} \xrightarrow{H_2O_2,\ ^-OH} \text{(trans-2-メチルシクロヘキサノール)} \quad (3.75)$$

このように，ヒドロボレーション反応－酸化反応－加水分解反応を組み合わせると，アルケンからアルコールを合成することができる．得られるアルコールは *anti*-マルコフニコフ則に従って水がアルケンに *syn* 付加した構造をしていることに注目してもらいたい．この選択性ゆえ本反応は，有機合成上極めて有用な反応である．

3.1.7 過酸の付加

過酸 (RCOOOH) は式 (3.76) のように分極しており，過酸の HO 基は求電子剤の一種である．

$$R-\underset{\underset{O}{\|}}{C}-\overset{\delta-}{O}-\overset{\delta+}{OH} \quad (3.76)$$

過酸はアルケンと反応し，各種合成反応の鍵中間体として重要な化合物であるオキシラン（エポキシド）を与える．反応は *syn* 付加で進行する．工業的には過酢酸が用いられるが，過酢酸は不安定で爆発性を有する化合物であ

り，実験室的には用いることは避けることが好ましい．実験室でよく用いられる過酸は，m-クロロ過安息香酸（MCPBA）である．MCPBA はかなり安定な過酸ではあるが，使用にあたっては取り扱いに十分な注意が必要である．MCPBA のアルケンへの求電子付加反応の一般式を式 (3.77) に示す．反応は協奏反応であり，遷移状態は複雑な構造をしている．理解の助けとするために，遷移状態の右側の括弧内に，電子論に基づいた電子の動きを示す．

$$(3.77)$$

3.1.8 オゾンの付加

オゾン（O_3）は，式 (3.78) に示す共鳴構造式で表すことができ，1,3-双極子 (1,3-dipole) としての性質を有している．

$$(3.78)$$

したがって，オゾンはアルケンと [2+3] 双極子付加し，モルオゾニドを与える（式 (3.79)）．反応は syn 付加で進行する．このモルオゾニドの O-O-O 結合は極めて不安定であり，転位反応によりオゾニドを与え（式 (3.80)，(3.81)），得られたオゾニドを還元するとカルボニル化合物が得られる（式 (3.82)）．式 (3.79)〜(3.81) の反応と還元反応である式 (3.82) の反応を組

み合わせると，アルケンの酸化によって2種類のカルボニル化合物が得られることになる．

$$\underset{R^2}{\overset{R^1}{>}}C=C\underset{R^4}{\overset{R^3}{<}} + O_3 \longrightarrow \left[\begin{array}{c} R^1 \quad R^3 \\ C=C \\ R^2 \overset{|}{\underset{O^+}{O}} \underset{O^-}{\overset{|}{O}} R^4 \end{array} \right]^{\ddagger} \longrightarrow \underset{R^2}{\overset{R^1}{>}}\underset{\underset{O-O}{|}}{\overset{|}{C}}-\underset{\underset{}{|}}{\overset{|}{C}}\underset{R^4}{\overset{R^3}{<}} \quad (3.79)$$

$$\underset{R^2}{\overset{R^1}{>}}\underset{\underset{O-O}{|}}{\overset{|}{C}}-\underset{\underset{}{|}}{\overset{|}{C}}\underset{R^4}{\overset{R^3}{<}} \longrightarrow \underset{O^-}{\overset{R^1}{>}}\underset{\overset{+}{O}}{\overset{|}{C}}R^2 \quad \underset{R^3}{\overset{O}{>}}\underset{}{\overset{|}{C}}R^4 \quad (3.80)$$

$$\underset{O^-}{\overset{R^1}{>}}\underset{\overset{+}{O}}{\overset{|}{C}}R^2 + \underset{R^3}{\overset{O}{>}}\underset{}{\overset{|}{C}}R^4 \longrightarrow \underset{R^2}{\overset{R^1}{>}}\underset{\underset{O-O}{|}}{\overset{|}{C}}\underset{R^4}{\overset{R^3}{<}} \quad (3.81)$$

$$\underset{R^2}{\overset{R^1}{>}}\underset{\underset{O-O}{|}}{\overset{|}{C}}\underset{R^4}{\overset{R^3}{<}} \xrightarrow[\text{or}]{\text{Zn, H}_2\text{O}} \underset{O}{\overset{R^1}{>}}\underset{}{\overset{|}{C}}R^2 + \underset{O}{\overset{R^3}{>}}\underset{}{\overset{|}{C}}R^4 \quad (3.82)$$
(CH$_3$)$_2$S

アルケンからカルボニル化合物を得るほかの方法として，過マンガン酸カリウムや重クロム酸ナトリウムなどによる酸化反応がよく知られている．これらの反応では，1,2-二置換や1,1,2-三置換アルケンなど炭素−炭素二重結合に水素が直結しているアルケンの場合，式 (3.83) に示すように，水素が結合した炭素に由来するカルボニル化合物はカルボン酸となる．

$$\underset{R^2}{\overset{R^1}{>}}C=C\underset{H}{\overset{R^3}{<}} \xrightarrow[\text{Na}_2\text{Cr}_2\text{O}_7]{\text{KMnO}_4 \atop \text{or}} \underset{O}{\overset{R^1}{>}}\underset{}{\overset{|}{C}}R^2 + \underset{O}{\overset{R^3}{>}}\underset{}{\overset{|}{C}}OH \quad (3.83)$$

これに対して，オゾン酸化では，水素が結合した炭素に由来するカルボニル化合物はアルデヒドとなる (式 (3.84))．この点が大きく異なることに注目

してほしい．このオゾン酸化は極めて穏和な反応条件下で進行することから，天然物の前駆体など複雑な構造を有するカルボニル化合物の合成に有効な手法である．

$$\underset{R^2}{\overset{R^1}{>}}C=C\underset{H}{\overset{R^3}{<}} \xrightarrow[\text{or }(CH_3)_2S]{O_3 \quad Zn, H_2O} \underset{O}{\overset{R^1}{>}}C\overset{R^2}{<} + \underset{O}{\overset{R^3}{>}}C\overset{H}{<} \quad (3.84)$$

3.1.9 四酸化オスミウムの付加

四酸化オスミウムのアルケンへの求電子付加反応は，*syn* 付加で進行する．得られるオスマートを加水分解すると 1,2-ジオールが得られる（式 (3.85)，(3.86)）．付加反応は *syn* 付加で進行するので，得られる 1,2-ジオールの 2 つの水酸基は，アルケンがなす平面の同じ側から結合することになる．四酸化オスミウムは昇華性があり，毒性が極めて高い．そこで，*t*-BuOOH などを再酸化剤として用いて四酸化オスミウムを触媒量にした触媒反応が開発されている．

$$\underset{R^2}{\overset{R^1}{>}}C=C\underset{R^4}{\overset{R^3}{<}} + OsO_4 \longrightarrow \left[\begin{array}{c} R^1 \quad R^3 \\ C=C \\ R^2 \quad R^4 \\ O \quad O \\ Os \\ O \quad O \end{array} \right]^{\ddagger} \longrightarrow \begin{array}{c} R^2\cdots C-C\cdots R^4 \\ R^1 \quad R^3 \\ O \quad O \\ Os \\ O \quad O \end{array} \quad (3.85)$$

$$\begin{array}{c} R^2\cdots C-C\cdots R^4 \\ R^1 \quad R^3 \\ O \quad O \\ Os \\ O \quad O \end{array} \xrightarrow{2 H_2O} \underset{HO \quad OH}{\overset{R^1 \quad R^3}{R^2\cdots C-C\cdots R^4}} + H_2OsO_4 \quad (3.86)$$

1,2-ジオールの合成法として，四酸化オスミウムの代わりに過マンガン酸カリウム（式 (3.87)）を中性条件下で冷却して用いる方法がある．アルケンへの求電子付加反応は，四酸化オスミウムの反応と同様の機構で進行する．

$$\underset{O}{\overset{O}{\underset{\|}{}}}\text{Mn}\underset{O^-\,K^+}{\overset{O}{}} \qquad (3.87)$$

　この反応は，四酸化オスミウムよりも毒性の低い過マンガン酸カリウムを用いる点で優れた反応である．しかし，中間体であるマンガナートが不安定なために1,2-ジオールが遊離し，これが過マンガン酸カリウムによってさらに酸化され，カルボニル化合物となる副反応がしばしば起こることに注意する必要がある．

3.1.10　カルベンの付加

　カルベンは，式 (3.88) に示すように，炭素原子上に1対の非結合電子を持つ化学種である．このような特異な構造のため，カルベンは不安定でかつ反応性に富む化学種（不安定中間体）である．非結合電子のスピンの向きによって，一重項 (singlet) カルベンと三重項 (triplet) カルベンに分類される．一重項カルベンの炭素は sp^2 混成軌道に近く（式 (3.89 A)），三重項カルベンの炭素はより sp 混成軌道に近い（式 (3.89 B)）．

$$\underset{R^2}{\overset{R^1}{\diagdown}}\!\!C: \quad (3.88) \qquad \underset{R^2}{\overset{R^1}{\diagdown}}\!\!C\rightleftarrows \quad R^1\!-\!\overset{\uparrow}{\underset{\downarrow}{C}}\!-\!R^2 \quad (3.89)$$
$$\qquad\qquad\qquad\qquad\quad\;\mathbf{A} \qquad\qquad \mathbf{B}$$

　カルベンは，1つの炭素に2つの脱離基を持つ化合物の1,1-脱離によって調製することができる．その代表例が，塩基によるハロアルカンの1,1-脱離である（式 (3.90), (3.91) および式 (3.92), (3.93)）．

$$\text{CHCl}_3 + (\text{CH}_3)_3\text{CO}^- \text{K}^+ \longrightarrow \underset{(\text{CH}_3)_3\text{CO}^- \text{K}^+}{\overset{\text{Cl}}{\underset{\uparrow}{\text{Cl}\!-\!\underset{H}{\overset{|}{C}}\!-\!\text{Cl}}}} \longrightarrow \underset{\text{K}^+}{\overset{\text{Cl}}{\text{Cl}\!-\!\overset{|}{\underset{|}{C}}\!-\!\text{Cl}}} + (\text{CH}_3)_3\text{COH}$$

$$(3.90)$$

$$Cl-\underset{Cl}{\underset{|}{C}}-Cl \quad K^+ \longrightarrow \underset{Cl}{\overset{Cl}{C}}: \ + \ KCl \quad (3.91)$$

$$CH_2Cl_2 + CH_3CH_2CH_2CH_2-Li \longrightarrow H-\underset{\underset{\uparrow}{H}}{\overset{Cl}{\underset{|}{C}}}-Cl \longrightarrow H-\underset{Li^+}{\overset{Cl}{\underset{|}{C}}}-Cl + CH_3CH_2CH_2CH_3$$
$$CH_3CH_2CH_2CH_2-Li \quad\quad\quad (3.92)$$

$$H-\underset{Li^+}{\overset{Cl}{\underset{|}{C}}}-Cl \longrightarrow \underset{Cl}{\overset{H}{C}}: \ + \ LiCl \quad (3.93)$$

また,ジアゾメタンを光分解あるいは熱分解しても,カルベンが得られる(式 (3.94), (3.95)).

$$CH_2N_2 \equiv \left[CH_2=N^+=N^- \longleftrightarrow {}^-CH_2-N^+\equiv N \right] \quad (3.94)$$

$$CH_2N_2 \xrightarrow[\text{or }\Delta]{h\nu} {}^-CH_2-N^+\equiv N \longrightarrow \underset{H}{\overset{H}{C}}: \ + \ N_2 \quad (3.95)$$

一重項カルベンの炭素の最外殻には 6 個の電子しかないため,カルベンは 2 個の電子を得てルイスの 8 電子則を満足する化合物になろうとする性質 (ルイス酸性)を持っており,強い求電子剤である.したがって,式 (3.96) に示すように,カルベンはアルケンに求電子付加し,シクロプロパン化合物を与える.反応は,立体特異的に *syn* 付加で進行する.

3.1 アルケンへの求電子付加反応

$$\underset{R^2}{\overset{R^1}{>}}C=C\underset{R^4}{\overset{R^3}{<}} + Cl-\ddot{C}-Cl \longrightarrow \left[\begin{array}{c}\text{遷移状態}\end{array}\right]^{\ddagger} \longrightarrow \text{シクロプロパン生成物} \quad (3.96)$$

一方,三重項カルベンはジラジカルとしての性質を強く持っている. したがって,三重項カルベンとアルケンの反応はジラジカルを経由し,*syn* 付加と *anti* 付加が競争的に起こる (式 (3.97), (3.98)).

$$\text{アルケン} + C_6H_5-\dot{C}-C_6H_5 \longrightarrow \text{ジラジカル中間体} \rightleftharpoons \text{ジラジカル} \quad (3.97)$$

$$\text{ジラジカル} \longrightarrow \text{syn 体} + \text{anti 体} \quad (3.98)$$

カルベンと類似の反応を起こす化学種をカルベノイドという. シモンズ-スミス (Simmons-Smith) 反応に用いられるヨウ化ヨードメチル亜鉛が代表例である.

ヨウ化ヨードメチル亜鉛は,ジヨードメタンと Zn-Cu カップルの反応で容易に合成できる (式 (3.99)). シモンズ-スミス反応は,一般に *syn* 付加で進行することから,式 (3.100) に示す協奏機構で説明されている. しかし,求電子性カルベノイド機構 (式 (3.101)) も提案されている.

$$CH_2I_2 + Zn\text{-}Cu \longrightarrow ICH_2ZnI \quad (3.99)$$

$$
\begin{array}{c}
\underset{R^2}{\overset{R^1}{\diagdown}}C=C\underset{R^4}{\overset{R^3}{\diagup}} + ICH_2ZnI \longrightarrow \left[\begin{array}{c} \underset{R^2}{\overset{R^1}{\diagdown}}C\!\!=\!\!C\underset{R^4}{\overset{R^3}{\diagup}} \\ \underset{I\cdots\cdots Zn I}{CH_2} \end{array} \right]^{\ddagger} \longrightarrow \underset{CH_2}{\overset{R^1}{\underset{R^2}{\diagdown}}C\!-\!C\underset{R^4}{\overset{R^3}{\diagup}}}
\end{array}
$$

(3.100)

$$
\left[\begin{array}{c} \underset{R^2\,CH_2}{\overset{R^1}{\diagdown}}C=C\underset{R^4}{\overset{R^3}{\diagup}} \\ \underset{IZn}{\overset{I}{|}}\underset{I}{\overset{ZnI}{|}} \\ CH_2 \end{array} \right]
$$

(3.101)

3.2 アルキンへの求電子付加反応

アルキンは比較的動きやすい π 結合を 2 つ有し,この π 結合の電子が求電子剤と反応して新たな結合を形成する.アルキンの反応性は,対応するアルケンの反応性よりも低い.例えば,式 (3.102) に示すように,1-ブチンの反応性は 1-ブテンの反応性よりも低い.

$$
\overset{\text{reactivity}}{CH_3CH_2C\equiv CH \quad < \quad CH_3CH_2C=CH_2} \tag{3.102}
$$

しかし,3.2.1 項で説明するように,アルキンへの求電子付加反応によって生成するアルケンは,反応基質であるアルキンよりも反応性が低いこともあることに注意する必要がある.

sp 混成軌道は sp^2 混成軌道よりも s 性が高く,sp 混成軌道の電子は sp^2 混成軌道の電子よりも原子核に近いので,sp 炭素は sp^2 炭素よりも電気陰性度が大きい.したがって,求電子剤と反応して生成するビニルカチオンは,対応する sp^2 カルボカチオンよりも不安定である.式 (3.103) にカチオンの安定性の序列を示す.この序列によって,式 (3.102) に示した反応性の差を理解できるであろう.

$$\underset{R^3}{\overset{R^1}{R^2-C^+}} > \underset{H}{\overset{R^1}{R^2-C^+}} > R^1CH=C^+-R^2 > \underset{H}{\overset{R^1}{R^1-C^+}} > R^1CH=C^+-H \simeq \underset{H}{\overset{H}{H-C^+}}$$

(3.103)

3.2.1 ハロゲンの付加

ハロゲンのアルキンへの求電子付加反応は，アルケンへの求電子付加反応と同様にハロニウムイオン機構で進行し，*anti* 付加したアルケンを与える．例えば，式 (3.104)，(3.105) に示すように 1 当量の臭素を 1-フェニルプロピンに作用すると (E)-1,2-ジブロモ-1-フェニルプロペンが得られる．

$$C_6H_5-C\equiv C-CH_3 + Br_2 \rightleftharpoons \underset{Br^+}{\overset{C_6H_5\quad CH_3}{C=C}} Br^-$$

(3.104)

$$\underset{Br^+}{\overset{C_6H_5\quad CH_3}{C=C}} Br^- \longrightarrow \underset{C_6H_5\quad Br}{\overset{Br\quad CH_3}{C=C}}$$

(3.105)

しかし，過剰量の臭素があると，臭素はさらに (E)-1,2-ジブロモ-1-フェニルプロペンと反応し，1,1,2,2-テトラブロモ-1-フェニルプロパンを与える．

$$\underset{C_6H_5\quad Br}{\overset{Br\quad CH_3}{C=C}} + Br_2 \longrightarrow C_6H_5-\underset{Br}{\overset{Br}{C}}-\underset{Br}{\overset{Br}{C}}-CH_3$$

(3.106)

1 当量の臭素との反応で得られる (E)-1,2-ジブロモ-1-フェニルプロペンの炭素－炭素二重結合では，臭素の誘起効果によってその電子密度が大きく低下し，(E)-1,2-ジブロモ-1-フェニルプロペンの反応性は 1-フェニルプロピンよりも低くなっている．これが，1 当量の臭素との反応では (E)-1,2-ジブロモ-1-フェニルプロペンが主に得られ，1,1,2,2-テトラブロモ-1-フェニルプロパンがほとんど得られない理由である．

3.2.2 ハロゲン化水素の付加

ハロゲン化水素のアルキンへの求電子付加反応も，アルケンへの求電子付加反応と同様にカルボカチオン機構で進行する．例えば，1当量の塩化水素を 1-ブチンに作用させると 2-クロロ-1-ブテンが得られる（式 (3.107)，(3.108)）．プロトンの付加は 1 位の炭素と 2 位の炭素に起こる可能性があるが，第 2 級ビニルカチオンは第 1 級ビニルカチオンよりも安定であるため，第 2 級ビニルカチオンを経由する反応が主に起こる．すなわち，付加配向性はマルコフニコフ則に従う．

$$CH_3CH_2C \equiv CH + HCl \longrightarrow \underset{\text{more stable}}{\overset{CH_3CH_2}{\underset{Cl^-}{^+C}}=\overset{H}{\underset{H}{C}}} + \underset{\text{less stable}}{\overset{CH_3CH_2}{\underset{H}{C}}=\overset{H}{\underset{Cl^-}{C^+}}}$$

(3.107)

$$\overset{CH_3CH_2}{\underset{Cl^-}{^+C}}=\overset{H}{\underset{H}{C}} \longrightarrow \underset{\text{major}}{\overset{CH_3CH_2}{\underset{Cl}{C}}=\overset{H}{\underset{H}{C}}}$$

$$\overset{CH_3CH_2}{\underset{H}{C}}=\overset{Cl^-}{\underset{H}{C^+}} \longrightarrow \underset{\text{minor}}{\overset{CH_3CH_2}{\underset{H}{C}}=\overset{Cl}{\underset{H}{C}}}$$

(3.108)

ハロゲン化水素のアルキンへの求電子付加反応は，エチン（アセチレン）を反応基質として用いても進行する．このとき中間に生成するビニルカチオンは，第 1 級ビニルカチオンのはずである．しかし，第 1 級ビニルカチオンの安定性はメチルカチオンの安定性と同程度であり，この第 1 級ビニルカチオンが中間体とは考えにくい．そこで，式 (3.109) に示すように，π 錯体（π complex）を経由する反応機構も提唱されている．この π 錯体機構によって，ハロゲン化水素の内部アルキンへの求電子付加反応の多くが anti 付加で進行する（式 (3.110)）ことを説明できるが，未だもって不明な点が多く，

3.2 アルキンへの求電子付加反応

ハロゲン化水素のアルキンへの求電子付加反応の機構は明確ではない.

$$HC\equiv CH + HCl \longrightarrow \left[HC\overset{Cl,H}{\underset{Cl,H}{=\!=\!=}}CH \right]^{\ddagger} \longrightarrow \underset{H}{\overset{H}{>}}C=C\underset{Cl}{\overset{H}{<}} \quad (3.109)$$

$$CH_3C\equiv CCH_3 + HCl \longrightarrow \underset{H}{\overset{CH_3}{>}}C=C\underset{CH_3}{\overset{Cl}{<}} \quad (3.110)$$

非対称な内部アルキンへの1当量のハロゲン化水素の求電子付加反応では,2つのビニルカチオンの安定性の差が小さい場合には,2種類のハロアルケンが生成する.このように2種類のハロアルケンの生成は,3.1.3項で学んだ内部アルケンへのハロゲン化水素の求電子付加反応の場合と類似している.例として,2-ペンチンへの塩化水素の求電子付加反応を式 (3.111) に示す.

$$CH_3CH_2C\equiv CCH_3 + HCl \longrightarrow \underset{Cl}{\overset{CH_3CH_2}{>}}C=C\underset{CH_3}{\overset{H}{<}} + \underset{H}{\overset{CH_3CH_2}{>}}C=C\underset{CH_3}{\overset{Cl}{<}}$$
$$(3.111)$$

1-ブチンに過剰量の塩化水素を作用すると 2,2-ジクロロブタンが得られ,1,2-ジクロロブタンはほとんど得られない.

$$CH_3CH_2CC\equiv H + HCl \text{(excess)} \longrightarrow \underset{\text{major}}{CH_3CH_2-\overset{Cl}{\underset{Cl}{C}}-\overset{H}{\underset{H}{C}}-H} + \underset{\text{minor}}{CH_3CH_2-\overset{Cl}{\underset{H}{C}}-\overset{H}{\underset{H}{C}}-Cl}$$
$$(3.112)$$

これは,中間に生成する 2-クロロ-1-ブテンへのプロトンの求電子付加に

よって生じる2種類のカルボカチオン中間体の安定性の差で説明できる．すなわち，式 (3.114) に示すように，B のカルボカチオンが第 1 級であるのに対して A のカルボカチオンが第 2 級であることから，A のカルボカチオンがより安定であるばかりでなく，A のカルボカチオンは塩素原子の非共有電子対による共鳴効果によって大きく安定化されており（式 (3.115))，この中間体を経由する反応が圧倒的に速い．

$$CH_3CH_2C\equiv CH + HCl \longrightarrow \underset{Cl}{\underset{|}{CH_3CH_2}}C=C\underset{H}{\overset{H}{}} \quad (3.113)$$

$$\underset{Cl}{\underset{|}{CH_3CH_2}}C=C\underset{H}{\overset{H}{}} + HCl \longrightarrow \underset{\textbf{A\ highly stable}}{Cl-\underset{Cl^-}{\overset{CH_3CH_2}{\underset{+}{C}}}-\underset{H}{\overset{H}{C}}-H} + \underset{\textbf{B\ less stable}}{Cl-\underset{H}{\overset{CH_3CH_2}{C}}-\underset{Cl^-}{\overset{H}{\underset{+}{C}}}-H} \quad (3.114)$$

$$\left[:\underset{..}{\overset{..}{Cl}}-\underset{+}{\overset{CH_3CH_2}{C}}-\underset{H}{\overset{H}{C}}-H \quad \longleftrightarrow \quad :\underset{..}{\overset{..}{Cl}}=\overset{CH_3CH_2}{\underset{+}{C}}-\underset{H}{\overset{H}{C}}-H \right] \quad (3.115)$$

$$\begin{array}{c}
Cl-\underset{Cl^-}{\overset{CH_3CH_2}{\underset{+}{C}}}-\underset{H}{\overset{H}{C}}-H \longrightarrow CH_3CH_2-\underset{Cl}{\overset{Cl}{C}}-\underset{H}{\overset{H}{C}}-H \\
\text{major} \\
Cl-\overset{CH_3CH_2}{\underset{H}{C}}-\underset{Cl^-}{\overset{H}{\underset{+}{C}}}-H \longrightarrow CH_3CH_2-\underset{H}{\overset{Cl}{C}}-\underset{H}{\overset{H}{C}}-Cl \\
\text{minor}
\end{array} \quad (3.116)$$

　非対称な内部アルキンに過剰量のハロゲン化水素を作用させると，2種類のジハロアルカンが得られる（式 (3.117))．この結果は，式 (3.114) 〜 (3.116) を基に説明できる．各自考えてみよう．

$$CH_3CH_2C{\equiv}CCH_3 + HCl \text{ (excess)} \longrightarrow CH_3CH_2-\underset{\underset{Cl}{|}}{\overset{\overset{Cl}{|}}{C}}-\underset{\underset{H}{|}}{\overset{\overset{H}{|}}{C}}-CH_3 + CH_3CH_2-\underset{\underset{Cl}{|}}{\overset{\overset{H}{|}}{C}}-\underset{\underset{Cl}{|}}{\overset{\overset{Cl}{|}}{C}}-CH_3$$

(3.117)

3.2.3 ラジカル条件下での臭化水素の付加

ラジカル条件での臭化水素のアルキンへの求電子付加反応は，ラジカル的なアルケンへの求電子付加反応と同様に，*anti*-マルコフニコフ則に従って進行する．また，*syn* 体が主生成物となる．

$$RC{\equiv}CH + HBr \xrightarrow{\text{peroxide}} \underset{H}{\overset{R}{>}}C{=}C\underset{Br}{\overset{H}{<}} \quad (3.118)$$

3.2.4 水の付加

アルケンの場合と同様に，アルキンに対する硫酸酸性の条件での水の求電子付加反応 (式 (3.119)) とオキシ水銀化反応 (式 (3.120)) −加水分解反応 (式 (3.121)) も進行する．ここで，エノール型 (enol form) 化合物が生成するが，これらはケト-エノール互変異性 (keto-enol tautomerism) によってケト型 (keto form) になり，最終的にはアルカノンが得られることに注意しよう．

$$RC{\equiv}CH \xrightarrow{H_3O^+} \underset{HO}{\overset{R}{>}}C{=}C\underset{H}{\overset{H}{<}} \rightleftharpoons R\underset{O}{\overset{\parallel}{C}}CH_3 \quad (3.119)$$

$$RC{\equiv}CH \xrightarrow{Hg(OCOCH_3)_2} \underset{HO}{\overset{R}{>}}C{=}C\underset{H}{\overset{HgOCOCH_3}{<}} \rightleftharpoons RCCH_2HgOCOCH_3 \underset{O}{\overset{\parallel}{}}$$

(3.120)

$$RCCH_2HgOCOCH_3 \xrightarrow{H_3O^+} RCCH_3 \quad (3.121)$$
$$\underset{O}{\|} \qquad\qquad \underset{O}{\|}$$

3.2.5 ボランの付加

ボランの1-アルキンへの求電子付加反応は *anti*-マルコフニコフ則に従って進行し，1-アルケン-1-イルボランを与える．しかし，ボランは1-アルケン-1-イルボランにも反応する．そこで，この副反応を抑制するため，ヒドロボレーション反応にジシクロヘキシルボランなどのかさ高い置換基を有するボラン誘導体を用いる．

$$(3.122)$$

1-アルケン-1-イルボランを酸化すると，ケト-エノール互変異性を経由してアルカナールが得られる．

$$(3.123)$$

3.3 共役ジエンへの求電子付加反応

共役ジエン（conjugate diene）は，4個のsp^2炭素が連続してつながった構造をしている．共役ジエンの2つの二重結合に挟まれた単結合は，2つの炭素－炭素二重結合が1つあるいは複数のsp^3炭素で隔てられた孤立ジエン（isolated diene）（非共役ジエン（non-conjugate diene）ともいう）とは異なり，sp^2炭素－sp^2炭素で形成されているため，結合が強くまた結合距離が短い．また，2つの二重結合が隣接することから，π電子は非局在化（delocalization）している．これらのことから，共役ジエンの2つの二重結合に挟まれた単結合は，部分的に二重結合性を有している．このような性質によって，共役ジエンはアルケンや孤立ジエンとは異なった反応性を示す．

3.3.1 ハロゲンの付加

式（3.124）に示すように，1当量の臭素を1,3-ブタジエンに作用させると，3,4-ジブロモ-1-ブテンと1,4-ジブロモ-2-ブテンが54：46の比率で得られる．3,4-ジブロモ-1-ブテンは1,2-付加によって生成した1,2-付加体（1,2-adduct），1,4-ジブロモ-2-ブテンは1,4-付加によって生成した1,4-付加体（1,4-adduct）という．ここで，1,2-付加体，1,4-付加体という際に使う番号（式（3.125 A））は，共役ジエンの4つの炭素に順次番号を付けたものであり，炭素骨格にIUPAC命名法に従って付した番号（式（3.125 B））と異なることに注意してほしい．

$$CH_2=CH\text{-}CH=CH_2 + Br_2 \longrightarrow \underset{\underset{Br}{|}}{Br\text{-}CH_2\text{-}CH\text{-}CH=CH_2} + Br\text{-}CH_2\text{-}CH=CH\text{-}CH_2\text{-}Br \tag{3.124}$$

$$\underset{A}{\overset{1234}{CH_3\text{-}\underset{\underset{Br}{|}}{CH}\text{-}CH=CH\text{-}\underset{\underset{Br}{|}}{CH}\text{-}CH_3}} \quad \underset{B}{\overset{123456}{CH_3\text{-}\underset{\underset{Br}{|}}{CH}\text{-}CH=CH\text{-}\underset{\underset{Br}{|}}{CH}\text{-}CH_3}} \tag{3.125}$$

それでは，このような 2 種類の生成物は，どのような反応機構で生成するのであろうか．まず，ブロモニウムイオン中間体の電子状態を考えてみよう．式 (3.126) に示すように，正電荷を持つブロモニウムイオンのために 1 位炭素－臭素結合と 2 位炭素－臭素結合の σ 電子は臭素原子のほうに強く引き寄せられており，両炭素は δ+ になっている．1 位の炭素は第 1 級炭素であるのに対して 2 位の炭素は第 2 級炭素かつアリル炭素 (allylic carbon) であり，より大きく δ+ になっている．したがって，臭化物イオンは 2 位の炭素に求核攻撃して，1,2-付加体が得られる (式 (3.127))．これは，3.1.1 項で学んだブロモニウムイオン機構で説明できる．

$$CH_2=CH-CH=CH_2 + Br_2 \rightleftharpoons \underset{Br^+}{\overset{1}{CH_2}-\overset{2}{C}}\overset{\overset{3}{CH}=\overset{4}{CH_2}}{H} \quad Br^- \qquad (3.126)$$

$$\underset{Br^+}{\overset{1}{CH_2}-\overset{2}{C}}\overset{\overset{3}{CH}=\overset{4}{CH_2}}{H} \quad Br^- \longrightarrow Br-CH_2-\underset{Br}{CH}-CH=CH_2 \qquad (3.127)$$

　一方，2 位の炭素の電荷不足は，3 位炭素－4 位炭素二重結合にある π 電子によってある程度補われる．その結果，4 位の炭素も δ+ になる．このことによって臭化物イオンは 4 位の炭素も求核攻撃し，1,4-付加体が得られる．

$$\underset{Br^+}{\overset{1}{CH_2}-\overset{2}{C}}\overset{\overset{3}{CH}=\overset{4}{CH_2}}{H} \quad Br^- \longrightarrow Br-CH_2-CH=CH-CH_2-Br \qquad (3.128)$$

　ここで，2 位の炭素と 4 位の炭素の δ+ 性を比較すると，2 位の炭素のほうが δ+ 性が強く，電子的要因の観点からは 1,2-付加は 1,4-付加よりも有利である．一方，1,2-付加体が生成するためには，臭化物イオンが立体障害を乗り越えて sp^3 炭素である 2 位の炭素－臭素結合の背面から攻撃しなければならない．これに対して，1,4-付加体が生成するためには，sp^2 炭素である 4

位炭素を臭化物イオンが攻撃するだけでよい．このことは，1,4-付加は 1,2-付加よりも立体的要因の観点から有利であることを示している．したがって，通常の反応条件では，両要因が拮抗し，1,2-付加体と 1,4-付加体がほぼ同量生成する．

過剰量の臭素を 1,3-ブタジエンに作用させると，1,2,3,4-テトラブロモブタンが得られる（式 (3.129)）．これは，1 当量の臭素との反応で生成する 3,4-ジブロモ-1-ブテンと 1,4-ジブロモ-2-ブテンはジブロモ置換アルケンであり，これらは一般のアルケンと同様に臭素と反応するためである．

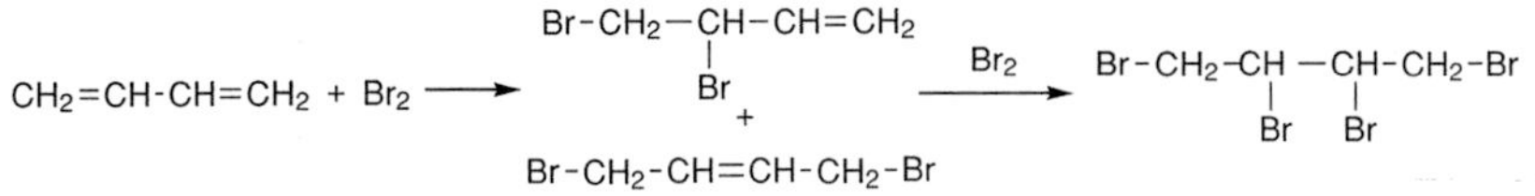
CH2=CH-CH=CH2 + Br2
Br-CH2-CH-CH=CH2
Br
+
Br-CH2-CH=CH-CH2-Br
Br2
Br-CH2-CH -CH-CH2-Br
Br Br

(3.129)

非対称な共役ジエンの場合には，2 種類のブロモニウムイオン中間体の生成が考えられるが，より安定なブロモニウムイオン中間体を経由する反応が優先する．例えば，臭素の 3-メチル-1,3-ペンタジエンへの求電子付加反応では，3 位－4 位のブロモニウムイオン中間体（式 (3.130 **A**)）と 1 位－2 位のブロモニウムイオン中間体（式 (3.130 **B**)）が考えられるが，式 (3.130 **A**) の中間体のほうが安定であるため，これを経由する付加体が多く生成する．

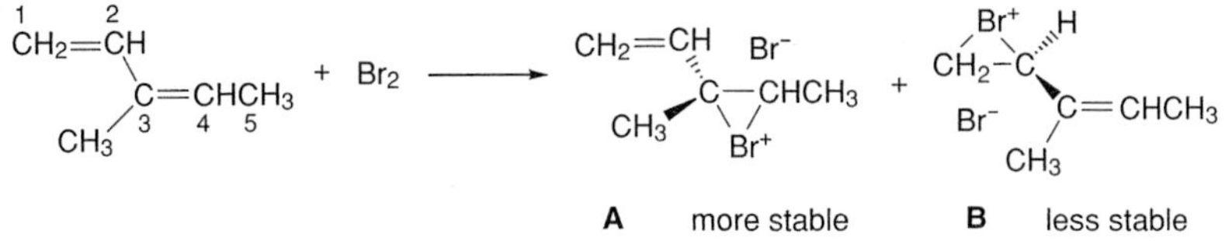
1 2
CH2=CH
C=CHCH3
CH3 3 4 5
+ Br2
CH2=CH Br⁻
C-CHCH3
CH3
Br⁺
+
Br⁺ H
CH2-C
Br⁻
C=CHCH3
CH3
A more stable
B less stable

(3.130)

(3.131)

3.3.2 ハロゲン化水素の付加

　ハロゲン化水素の共役ジエンへの求電子付加反応は，ハロゲン化水素のアルケンへの求電子付加反応（3.1.3項を見よ）とハロゲンの共役ジエンへの求電子付加反応（3.3.1項を見よ）から容易に推測できる．

　例えば，臭化水素の1,3-ブタジエンへの求電子付加反応（式 (3.132)）では，プロトンと結合を形成する炭素は，1位（4位と同じ）の炭素である．仮に，プロトンが2位（3位と同じ）の炭素と結合を形成すると，式 (3.132 B) に示す不安定な第1級カルボカチオンが生成しなければならない．これに対して，1位の炭素と結合を形成すると式 (3.132 A) に示す第2級カルボカチオンが生成する．このカルボカチオンは，1-アルケン-1-イル基に隣接するのでアリルカチオンといい，共鳴によって安定化されており，炭素-炭素二重結合のπ電子は非局在化している．したがって，ここで生成する第2級

3.3 共役ジエンへの求電子付加反応

アリルカチオンは，通常の第 2 級カルボカチオンよりもずっと安定である．

$$\overset{1}{C}H_2=\overset{2}{C}H-\overset{3}{C}H=\overset{4}{C}H_2 + HBr \longrightarrow \underset{\underset{A \quad \text{highly stable}}{Br^-}}{H-CH_2-\overset{+}{C}H-CH=CH_2} \quad \underset{\underset{B \quad \text{less stable}}{Br^-}}{\overset{+}{C}H_2-CH_2-CH=CH_2}$$

(3.132)

$$\left[\underset{Br^-}{H-CH_2-\overset{+}{C}H-CH=CH_2} \longleftrightarrow \underset{Br^-}{H-CH_2-CH=CH-\overset{+}{C}H_2} \right] \quad (3.133)$$

ハロゲン化水素の求電子付加反応はより安定なカチオン中間体を経由して進行するので，臭化水素の 1,3-ブタジエンへの求電子付加反応はこのアリルカチオンを経由する．次いで，臭化物イオンは 2 位あるいは 4 位のアリルカチオンを攻撃し，1,2-付加体と 1,4-付加体を与える（式 (3.134)）．

$$\begin{array}{c}
H-CH_2-\overset{+}{\underset{\curvearrowleft Br^-}{C}H}-CH=CH_2 \longrightarrow H-CH_2-\underset{Br}{C}H-CH=CH_2 \\
\\
H-CH_2-CH=CH-\overset{+}{\underset{\curvearrowleft}{C}H_2} \longrightarrow H-CH_2-CH=CH\cdot CH_2-Br \\
{}^{Br^-} \\
\\
\overset{+}{C}H_2-CH_2-CH=CH_2 \longrightarrow Br-CH_2-CH_2-CH=CH_2 \\
\underset{Br^-}{\curvearrowleft}
\end{array} \quad \begin{array}{c} \text{major} \\ \\ \\ \\ \text{minor} \end{array}$$

(3.134)

非対称共役ジエンである 2-メチル-1,3-ブタジエンの場合には，2 種類のアリルカチオンが考えられる．プロトンが 1 位の炭素と結合を形成して生成するアリルカチオンは第 3 級アリルカチオン（式 (3.135 A)）であるのに対し，プロトンが 4 位の炭素と結合を形成して生成するアリルカチオンは第 2 級アリルカチオン（式 (3.135 B)）である．第 3 級アリルカチオンは第 2 級アリルカチオンよりも安定なので，式 (3.135 A) を経由する反応が主反応になる．

$$\underset{\text{1}}{CH_2}=\underset{\underset{CH_3}{|}}{\overset{\text{2}}{C}}-\overset{\text{3}}{CH}=\overset{\text{4}}{CH_2} + HBr \longrightarrow H-CH_2-\underset{\underset{CH_3\ Br^-}{|}}{\overset{+}{C}}-CH=CH_2 + CH_2=\underset{\underset{CH_3\ Br^-}{|}}{C}-\overset{+}{CH}-CH_2-H$$

A   more stable   B   less stable

(3.135)

$$H-CH_2-\underset{\underset{CH_3\ Br^-}{|}}{\overset{+}{C}}-CH=CH_2 \longrightarrow H-CH_2-\underset{\underset{CH_3}{|}}{\overset{\overset{Br}{|}}{C}}-CH=CH_2 + H-CH_2-\underset{\underset{CH_3}{|}}{C}=CH-CH_2-Br$$

major

$$CH_2=\underset{\underset{CH_3\ Br^-}{|}}{C}-\overset{+}{CH}-CH_2-H \longrightarrow CH_2=\underset{\underset{CH_3}{|}}{C}-\overset{\overset{Br}{|}}{CH}-CH_2-H + Br-CH_2-\underset{\underset{CH_3}{|}}{C}=CH-CH_2-H$$

minor

(3.136)

ここで，アリルカチオン，カルボカチオンおよびビニルカチオンの安定性をまとめておく．多くの実験結果から，一般的な序列は式 (3.137) と考えてよい．

$$\underset{R^2}{\overset{R^1}{>}}C=\underset{\underset{\underset{R^5}{|}}{\overset{|}{C^+-R^4}}}{\overset{R^3}{C}} > R^2-\underset{\underset{R^3}{|}}{\overset{R^1}{C^+}} \simeq \underset{R^2}{\overset{R^1}{>}}C=\underset{\underset{H}{|}}{\overset{R^3}{C^+-R^4}} > R^2-\underset{\underset{H}{|}}{\overset{R^1}{C^+}} \simeq \underset{R^2}{\overset{R^1}{>}}C=\underset{\underset{H}{|}}{\overset{R^3}{C^+-H}}$$

$$> R^1CH=C^+-R^2 > R^1-\underset{\underset{H}{|}}{\overset{H}{C^+}} > R^1CH=C^+-H \simeq H-\underset{\underset{H}{|}}{\overset{H}{C^+}}$$

(3.137)

3.3.3 速度論支配と熱力学支配

式 (3.138) に示すように，臭化水素と 1,3-ブタジエンとの反応を −80 ℃ で行うと 1,2-付加体と 1,4-付加体が 80:20 の割合で生成し，40 ℃ で行うと主生成物が逆転して 1,2-付加体と 1,4-付加体が 20:80 の割合で生成する．一方，1,2-付加体と 1,4-付加体が 80:20 の混合物を 40 ℃ にしばらく加熱すると，その比は 20:80 となる．

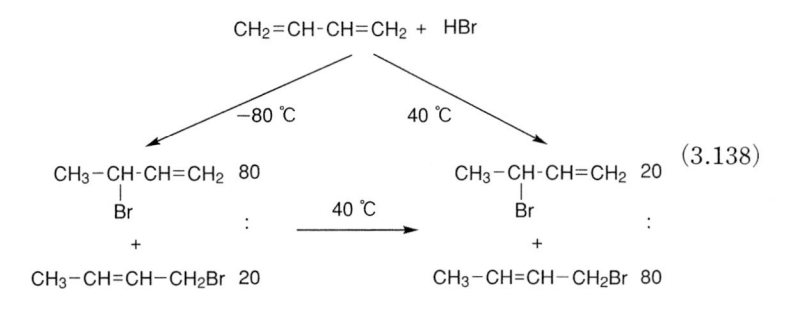

3.3 共役ジエンへの求電子付加反応

$$\begin{array}{c}
CH_2=CH-CH=CH_2 + HBr \\
\swarrow_{-80\ ℃} \qquad \searrow^{40\ ℃} \\
CH_3-CH-CH=CH_2 \ 80 \qquad\qquad CH_3-CH-CH=CH_2 \ 20 \\
\ \ |\qquad\qquad \xrightarrow{40\ ℃}\qquad\quad\ \ | \\
\ \ Br \qquad\qquad\qquad\qquad\qquad\qquad Br \\
+\qquad\qquad\qquad\qquad\qquad\quad + \\
CH_3-CH=CH-CH_2Br \ 20 \qquad CH_3-CH=CH-CH_2Br \ 80
\end{array} \quad (3.138)$$

このような現象は，速度論と熱力学で説明することができる．有機反応で，最も速やかに生じる生成物を速度論支配の反応による生成物（速度論生成物 (kinetic product)）といい，最も安定な生成物を熱力学支配の反応による生成物（熱力学生成物 (thermodynamic product)）という．有機反応では，速度論生成物と熱力学生成物が同一となることは少なくない．しかし，いくつかの有機反応では，速度論生成物と熱力学生成物が異なる場合がある．式 (3.138) に示した反応は，その一つの例である．低温では最も速やかに生じる生成物を与え，高温では最も安定な生成物を与えるので，1,2-付加体は速度論生成物であり，1,4-付加体は熱力学生成物である．また，1,2-付加体と 1,4-付加体が 80：20 の混合物をしばらく 40 ℃ に加熱するとその比が 20：80 となることは，この反応には平衡が成り立っていることを示している．反応条件によって主生成物が代わるこのような現象は，反応のエネルギー図を描くと理解しやすい．

まず，臭化水素と 1,3-ブタジエンの始原系からアリルカチオン中間体に至る経路は 1,2-付加体の生成においても 1,4-付加体の生成においても同じである．このアリルカチオン中間体から生成物への反応については，低温で 1,2-付加体が主に生成することから，1,2-付加体へ至る経路の活性化エネルギーは 1,4-付加体へ至る経路の活性化エネルギーよりも小さい．一方，高温では 1,4-付加体が主に生成することから，1,4-付加体は 1,2-付加体よりも安定な化合物である．これを反応のエネルギー図にして表すと，図 3.1 とな

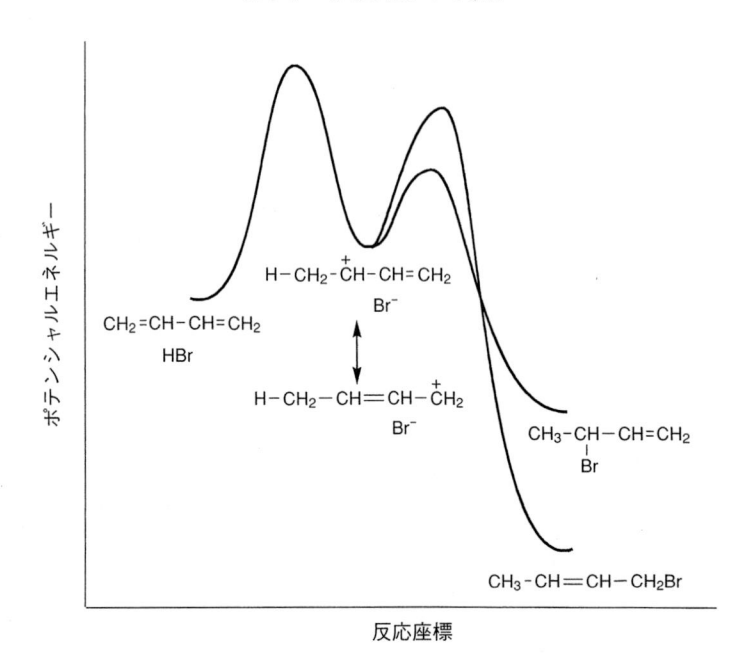

図 3.1 臭化水素の 1,3-ブタジエンへの 1,2-付加と 1,4-付加に関する反応のエネルギー図

る．

　アリルカチオン中間体の分子は −80℃ でも生成系へ至る経路のエネルギー障壁を乗り越えるのに十分なエネルギーを持っているが，1,2-付加体分子も 1,4-付加体分子も，逆反応である生成系からアリルカチオン中間体へ至る経路のエネルギー障壁を乗り越えるだけのエネルギーを持っていない．したがって，1,2-付加体と 1,4-付加体の生成比は，アリルカチオン中間体からそれぞれの付加体へ至る経路の活性化エネルギーの差に依存する．一方，40℃ では，1,2-付加体分子および 1,4-付加体分子はアリルカチオン中間体へ至る経路のエネルギー障壁を乗り越えるだけのエネルギーを持っている．しかし，1,2-付加体からアリルカチオン中間体に至る経路のエネルギー障壁は 1,4-付加体からアリルカチオン中間体に至る経路のエネルギー障壁よりも低

いので逆反応は相対的に起こりやすく，1,4-付加体よりも不安定な1,2-付加体の割合は徐々に減少する．最終的には，アリルカチオン中間体と生成系は平衡状態になる．したがって，1,2-付加体と1,4-付加体の生成比は，それぞれの安定性の差に依存する．

3.4 芳香族求電子置換反応

脂肪族化合物のS_N2反応では，反応基質の$\delta+$に分極した原子へ求核剤が攻撃し，置換生成物を与える（2.1.1項を見よ）．これに対して，芳香族化合物の置換反応では，芳香族化合物が持つ豊富なπ電子に求電子剤が反応し，置換生成物を与える．

3.4.1 芳香族化合物の特徴

芳香族化合物の特徴には，芳香族求電子置換反応を決定付けるものがある．ベンゼンを例にとって，芳香族求電子置換反応を理解する上で知っておきたい芳香族化合物の特徴を見ていこう．

1）ベンゼンの構造

ベンゼンの構造は，ケクレが提唱した，1,3,5-シクロヘキサトリエン構造を基にした式 (3.139 A) のように示すのが一般的であり，馴染みが深い．しかし，ベンゼンが1,3,5-シクロヘキサトリエンならば，正確には単結合と二重結合の長さの違いを反映した式 (3.139 B) で示すのが正しい．この1,3,5-シクロヘキサトリエン構造によれば，ベンゼンの組成式がCHであることを矛盾なく説明できる．しかし，ベンゼンは共役トリエンとは明らかに異なる反応性を示す．例えば，臭素との反応を考えてみよう．ベンゼンが1,3,5-シクロヘキサトリエン構造をとるとすると，3.3.1項で学んだように，臭素がこの共役トリエンに1,2-付加，1,4-付加，1,6-付加した5,6-ジブロモ-1,3-シクロヘキサジエンと3,6-ジブロモ-1,4-シクロヘキサジエンが得られ

るはずである．しかし実際には，そのような生成物は全く得られない．このようにベンゼンは，電子を局在化して表示する古典的方法では表示できない．

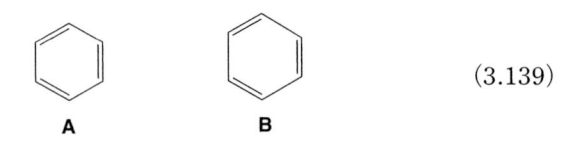

$$\text{A} \qquad \text{B} \tag{3.139}$$

　ベンゼンの構造については，量子化学の発展に伴って明確になった．ベンゼンの π 電子に対する 6 個の分子軌道は単純ヒュッケル (Hückel) 分子軌道法では式 (3.140) で表すことができ，基底状態の電子密度と結合次数はそれぞれ式 (3.141) と式 (3.142) で算出することができる．

$$\begin{aligned}
\varphi_1 &= 0.4083\,(\chi_1 + \chi_2 + \chi_3 + \chi_4 + \chi_5 + \chi_6) \\
\varphi_2 &= 0.5774\,(\chi_1 - \chi_4) + 0.2887\,(\chi_2 - \chi_3 - \chi_5 + \chi_6) \\
\varphi_3 &= 0.5000\,(\chi_2 + \chi_3 - \chi_5 - \chi_6) \\
\varphi_4 &= 0.5000\,(\chi_2 - \chi_3 + \chi_5 - \chi_6) \\
\varphi_5 &= 0.5774\,(\chi_1 + \chi_4) + 0.2887\,(\chi_2 + \chi_3 + \chi_5 + \chi_6) \\
\varphi_6 &= 0.4083\,(\chi_1 - \chi_2 + \chi_3 - \chi_4 + \chi_5 - \chi_6)
\end{aligned} \tag{3.140}$$

$$q_r = \sum_{j=1}^{m} v_j C_{jr}^{2} \tag{3.141}$$

$$p_{rs} = \sum_{j=1}^{m} v_j C_{jr} C_{js} \tag{3.142}$$

　計算結果によると，ベンゼンを構成する 6 個の炭素の π 電子密度は全て 1.00 であり，結合次数は全て 1.67 となる．結合次数が 1.67 であることは，ベンゼンの炭素－炭素結合距離はエテン（エチレン）のそれよりも長く，エタンのそれよりも短いことを示しており，実際の結合距離は 0.1396 nm である．この計算結果から導かれるベンゼンの構造を式 (3.143 A) に示す．しかし，ベンゼンを式 (3.143 A) で表記するのは現実的でない．そこで，ベンゼンを式 (3.143 B) のように表記するのが一般的である．しかしながら，炭

素の原子価は 4 であるということに基づいて反応機構を議論するためには，式 (3.139 A) の構造式が適している．

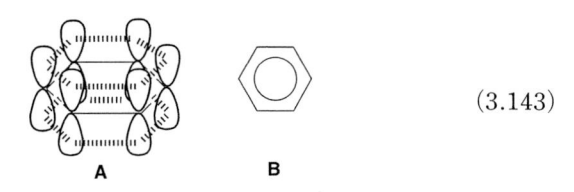

$$\text{A} \quad \text{B} \tag{3.143}$$

式 (3.139 A) はベンゼンの共鳴構造 (resonance structure) の 1 つを示しているに過ぎず，ベンゼンには式 (3.144) に示した多くの共鳴構造が考えられる．ベンゼンはそれら共鳴構造の共鳴混成体 (resonance hybrid) として存在していることに注意したい．共鳴混成体を基に反応機構を説明する共鳴理論 (resonance theory) は，量子化学理論と並んで有用な考え方である．

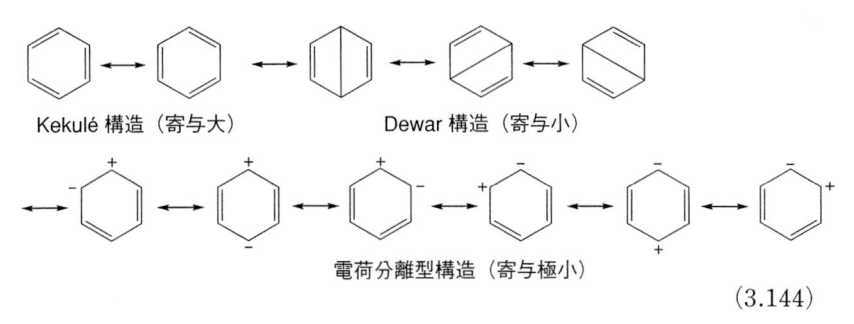

Kekulé 構造（寄与大）　　Dewar 構造（寄与小）

電荷分離型構造（寄与極小）

$$\tag{3.144}$$

2) ベンゼンの共鳴安定化

水素添加熱（水素化エンタルピー，ΔH^0）は，不飽和炭化水素の安定性を議論する際に一つの目安となる．シクロヘキセン，1,3-シクロヘキサジエン，ベンゼンの水素化エンタルピーは，式 (3.145)～(3.147) に示す通りである．1,3-シクロヘキサジエンの炭素−炭素二重結合 1 つあたりの水素化エンタルピーは $-115.9\,\mathrm{kJ\,mol^{-1}}$ で，シクロヘキセンの水素化エンタルピー ($-119.6\,\mathrm{kJ\,mol^{-1}}$) に極めて近い．これに対して，ベンゼンの炭素−炭素二重結合 1 つあたりの水素化エンタルピーは $-69.5\,\mathrm{kJ\,mol^{-1}}$ であり，シクロヘキセンや 1,3-シクロヘキサジエンの場合よりも明らかに小さい．

シクロヘキセン + H₂ ⟶ シクロヘキサン $\Delta H^\circ = -119.6 \text{ kJ mol}^{-1}$ (3.145)

1,3-シクロヘキサジエン + 2H₂ ⟶ シクロヘキサン $\Delta H^\circ = -231.7 \text{ kJ mol}^{-1}$ (3.146)

ベンゼン + 3H₂ ⟶ シクロヘキサン $\Delta H^\circ = -208.4 \text{ kJ mol}^{-1}$ (3.147)

反応のエンタルピーは始原系での結合開裂に必要なエネルギーから生成系での結合形成によって放出されるエネルギーを差し引いたものであり,炭素－炭素二重結合への水素添加の場合には式 (3.148) で表すことができる.

$$\Delta H^\circ = (\pi \text{結合の開裂に必要なエネルギー}$$
$$+ \text{水素−水素結合の開裂に必要なエネルギー})$$
$$- (2\text{つの炭素−水素結合の生成によって放出されるエネルギー})$$
(3.148)

シクロヘキセン,1,3-シクロヘキサジエン,ベンゼンいずれの場合でも,水素−水素結合の開裂に必要なエネルギーと 2 つの炭素−水素結合の生成によって放出されるエネルギーはそれぞれ等しいので,前述した炭素−炭素二重結合 1 つあたりの水素化エンタルピーの違いは π 結合の開裂に必要なエネルギーの差を反映していることになる.すなわち,ベンゼンの π 結合の開裂には 1,3-シクロヘキサジエンの π 結合の開裂よりもより大きなエネルギーが必要であり,ベンゼンは-1,3,5-シクロヘキサトリエンよりも著しく安定であることを示している.この安定性はベンゼンの π 電子の非局在化 (delocalization) によるものであり,ベンゼンは共鳴安定化 (resonance stabilization) されている.ベンゼンの共鳴安定化エネルギー ($\Delta\Delta H^\circ$) は,式 (3.149) で見積もることができ,139 kJ mol^{-1} にも及ぶ.

$$\Delta\Delta H^0 = \Delta H^0(\text{ベンゼン}) - \Delta H^0(\text{仮想的 1,3,5-シクロヘキサトリエン})$$
$$= -208.4 - (-231.7/2 \times 3)$$
$$= 139 \, (\text{kJ mol}^{-1})$$

(3.149)

3) 芳香族性

有機化学の初期に使われていたベンゼンは，芳香 (aroma) を有する安息香から得た安息香酸の脱炭酸によって合成され，そのもの自身も芳香を発することから aromatic と呼ばれていた．しかしその後，aromatic は，ベンゼンと類似の性質（芳香族性，aromaticity）を有する化合物群に使われるようになり，現在に至っている．

芳香族性を有する化合物を芳香族化合物という．芳香族性は，ヒュッケル則で定義される．

ヒュッケル則

環状の全共役ポリエンに含まれる π 電子の数が $(4n+2)$ ($n \geq 0$ の整数)個である場合，その環状全共役ポリエンは芳香族性を有し，その π 電子は共鳴によって大きく安定化され，その環状全共役ポリエンは芳香族化合物として独特の反応性を示す．

ベンゼンは代表的な芳香族化合物であるが，さらに縮環したナフタレン，アントラセン，フェナントレンなども芳香族化合物であり，またベンゼンあるいはナフタレン中の1つの炭素が窒素で置き換わったピリジンやキノリンなども芳香族化合物である．また，ピロール，フラン，チオフェン，インドールなども芳香族化合物である．

benzene
n = 1

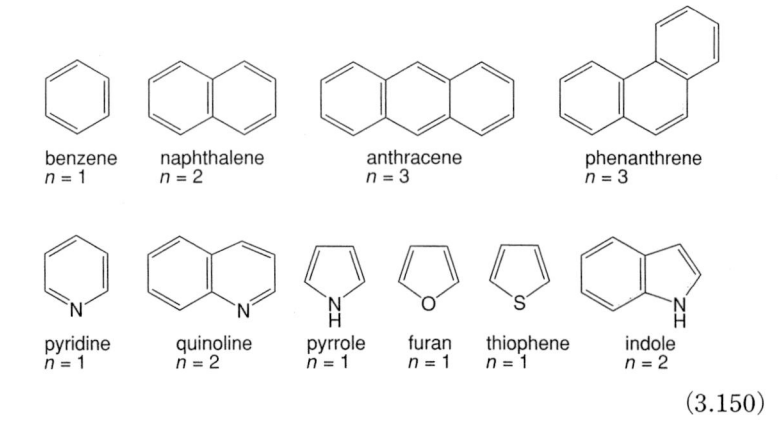

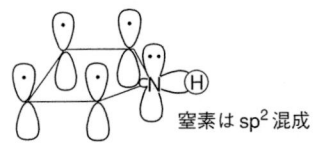

naphthalene
n = 2

anthracene
n = 3

phenanthrene
n = 3

pyridine
n = 1

quinoline
n = 2

pyrrole
n = 1

furan
n = 1

thiophene
n = 1

indole
n = 2

(3.150)

窒素は sp² 混成

図 3.2　ピロールの構造

ここで，ピロール，フラン，チオフェン，インドールが芳香族性を有することに疑問を持つかもしれない．しかし，ピロールを例にすると，図 3.2 に示すように，炭素骨格上の 4 個の π 電子と窒素の非共有電子対と合わせて 6 個の電子があることになり，芳香族性を持っている．

3.4.2　ベンゼンへの求電子置換反応

芳香族求電子置換反応では，求電子剤が反応試剤として重要な役割を果たす．そこでまず，求電子剤の生成について知っておこう．代表的求電子剤とその生成法を式 (3.151) 〜 (3.155) に示す．四角で囲った中で + になっている化学種が，求電子剤である．それぞれの求電子剤によって，芳香族化合物のニトロ化反応，スルホン化反応，ハロゲン化反応，アルカノイル化（アシル化）反応，アルキル化反応が起こる．これらの求電子剤に対する π 電子の求核攻撃は，正電荷を帯びている原子に対して直接起こる場合ばかりでなく，隣接した原子に対して起こる場合もあることに注意したい．具体例は後述する．

3.4 芳香族求電子置換反応

1) ニトロ化反応

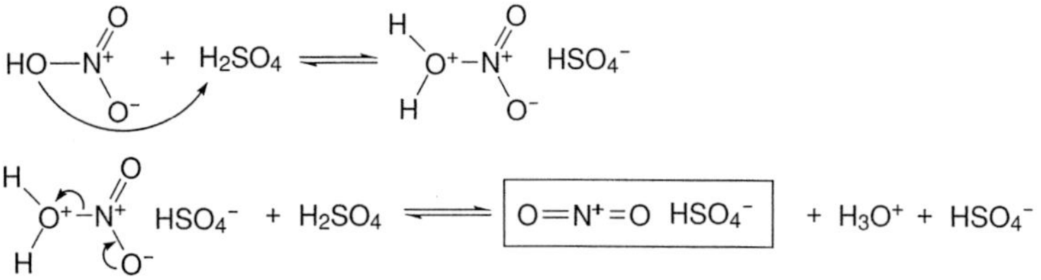

$$HO-N^+(=O)(O^-) + H_2SO_4 \rightleftharpoons H_2O^+-N^+(=O)(O^-) \; HSO_4^-$$

$$H_2O^+-N^+(=O)(O^-) \; HSO_4^- + H_2SO_4 \rightleftharpoons \boxed{O=N^+=O \; HSO_4^-} + H_3O^+ + HSO_4^- \quad (3.151)$$

2) スルホン化反応

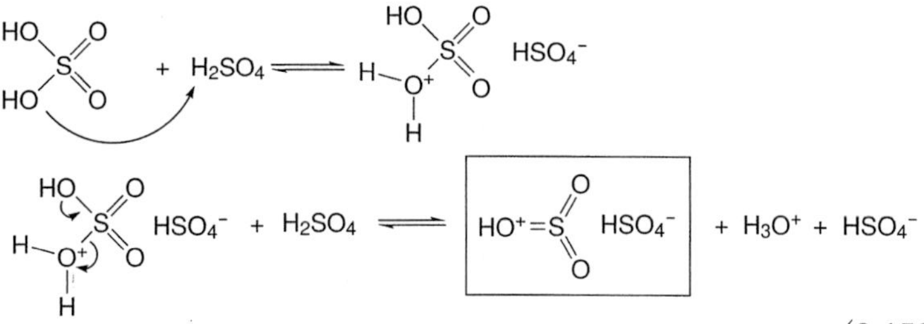

$$(HO)_2S(=O)_2 + H_2SO_4 \rightleftharpoons HO-S(=O)_2-O^+H_2 \; HSO_4^-$$

$$HO-S(=O)_2-O^+H_2 \; HSO_4^- + H_2SO_4 \rightleftharpoons \boxed{HO^+=S(=O)_2 \; HSO_4^-} + H_3O^+ + HSO_4^- \quad (3.152)$$

3) ハロゲン化反応

$$Br-Br + FeBr_3 \rightleftharpoons \boxed{Br^+ \; FeBr_4^-} \quad (3.153)$$

4) アルカノイル化反応

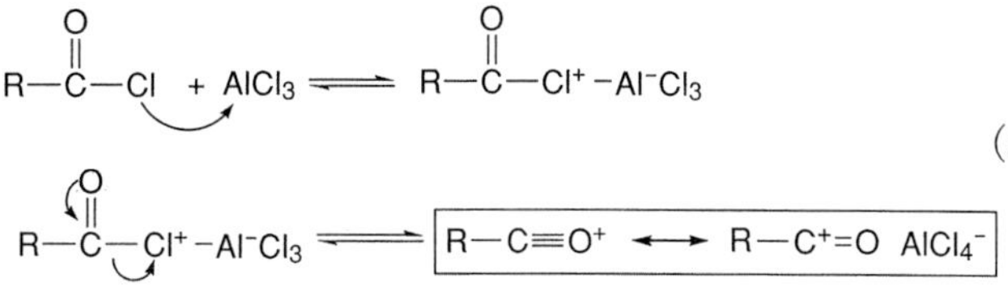

$$R-C(=O)-Cl + AlCl_3 \rightleftharpoons R-C(=O)-Cl^+-Al^-Cl_3 \quad (3.154)$$

$$R-C(=O)-Cl^+-Al^-Cl_3 \rightleftharpoons \boxed{R-C\equiv O^+ \leftrightarrow R-C^+=O \; AlCl_4^-}$$

5) アルキル化反応

$$R-Cl + AlCl_3 \rightleftharpoons \boxed{R-Cl^+-AlCl_3^-} \quad (3.155)$$

一般に，求電子剤を E^+ と表す．E^+ のベンゼンへの芳香族求電子置換反応は式 (3.156) ～ (3.158) に示す機構で進行する．まず，ベンゼンの π 電子と E^+ が弱いながらも相互作用し，π 錯体が生成する．次いで，ベンゼンの π 電子が E^+ を求核攻撃してシクロヘキサジエニルカチオン中間体 (σ 錯体ともいう) を与える．このシクロヘキサジエニルカチオン中間体は，式 (3.158) に示すように，共鳴安定化している．しかし，脱プロトン化してベンゼン環が再生 (芳香族性を回復) するとジエニルカチオン状態での共鳴安定化よりも著しく共鳴安定化されるため，脱プロトン化が起こる．

$$\text{benzene} + E^+ X^- \rightleftharpoons \pi\text{ complex} \qquad (3.156)$$

$$\pi\text{ complex} \rightleftharpoons \text{cyclohexadienyl cation intermediate} \qquad (3.157)$$

$$[\text{resonance structures}] \longrightarrow \text{product} + H^+X^- \qquad (3.158)$$

芳香族求電子置換反応では，π 錯体からシクロヘキサジエニルカチオン中間体が生成する段階が律速段階である．

次に，ベンゼンと求電子剤との具体的な反応の機構を示す．

3.4 芳香族求電子置換反応

○ニトロ化反応

$$\text{C}_6\text{H}_6 + \text{O}=\text{N}^+=\text{O} \ \ \text{HSO}_4^- \rightleftharpoons \left[\begin{array}{c} \text{H} \ \ \text{NO}_2 \\ \text{(σ錯体)} \\ \text{HSO}_4^- \end{array} \right] \quad (3.159)$$

$$\left[\begin{array}{c} \text{H} \ \ \text{NO}_2 \\ \text{(σ錯体)} \\ \text{HSO}_4^- \end{array} \right] \longrightarrow \text{PhNO}_2 + \text{H}_2\text{SO}_4 \quad (3.160)$$

○スルホン化反応

$$\text{C}_6\text{H}_6 + \text{HO}^+=\text{SO}_2 \ \ \text{HSO}_4^- \rightleftharpoons \left[\begin{array}{c} \text{H} \ \ \text{SO}_3\text{H} \\ \text{(σ錯体)} \\ \text{HSO}_4^- \end{array} \right] \quad (3.161)$$

$$\left[\begin{array}{c} \text{H} \ \ \text{SO}_3\text{H} \\ \text{(σ錯体)} \\ \text{HSO}_4^- \end{array} \right] \longrightarrow \text{PhSO}_3\text{H} + \text{H}_2\text{SO}_4 \quad (3.162)$$

○ブロモ化反応

$$\text{C}_6\text{H}_6 + \text{Br}^+ \ \text{FeBr}_4^- \rightleftharpoons \left[\begin{array}{c} \text{H} \ \ \text{Br} \\ \text{(σ錯体)} \\ \text{FeBr}_4^- \end{array} \right] \quad (3.163)$$

$$\left[\begin{array}{c} \text{H} \ \ \text{Br} \\ \text{(σ錯体)} \\ \text{FeBr}_4^- \end{array} \right] \longrightarrow \text{PhBr} + \text{HBr} + \text{FeBr}_3 \quad (3.164)$$

このブロモ化反応では，反応の終了と共に臭化鉄(Ⅲ)が再生する．したがって，臭化鉄(Ⅲ)は本反応の触媒として働く．

臭化鉄(Ⅲ)をあらかじめ用意することが困難な場合には，鉄粉を用いることができる．鉄粉は，式 (3.165) に従って反応試剤である臭素と反応して臭化鉄(Ⅲ)となり，これが触媒として作用する．

$$2Fe + 3Br_2 \longrightarrow 2FeBr_3 \qquad (3.165)$$

○アルカノイル化反応 (この反応をフリーデル-クラフツ (Friedel-Crafts) アルカノイル化反応という)

$$\text{(3.166)}$$

$$\text{(3.167)}$$

このフリーデル-クラフツ アルカノイル化反応に用いる塩化アルミニウムも，原理的には触媒として働く．しかし，生成物であるケトンのカルボニル酸素には非共有電子対が存在し，このケトンはルイス塩基である．ルイス塩基であるケトンはルイス酸である塩化アルミニウムに配位し (式 (3.168))，塩化アルミニウムを著しく不活性化する．したがって本反応を行う際には，小過剰の塩化アルミニウム(Ⅲ)を使う必要がある．

3.4 芳香族求電子置換反応

$$\text{PhC(=O)R} + \text{AlCl}_3 \rightleftharpoons \text{PhC(=O}^+\text{-AlCl}_3^-\text{)R} \quad (3.168)$$

○アルキル化反応（この反応をフリーデル-クラフツ アルキル化反応という）

$$\text{C}_6\text{H}_6 + \text{R-X}^+\text{-AlCl}_4^- \rightleftharpoons [\text{C}_6\text{H}_6\text{(HR)}^+\cdot\text{AlXCl}_3^-] \quad (3.169)$$

$$[\text{C}_6\text{H}_6\text{(HR)}^+\cdot\text{AlXCl}_3^-] \longrightarrow \text{C}_6\text{H}_5\text{R} + \text{HX} + \text{AlCl}_3 \quad (3.170)$$

このフリーデル-クラフツ アルキル化反応に用いる塩化アルミニウムも触媒量でよい．

用いるハロアルカンの種類によっては，式 (3.171) に示すように，カルボカチオンが生じると共に 2.1.6 項で学んだ転位によって異種のカルボカチオンにもなり，それらが反応することにより，アルキルベンゼンの異性体混合物の生成が起こることがあるので注意が必要である．

$$\text{R-X}^+\text{-AlCl}_4^- \rightleftharpoons \text{R}^+ \text{AlXCl}_3^- \quad (3.171)$$

例えば，式 (3.172) に示すように，ハロアルカンとして 1-ブロモプロパンを用いると，プロピルカチオンによるアルキル化生成物であるプロピルベンゼンと，転位によって生じた 2-プロピルカチオンによるアルキル化生成物である 2-プロピルベンゼンが 1：2 の比で生成する．

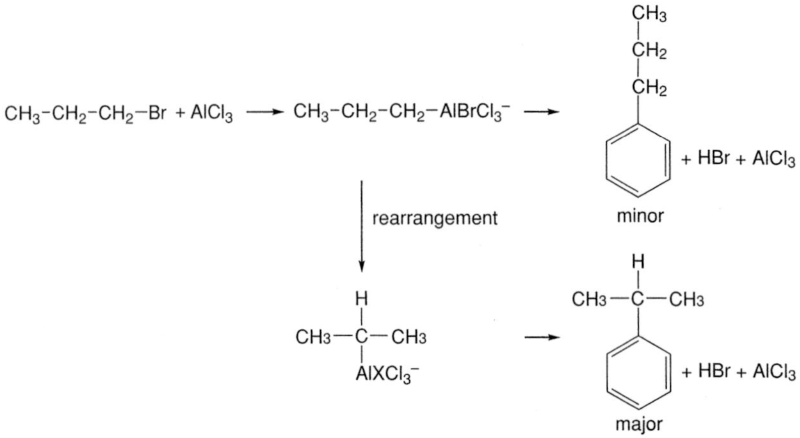

$$\text{CH}_3\text{-CH}_2\text{-CH}_2\text{-Br} + \text{AlCl}_3 \longrightarrow \text{CH}_3\text{-CH}_2\text{-CH}_2\text{-AlBrCl}_3^- \longrightarrow$$

(minor 生成物：プロピルベンゼン) + HBr + AlCl$_3$ minor

↓ rearrangement

(イソプロピルカチオン中間体 AlXCl$_3^-$) → (major 生成物：イソプロピルベンゼン) + HBr + AlCl$_3$ major

(3.172)

3.4.3 置換基効果

一置換ベンゼンの置換基は，ベンゼン環の電子密度にどのような影響を与えるのであろうか．まず，表 3.1 に示した安息香酸とパラ (p-) 置換安息香酸の pK_a 値を参考に考えてみよう．

表 3.1 安息香酸および p-置換安息香酸の pK_a 値

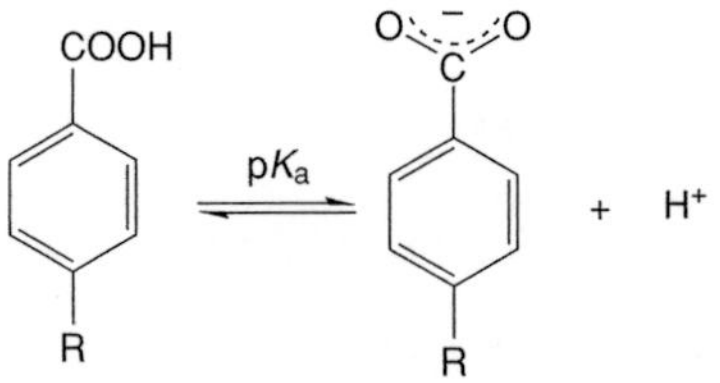

R	pK_a	R	pK_a
p-NH$_2$	4.85	p-Cl	4.14
p-OH	4.58	p-Br	4.00
p-OCH$_3$	4.48	p-I	4.00
p-CH$_3$	4.38	p-F	3.99
		p-CN	3.55
H	4.20	p-NO$_2$	3.44

3.4 芳香族求電子置換反応

ベンゼン環の電子密度が低いほど電子を求引してカルボキシラートアニオンを安定化させるため，p-置換安息香酸のpK_aは小さくなる（酸として強い）．したがって，表3.1の値は，これらの置換基がベンゼン環の電子密度をベンゼンよりも高くしたり低くしたりしていることを示している．その影響の仕方をニトロベンゼン，フェノールおよびクロロベンゼンを例にとり考えてみよう．

ニトロ基の窒素原子は正電荷を帯びているため，ニトロ基は誘起効果 (inductive effect) によってベンゼン環の電子密度を低下させる．さらに，ニトロベンゼンには式 (3.173) に示す共鳴構造が存在し，共鳴効果 (resonance effect) によってもベンゼン環の電子密度を低下させる．したがって，ニトロ基は極めて強い電子求引性基であり，ニトロベンゼンのベンゼン環の電子密度はベンゼンの電子密度に比べて極端に低い．

$$\text{(3.173)}$$

フェノールでは，水酸基の酸素が隣接する炭素よりも電気陰性度がやや大きいため，誘起効果によってそのσ結合の電子を多少求引し，ベンゼン環の電子密度を低下させる効果を持っている．一方，フェノールには式 (3.174) に示す共鳴構造が考えられることから，水酸基は共鳴効果によってベンゼン環の電子密度を大きく上昇させる．このように，ベンゼン環の電子密度に対して誘起効果と共鳴効果は逆に働くが，式 (3.174) の共鳴は極めて効率が良いため共鳴効果が誘起効果を大きくしのぐことになり，全体としてフェノールのベンゼン環の電子密度はベンゼンよりも高くなる．

$$\text{(構造式)} \quad (3.174)$$

クロロベンゼンの場合には,炭素原子よりも電気陰性度の大きい塩素原子の誘起効果によって炭素－塩素結合間の σ 電子を強力に求引し,ベンゼン環の電子密度を大きく低下させる.一方,クロロベンゼンにも式 (3.175) に示したように塩素の非共有電子対による共鳴構造があり,共鳴効果によってベンゼン環の電子密度を上昇させる.しかし共鳴構造中に存在する $^+Cl=C\!\!<$ の π 結合は 3p-2p の重なりによるものであることからその重なりは十分でなく,共鳴効果は大変小さいものである.したがって,誘起効果が共鳴効果をしのぐことになり,クロロベンゼンのベンゼン環の電子密度はベンゼンよりも低くなる.

$$\text{(構造式)} \quad (3.175)$$

このように,誘起効果と共鳴効果を考え併せることによって,それぞれのベンゼン環の電子密度を定性的に知ることができ,ベンゼン環の電子密度はフェノール > ベンゼン > クロロベンゼン > ニトロベンゼンの順であることが分かる.この順列は,安息香酸および p-置換安息香酸の pK_a 値の順列と一致している.

3.4.4 置換ベンゼンへの求電子置換反応

次に,一置換ベンゼンの芳香族求電子置換反応を考えよう.一置換ベンゼンの芳香族求電子置換反応を説明するとき,オルト-(o-),メタ-(m-) およびパラ-(p-) という用語を用いることが多い.o-位はすでに存在する置換基

の 2-位 (6-位), m-位は 3-位 (5-位), p-位は 4-位を指す. また, o-二置換体は 1,2-二置換体, m-二置換体は 1,3-二置換体, p-二置換体は 1,4-二置換体を意味する.

ベンゼンの場合には 6 つの炭素は等価であり, したがってベンゼンへの求電子置換反応の生成物は 1 種類のみである. これに対して, 一置換ベンゼンの場合には, 非等価な 3 種類の炭素 (2 つの o-位炭素, 2 つの m-位炭素, 1 つの p-位炭素) が存在し, o-二置換体, m-二置換体および p-二置換体の生成が考えられる. したがって, 一置換ベンゼンの求電子置換反応がどのような生成物を主に与えるかを知ることは, 極めて重要なことである.

ここでは, 代表的な一置換ベンゼンとしてニトロベンゼンとフェノールを取り上げ, 代表的芳香族求電子置換反応であるニトロ化反応を考える.

ニトロベンゼンとフェノールそれぞれを同一条件下でニトロ化すると, 式 (3.176) と式 (3.177) に示す結果が得られる. ニトロベンゼンのニトロ化では m-二置換体が主生成物となり, フェノールのニトロ化では o-二置換体と p-二置換体が主生成物となる.

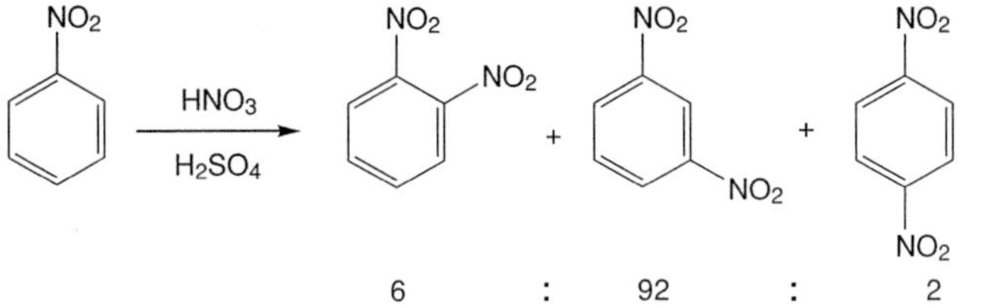

$$\text{(3.176)}$$

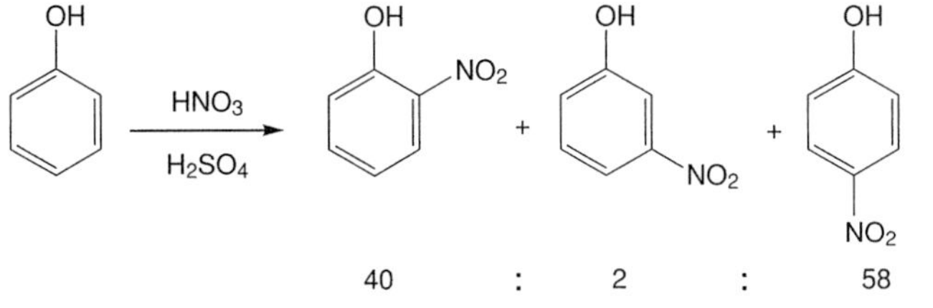

6 : 92 : 2

$$\text{(3.177)}$$

40 : 2 : 58

この結果の違いを説明するために, 式 (3.156)〜(3.158) に示した芳香族求電子置換反応の基本機構を思い出してほしい. まず, 求電子剤 E^+ とニト

ロベンゼンあるいはフェノールとの反応におけるシクロヘキサジエニルカチオン中間体の共鳴構造式を式 (3.178) 〜 (3.180) および式 (3.181) 〜 (3.183) に示す.

求電子剤 E^+ がニトロベンゼンの o-位炭素, m-位炭素および p-位炭素と σ 結合を形成して生じるシクロヘキサジエニルカチオン中間体には,それぞれ 3 つの共鳴構造がある.しかし,o-位炭素および p-位炭素と σ 結合を形成して生じるシクロヘキサジエニルカチオン中間体には,正電荷を持つ窒素原子と同じく正電荷を持つ炭素原子が隣接する共鳴構造が含まれている.これらの共鳴構造は,当然のことながら静電反発によって極めて不安定であり,共鳴混成体への寄与はほとんどない.このことは,o-位炭素および p-位炭素と σ 結合を形成して生じるシクロヘキサジエニルカチオン中間体は,m-位炭素と σ 結合を形成して生じるシクロヘキサジエニルカチオン中間体よりも著しく不安定であることを意味する.したがって,安定なシクロヘキサジエニルカチオン中間体を経由する m-二置換体が主生成物となる.

o-位炭素と σ 結合を形成した場合

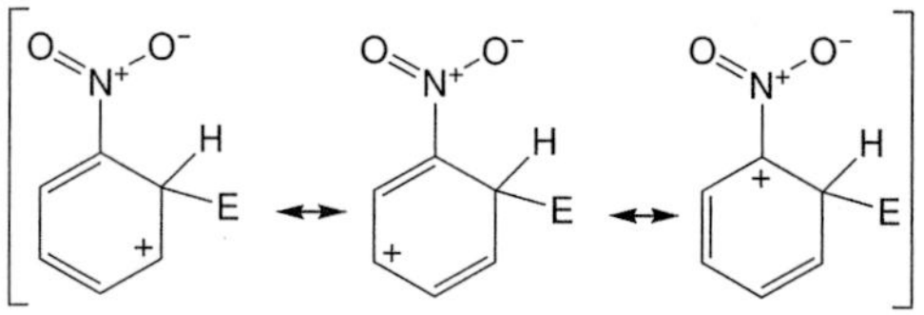

(3.178)

m-位炭素と σ 結合を形成した場合

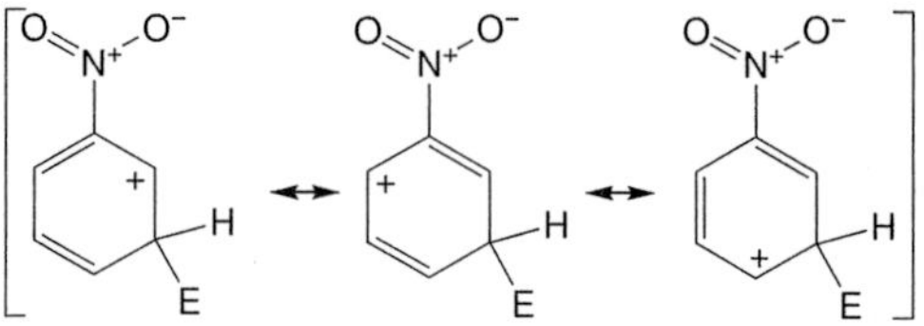

(3.179)

3.4 芳香族求電子置換反応

p-位炭素と σ 結合を形成した場合

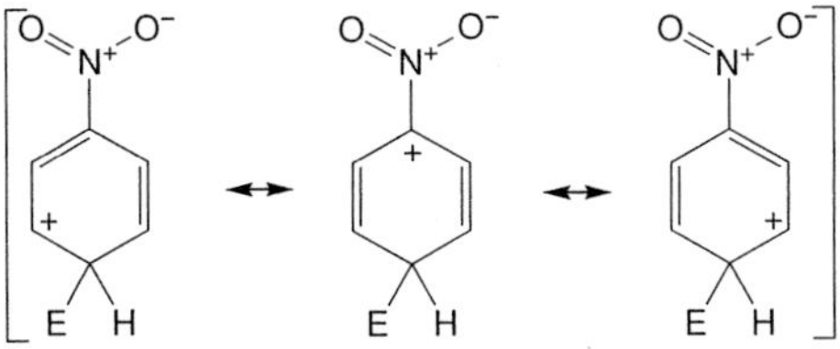

$$\begin{bmatrix} \text{構造1} \leftrightarrow \text{構造2} \leftrightarrow \text{構造3} \end{bmatrix} \quad (3.180)$$

一方，求電子剤 E^+ がフェノールの *m*-位炭素と σ 結合を形成して生じるシクロヘキサジエニルカチオン中間体には3つの共鳴構造式しかないのに対し，*o*-位炭素あるいは *p*-位炭素と σ 結合を形成して生じるシクロヘキサジエニルカチオン中間体には，それぞれ4つの共鳴構造式がある．しかも，フェノール酸素の非共有電子対が関与する共鳴構造は，正電荷の非局在化に極めて大きく寄与する．したがって，*o*-位炭素あるいは *p*-位炭素と σ 結合を形成して生じるシクロヘキサジエニルカチオン中間体は *m*-位炭素と σ 結合を形成して生じるシクロヘキサジエニルカチオン中間体よりもはるかに安定であり，これら安定なシクロヘキサジエニルカチオン中間体を経由する *o*-二置換体および *p*-二置換体が主生成物となる．

o-位炭素と σ 結合を形成した場合

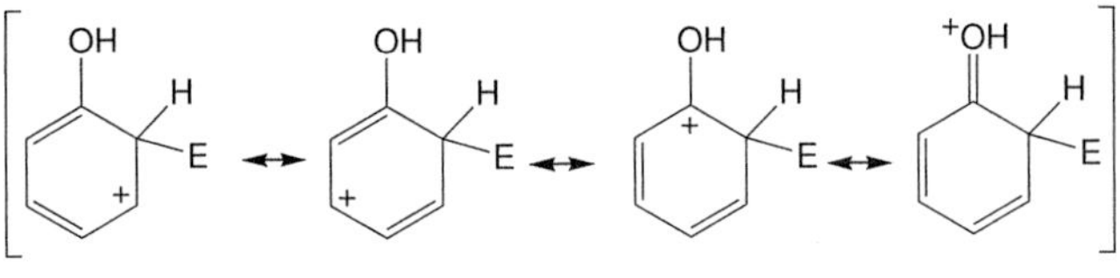

$$(3.181)$$

m-位炭素と σ 結合を形成した場合

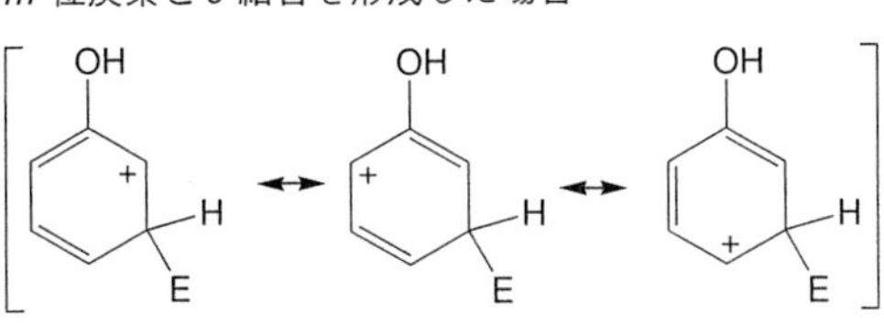

$$(3.182)$$

p-位炭素と σ 結合を形成した場合

$$\text{(3.183)}$$

　ここまでに学んだように，一置換ベンゼンの置換基には，*m*-二置換体を主生成物として与える置換基と *o*-二置換体/*p*-二置換体を主生成物として与える置換基がある．このような置換基による位置選択性を配向性という．*m*-二置換体を主生成物として与える置換基を *m*-配向性 (meta directing) 置換基といい，*o*-二置換体/*p*-二置換体を主生成物として与える置換基を *o,p*-配向性 (ortho-para directing) 置換基という．

　求電子剤はベンゼン環の π 電子を供与されて結合を形成するので，電子密度の高いベンゼン環炭素と結合を形成すると考えることができる．したがって，配向性はベンゼン環各炭素の電子密度の高低も同時に示す式 (3.173)，(3.174) の共鳴構造式で理解できるように思われる．実際に，分子軌道法によって求めたフェノールの *o*-位と *p*-位の電子密度は，*m*-位の電子密度よりも高い．しかし，ニトロベンゼンの場合には，ベンゼン環の電子密度は極端に低く，*o*-位，*m*-位，*p*-位の電子密度にほとんど差がない．これらのことは，配向性を便宜的に知るためには式 (3.173)，(3.174) のように共鳴構造式を描くことは極めて有効であるが，それらの共鳴構造式に現れる電子密度の高低は必ずしも現実を表してはいないことを示している．

　芳香族求電子置換反応は，ベンゼン環の π 電子が求電子剤に供与されるこ

3.4 芳香族求電子置換反応

とによって進行する反応である．したがって，この反応のフロンティア分子軌道は，芳香族化合物の HOMO と求電子剤の LUMO である．一方，フロンティア電子理論によると，HOMO と LUMO が相互作用するとき，同じ符号のローブが重なり，その重なりが最大になるところで反応速度が最大になる．したがって，ベンゼン環炭素の内でローブの広がりの大きい炭素との反応が速い．図3.3にフェノール，ベンゼンおよびニトロベンゼンの HOMO を示す．

図3.3aに示すように，フェノールの o-位と p-位の炭素のローブは m-位の炭素のローブよりも大きく広がっている．このことから，フェノールの求電子置換反応が o-位と p-位の炭素で起こることを説明できる．一方，ニトロベンゼン（図3.3c）では，p-位の炭素のローブの広がりがない．したがって，p-二置換体が極めて生成しにくいことが分かる．しかし，o-位の炭素のローブの広がりは m-位の炭素のローブの広がりとほぼ同じであることから，HOMO のみで考えると o-位の炭素と m-位の炭素の反応性はほぼ同じということになり，ニトロベンゼンの配向性を説明できない．実際には HOMO の軌道とエネルギー的に極めて近い準位に HOMO-1, HOMO-2 等の軌道があり，これらを考慮に入れなければならない．このように，フロンティア電子理論による説明には複雑な考察を必要とする．

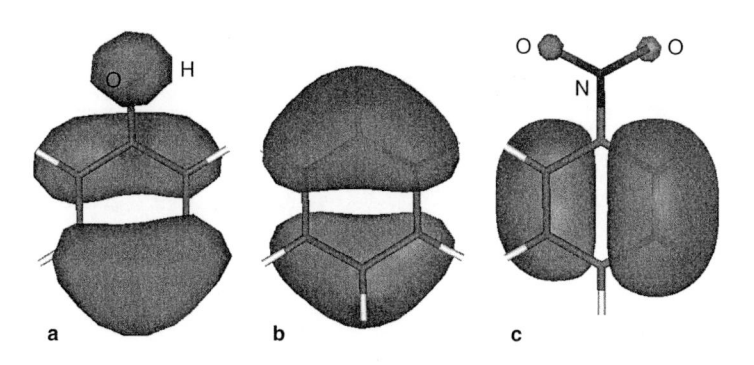

図3.3 フェノール (a)，ベンゼン (b) およびニトロベンゼン (c) の HOMO

ベンゼン環の電子密度の違いは,反応性にも大きく影響する.ニトロベンゼンおよびフェノールのニトロ化反応の反応速度とベンゼンのニトロ化反応の反応速度の比較を式 (3.184) に示す.ここで,ベンゼンのニトロ化反応に比べてニトロベンゼンのニトロ化反応の反応速度が著しく遅いことに注目してもらいたい.

$$
\begin{array}{c}
\text{PhOH} \xrightarrow{\text{HNO}_3/\text{H}_2\text{SO}_4} \text{o-NO}_2\text{-C}_6\text{H}_4\text{-OH} \quad k = 1\times10^3 \\
\text{PhH} \xrightarrow{\text{HNO}_3/\text{H}_2\text{SO}_4} \text{PhNO}_2 \quad k = 1 \\
\text{PhNO}_2 \xrightarrow{\text{HNO}_3/\text{H}_2\text{SO}_4} \text{m-O}_2\text{N-C}_6\text{H}_4\text{-NO}_2 \quad k = 6\times10^{-8}
\end{array}
\tag{3.184}
$$

基本的な置換基について,定性的なベンゼン環の電子密度に対する効果(ベンゼン環の電子密度をベンゼンよりも高くする場合を活性化と表示してある)と配向性を表 3.2 に示す.

表 3.2 一置換ベンゼンの置換基によるベンゼン環の活性化と配向性

置換基	活性化	配向性	配向を決定する効果
$-NR_2$, $-NH_2$, $-OH$	強く活性化	o-, p-	共鳴効果
$-NHCOR$, $-OCOR$, $-OR$	活性化	o-, p-	共鳴効果
$-R$, $-Ar$	弱く活性化	o-, p-	誘起効果
$-F$, $-Cl$, $-Br$, $-I$	弱く不活性化	o-, p-	共鳴効果
$-CHO$, $-COR$, $-COOR$	不活性化	m-	共鳴効果
$-NO_2$, $-SO_3H$, $-CN$	強く不活性化	m-	共鳴効果
$-N^+R_3$, $-S^+R_2$, $-CF_3$	強く不活性化	m-	誘起効果

3.4 芳香族求電子置換反応

当然のことながら，ベンゼン環の電子密度を低下させる置換基を有する一置換ベンゼンはベンゼンよりも反応性が低く，ベンゼン環の電子密度を上昇させる置換基を有する一置換ベンゼンはベンゼンよりも反応性が高い．したがって，ベンゼンおよび置換ベンゼンの求電子置換反応で電子求引性基を導入する場合には問題が生じにくいが，電子供与性基を導入する場合には，生成物が反応基質よりも高い反応性を有することがあるので注意が必要である．

o,p-配向性一置換ベンゼンの求電子置換反応では，o-二置換体と p-二置換体の生成比が反応条件によって大きく左右されることがある．例えば，フェノールのスルホン化反応は，式 (3.185) に示すように，15～20℃ と比較的低温で行うと o-二置換体が主生成物として得られるのに対し，高温の 100℃ で行うと p-二置換体が主生成物として得られる．また，o-二置換体を硫酸中で 100℃ に加熱すると，p-二置換体に変換される．これらのことは，o-二置換体は速度論生成物であり，p-二置換体は熱力学生成物であることを示している．

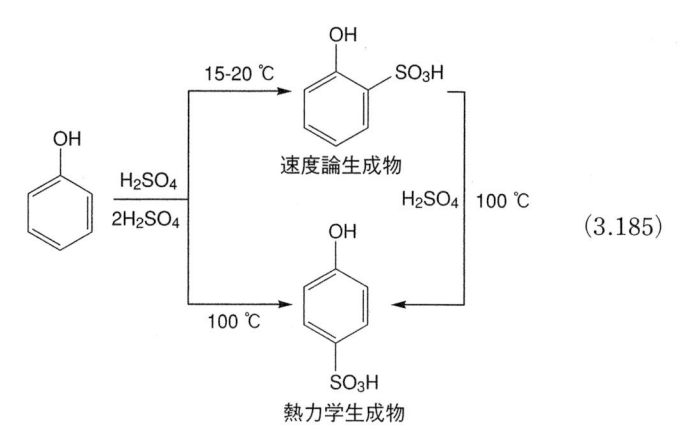

$$(3.185)$$

図 3.4 に示す反応のエネルギー図は，この現象を理解する助けになるであろう．速度論的にはフェノール酸素の非共有電子対と求電子剤である HSO_3^+ との相互作用による近接化が重要な役割を果たして o-二置換体が生

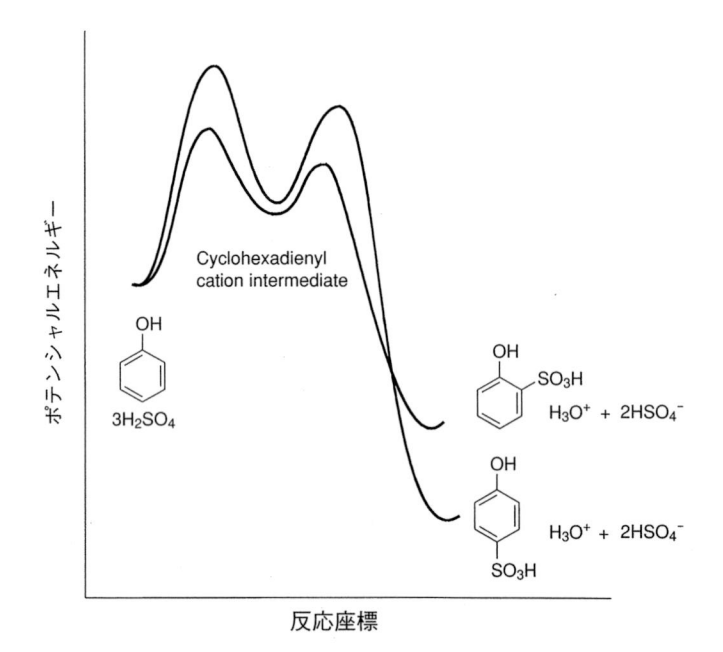

図3.4 フェノールのスルホン化反応に関する反応のエネルギー図

成し,熱力学的には隣接したフェノール性水酸基とスルホン基との立体反発を解消できる p-二置換体が生成する.

　二置換ベンゼンを反応基質とする場合は,状況はより複雑になる. 4-メチルアニソールと 2-メトキシアセトフェノンのニトロ化反応では,それぞれ 2 種と 4 種の生成物が考えられる(式 (3.186) および式 (3.187))が,式中に major と示した化合物が主生成物となる.

(3.186)

3.4 芳香族求電子置換反応

(3.187)

多置換ベンゼンに対する求電子置換反応の主生成物の予想には，反応基質である芳香族化合物の HOMO のローブの広がりを基に考えることが確実な方法である．しかし，以下の 1) ～ 3) により経験的に予測することもできる．この経験則によって式 (3.186) と式 (3.187) の結果を理解できる．

1) 反応基質に存在する置換基が全て電子供与性基である場合，最も強い電子供与性基の配向性に従う．
2) 反応基質に存在する置換基に電子供与性基と電子求引性基がある場合，最も強い電子供与性基の配向性に従う．
3) 反応基質に存在する置換基が全て電子求引性基である場合，最も強い電子求引性基の配向性に従う．

配向性の制約のため，単純な一置換ベンゼンの求電子置換反応では合成が困難な二置換ベンゼンがある．例えば，1-ブロモ-3-クロロベンゼンの合成を考えてみよう．机上では，一置換ベンゼンとしてブロモベンゼンあるいはクロロベンゼンを用い，それぞれのクロロ化反応あるいはブロモ化反応によって合成できるように思われる (式 (3.188)，(3.189))．しかし，ブロモベンゼン，クロロベンゼンは o, p-配向性であり，ブロモ基あるいはクロロ基の m-位に第二の置換基を導入するのは困難である．このように，配向性

が目的の反応位置と異なる場合に有効な反応が，2.4.2項で学んだザンドマイヤー反応およびバルツ-シーマン反応である．

$$\text{PhBr} \xrightarrow[?]{\text{chlorination}} \text{3-Br-C}_6\text{H}_4\text{-Cl} \quad (3.188)$$

$$\text{PhCl} \xrightarrow[?]{\text{bromination}} \text{3-Cl-C}_6\text{H}_4\text{-Br} \quad (3.189)$$

式 (3.190) にまとめたザンドマイヤー反応およびバルツ-シーマン反応によって，アニリン誘導体のアミノ基をハロゲン基に変換することができる．

$$(3.190)$$

ここで，それぞれの芳香族化合物の配向性を考えてみよう．出発物質であるアニリン誘導体のアミノ基も生成物であるハロベンゼン誘導体のハロゲン基も共に o,p-配向性であり，ザンドマイヤー反応あるいはバルツ-シーマン反応前後の化合物の配向性に変化はない．しかし，アニリン誘導体は，式 (3.190) に示したように，ニトロ化合物の還元によって容易に合成可能であ

り，このニトロ化合物のニトロ基は m-配向性である．したがって，ニトロ化合物の還元とザンドマイヤー反応あるいはバルツ-シーマン反応を通して，m-配向性のニトロ基を o, p-配向性のハロゲン基に変換できることになる．

この配向性変換を利用すると，単純な一置換ベンゼンを出発物質として 1-ブロモ-3-クロロベンゼンを合成することができる．反応経路の一例を式 (3.191) に示す．

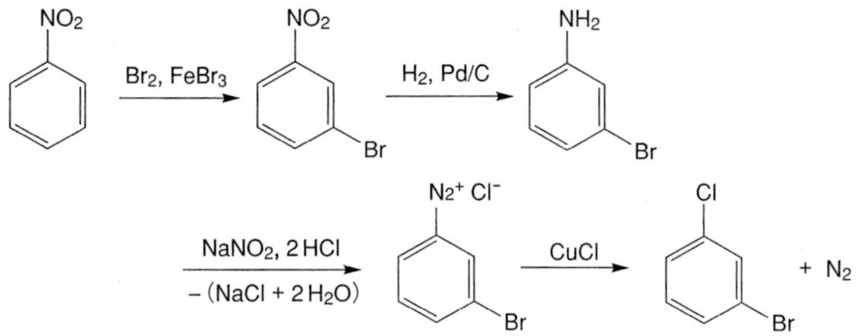

$$(3.191)$$

3.4.5 多環式芳香族化合物への求電子置換反応

多環式芳香族化合物の代表例は，ナフタレンである．ナフタレンのケクレ表示には式 (3.192 A, B) の二通りが考えられる．しかし，キノイド構造よりもベンゼノイド構造のほうが共鳴混成体により大きく寄与することから，ベンゼノイド構造が1つとキノイド構造が1つとなる式 (3.192 B) の表示よりも，ベンゼノイド構造が2つとなる式 (3.192 A) の表示が望ましい．

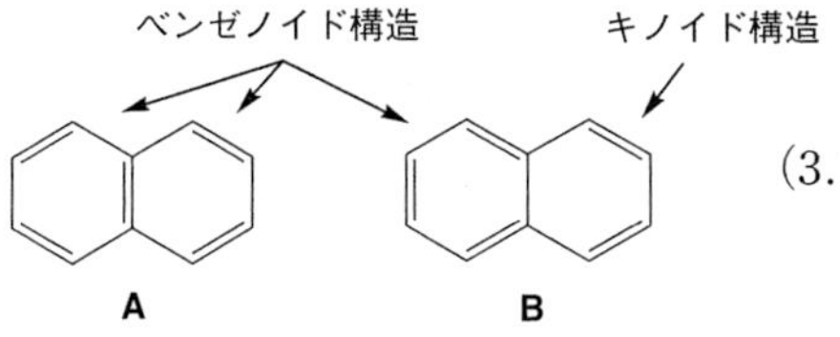

$$(3.192)$$

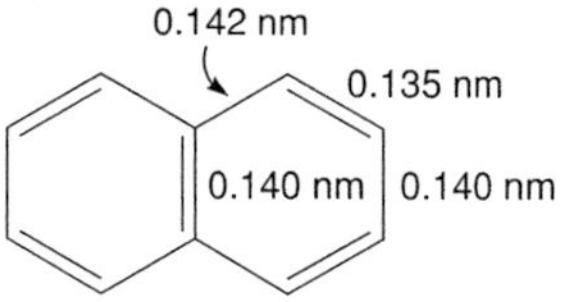

図 3.5 ナフタレンの炭素－炭素結合の長さ

ナフタレンの炭素－炭素結合の結合距離は図 3.5 に示した通りであり，全

てが同じ訳ではない．したがって，ナフタレンの芳香族性はベンゼンの芳香族性よりも低く，ナフタレンはベンゼンよりも反応性に富む．しかし，ナフタレンへの求電子置換反応は，基本的にベンゼンの反応と同じと考えてよい．

　反応例として，ナフタレンのスルホン化反応を考えてみよう．ナフタレンには2種類の炭素が存在するので，2種類の生成物が考えられる．1-ナフタレンスルホン酸と2-ナフタレンスルホン酸である．式 (3.193) に示すように，スルホン化反応を低温である 40℃ で行うと 1-ナフタレンスルホン酸が，相対的に高温である 160℃ で行うと 2-ナフタレンスルホン酸が主生成物として得られる．すなわち，1-ナフタレンスルホン酸は速度論生成物であり，2-ナフタレンスルホン酸は熱力学生成物である．

$$\text{ナフタレン} \xrightarrow{H_2SO_4} \begin{cases} \text{1-ナフタレンスルホン酸（速度論生成物）} & 40\,°C \\ \text{2-ナフタレンスルホン酸（熱力学生成物）} & 160\,°C \end{cases} \quad (3.193)$$

　1-ナフタレンスルホン酸が速度論生成物であることは，1-ナフタレンスルホン酸と 2-ナフタレンスルホン酸を与える中間体の共鳴構造式を考えることによって共鳴理論で説明することができる．

　1-ナフタレンスルホン酸を与える中間体の共鳴構造 (式 (3.194)) は7種類あり，しかもそのうちの3種類はベンゼノイド構造を有している．

3.4 芳香族求電子置換反応

$$(3.194)$$

これに対して，2-ナフタレンスルホン酸を与える中間体の共鳴構造 (式 (3.195)) は6種類であり，そのうちのベンゼノイド構造は2種類である．

$$(3.195)$$

ここで，共鳴構造の数が多いほど共鳴混成体は安定であり，またベンゼノイド構造はキノイド構造よりも安定であることを思い出してほしい．これらのことは，1-ナフタレンスルホン酸を与える中間体が2-ナフタレンスルホン酸を与える中間体よりも安定であることを示しており，低温では速度論支配の反応が進行して2-ナフタレンスルホン酸が生成する．

一方，式 (3.196) に示すように，2-ナフタレンスルホン酸のスルホン基は60°に開いた水素2つに挟まれているだけなので，これらの水素との立体反発はほとんどない．これに対して，1-ナフタレンスルホン酸のスルホン基は平行に突き出した8-位 (ペリ (peri) -位) の水素との立体反発がある．したがって，1-ナフタレンスルホン酸は2-ナフタレンスルホン酸よりも不安定

で，高温では熱力学支配の反応が進行して2-ナフタレンスルホン酸が生成する．

$$(3.196)$$

アントラセンについても同様であり，速度論支配下の反応性と生成物の熱力学的安定性は異なる．概略を図3.6に示す．

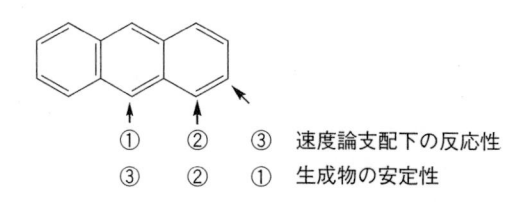

① ② ③ 速度論支配下の反応性
③ ② ① 生成物の安定性

図3.6 アントラセンの反応性と生成物の安定性

3.4.6 芳香族ヘテロ環化合物への求電子置換反応

環を構成している原子の1つまたはそれ以上が炭素以外の原子からなっている化合物をヘテロ環化合物 (heterocyclic compound, heterocycle) という．ここでは，芳香族性を有するヘテロ環化合物を取り上げる．式 (3.150) に示したピリジン，インドール，ピロール，フラン，チオフェンなどは，代表的な芳香族ヘテロ環化合物である．ここでは，ピリジンとピロールを取り上げ，それらの反応性について学ぼう．

ピリジンには，求電子剤と反応する炭素が3種類ある．共鳴理論によって3種類の炭素の反応性の差を考えてみよう．それぞれの炭素と求電子剤が結合を形成して生成する中間体の共鳴構造を式 (3.197) ～ (3.199) に示す．2-置換体および4-置換体を与える中間体の共鳴構造式には，炭素よりも電気陰性度が大きい窒素がルイスの8電子則を満たさない電子配置となる共鳴

3.4 芳香族求電子置換反応

構造があり,それらの共鳴混成体への寄与は極めて小さい.したがって,ピリジンへの芳香族求電子置換反応は3-位で起こる.一方,電気陰性な窒素原子が環のπ電子を求引し,その結果として,ピリジンはベンゼンよりも電子欠乏型のπ電子系であり,反応性はニトロベンゼン並みに低い.

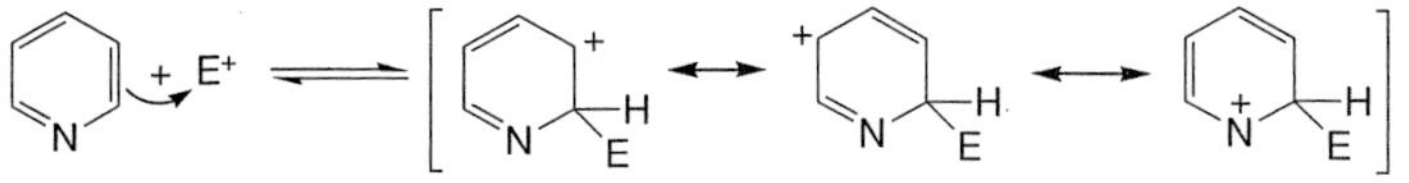

(3.197)

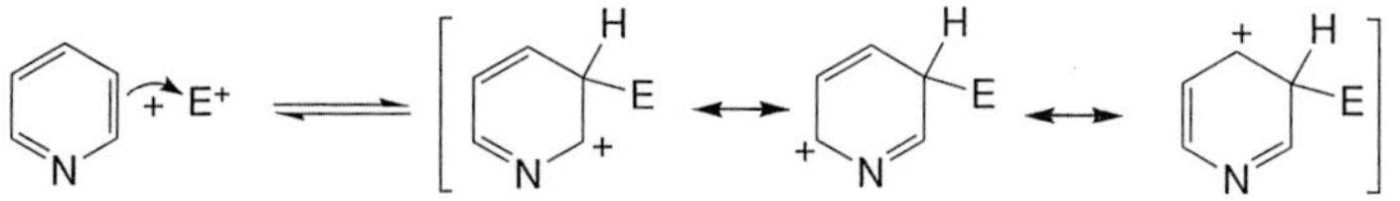

(3.198)

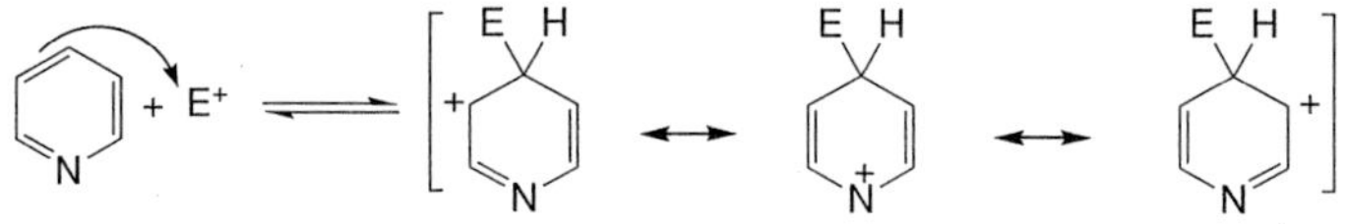

(3.199)

さらに,酸性の条件では,ピリジンの窒素原子の非共有電子対にプロトン化が起こる.すると式 (3.200) に示すように,2つの共鳴構造で正電荷が隣同士とならざるを得ない.これらの共鳴構造は,静電反発によって不安定であり,共鳴混成体への寄与は極めて小さい.したがって,芳香族求電子置換反応に関して,プロトン化されたピリジンの反応性は極端に低い.

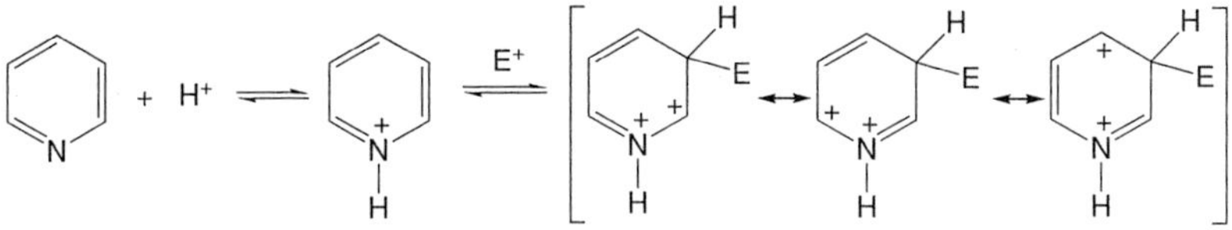

(3.200)

これらの理由により,ピリジンのニトロ化反応,スルホン化反応は極めて起こりにくい.しかし,ピリジンのスルホン化反応については,硫酸水銀を触媒として用いて高温で反応を行うと,それなりに進行する.

$$\text{Pyridine} \xrightarrow[\text{high temp.}]{\text{H}_2\text{SO}_4 / \text{HgSO}_4} \text{3-Pyridinesulfonic acid} \quad (3.201)$$

同様に，ピリジンのアルカノイル化反応も極めて起こりにくい．それは，式 (3.202) に示すように，アルカノイル化の反応試剤であるハロゲン化アルカノイルがピリジン窒素の非共有電子対の求核攻撃を受けて N-アルカノイルピリジニウム塩となり，プロトン化された場合と同じように不活性化されるからである．

$$\text{Pyridine} + \text{RCOX} \longrightarrow [\text{N-acylpyridinium}]^+ \text{X}^- \quad (3.202)$$

これらの反応とは異なり，ピリジンのハロゲン化反応は，ルイス酸の存在下でそれなりに進行する．

$$\text{Pyridine} + \text{Cl}_2 \xrightarrow{\text{AlCl}_3} \text{3-Chloropyridine} + \text{HCl} \quad (3.203)$$

$$\text{Pyridine} + \text{Br}_2 \xrightarrow{\text{SO}_3} \text{3-Bromopyridine} + \text{HBr} \quad (3.204)$$

ピロールの窒素は sp^2 混成軌道であり，非共有電子対は p_z 軌道にある（図 3.3 (p.175) を見よ）．したがって，ピロールは 6π 系芳香族化合物である．ピロールには 2-位と 3-位の 2 つの反応点があり，それらの反応性の違いを共鳴理論によって説明することができる．式 (3.205) と式 (3.206) に 2-置換体と 3-置換体を与える中間体の共鳴構造式を示す．これら共鳴構造式の比較から，ピロールの 2-位は 3-位よりも反応性に富むことが分かる．したがって，ピロールへの芳香族求電子置換反応は 2-位で起こる．

3.4 芳香族求電子置換反応

$$(3.205)$$

$$(3.206)$$

式 (3.207) に示すように，ピロールの骨格全てに負電荷が存在する共鳴構造式が考えられることから，ピロールは電子豊富な芳香族化合物であり，芳香族求電子置換反応に対して高い反応性を有している．

$$(3.207)$$

ピロールは芳香族求電子置換反応ばかりでなく様々な反応に対して高い反応性を示す．例えば，ピロールは強酸性の条件では容易に重合する．したがって，ピロールのニトロ化反応には，ベンゼンのニトロ化反応に用いる硝酸と硫酸の混酸を用いることはできない．また，スルホン化反応には，ベンゼンのスルホン化反応に用いられている発煙硫酸を用いることができない．それぞれの反応には，弱いニトロ化剤である硝酸アセチル (acetyl nitrate) (式 (3.208)，(3.209)) あるいは弱いスルホン化剤である三酸化硫黄・ピリジン錯体が使われる (式 (3.210) 〜 (3.212))．

$$(3.208)$$

$$(3.209)$$

$$\text{pyridine} + SO_3 \rightleftharpoons \text{pyridine-}N^+\text{-}SO_3^- \quad (3.210)$$

$$\text{pyrrole} + \text{pyridine-}N^+\text{-}SO_3^- \rightleftharpoons \text{2H-pyrrole-SO}_3^- \text{ intermediate} \quad (3.211)$$

$$\text{intermediate} \rightarrow \text{pyrrole-2-SO}_3H \quad (3.212)$$

また，ピロールは，フリーデル–クラフツ アルカノイル化反応に対しても高い反応性を示し，ルイス酸を用いなくてもアルカノイル化が進行する（式 (3.213), (3.214)）．

$$\text{pyrrole} + (CH_3CO)_2O \rightleftharpoons \text{intermediate}^+ \cdot {}^-OCOCH_3 \quad (3.213)$$

$$\text{intermediate}^+ \cdot {}^-OCOCH_3 \rightarrow \text{pyrrole-2-COCH}_3 + CH_3COOH \quad (3.214)$$

しかし，あまりにも高い反応性のため，ピロールのハロゲン化反応をモノハロゲン化で止めることは極めて困難である．

$$\text{pyrrole} \xrightarrow{Br_2} \text{2,3,4,5-tetrabromopyrrole} \quad (3.215)$$

これまでにピリジンとピロールの反応性について学んだ．他の芳香族ヘテロ環化合物の反応性については，3.4.1〜3.4.5 項で学んだことを基にして各自で考えてもらいたい．

有機化学と機器分析

　現代の有機化学は，多くの分離手法，機器分析手法に支えられている．いまや，カラムクロマトグラフィー，薄層クロマトグラフィー，高速液体クロマトグラフィーなどの手法で短時間のうちに生成物を単離精製することができ，赤外線分光法，紫外可視分光法，ラマン分光法，^{1}H 核磁気共鳴分光法，^{13}C 核磁気共鳴分光法，質量分析法などによってそれらの構造を容易に推定できるようになっている．しかし，これらの分離手法，機器分析手法が一般的になったのは，ここ 20 年ほどのことである．化学の先達が活躍した時代には，再結晶と蒸留，そして元素分析など，ごく限られた手法しかなかった．

　ハロゲンのアルケン，アルキンへの求電子付加反応が定量的に進行してジハロアルカン，テトラハロアルカンを与えることは，その時代でもよく知られていた．臭素は，常温で液体であることからその秤量は容易であり，また独特の色を呈する．臭素をアルケン，アルキンに加えると求電子付加反応が進行し，独特な色が瞬く間に退色する．そして，アルケン，アルキンが完全に消費された後にさらに臭素を加えると，独特な色が残る．このように，臭素の求電子付加反応が定量的に進行することに加えて色を手掛かりに反応の終点を知ることができることから，臭素を用いる滴定によって有機化合物中の炭素－炭素不飽和結合の数を推定することができる．分析手法の発達していなかった時代では，臭素滴定は，元素分析によって知ることのできる組成と不飽和度と共に，構造推定に必要な情報を与えてくれた．

　さらに，有機化合物の構造決定は，その有機化合物を既知化合物に誘導することによってなされていた．既知化合物の多くは，分子量の小さい物質である．そこで，構造を知りたい有機化合物を分子量の小さい化合物に切断する必要がある．オゾンや過マンガン酸カリウムなどのアルケンへの求電子付加反応は炭素－炭素二重結合を切断して分子量の小さいカルボニル化合物を与えることから，有機化合物の構造決定に汎用されていた．

　時間を節約するために分離手法，機器分析手法を駆使している私たちは，生成物は蒸留や再結晶によって分離精製し，構造決定は化学変換に基づいて行われてきたことを忘れてはならない．

演習問題

[1] 臭素の (Z)-2-ブテンへの求電子付加反応では，(2S,3S)-2,3-ジブロモブタンと (2R,3R)-2,3-ジブロモブタンが得られる．反応機構を基にその理由を説明せよ．

[2] 臭素の (E)-1-フェニルプロペンへの求電子付加反応として考えられる全ての生成物を記し，反応機構を電子の流れ図 (⌒) で示せ．

[3] 塩素との反応でアキラルな生成物を与える炭素数 6 の直鎖状アルケンは何か．理由と共に記せ．

[4] 次亜塩素酸の (Z)-2-ブテンへの求電子付加反応の機構を電子の流れ図で示せ．

[5] 臭化水素の (Z)-1-フェニルプロペンへの求電子付加反応によって生成する可能性のある化合物を全て挙げよ．また，それらのうちで生成量が多いと予想される化合物はどれか．理由を付して挙げよ．

[6] 2-ブロモ-2-メチルヘキサンをアルケンから合成したい．生成物として 2-ブロモ-2-メチルヘキサンを与えると予想されるアルケンは 2 種類ある．その 2 種類のアルケンを記せ．また，2-ブロモ-2-メチルヘキサンをより良い収率で与えると思われるアルケンはどちらか．そのように予想した理由も述べよ．

[7] 過酸化ベンゾイル存在下，加熱しながら臭化水素を (Z)-1-フェニルプロペンに作用させたときに得られる生成物を予測し，反応機構を電子の流れ図で示せ．また，主生成物がどれか理由を付して記せ．

[8] ボランと 2,3-ジメチル-2-ブテンとの反応では，1 段階目と 2 段階目のヒドロボレーション反応は進行するが 3 段階目のヒドロボレーション反応は進行しない．その理由を説明せよ．

[9] 炭素数 6 のアルケンから 2-メチル-1-ペンタノールを合成したい．2 つの反応経路を考案せよ．

[10] m-クロロ過安息香酸 (MCPBA) のアルケンに対する求電子付加反応が syn 付加であることを証明したい．具体的にどのようなアルケンを用いればよいか．また，そのアルケンを用いた場合の syn 付加体へ至る反応機構を図で示せ．

[11] アルケンをオゾン酸化した後に亜鉛/水で還元したところ，2-ペンタノンと

演習問題

プロパナールが得られた．アルケンの構造を推定せよ．また，この反応の機構を電子の流れ図で示せ．

[12] (Z)-2-ブテンの四酸化オスミウム酸化-加水分解で得られるジオールがアキラルである理由を述べよ．

[13] 一重項ジクロロカルベンと(E)-および(Z)-2-ブテンとの反応の機構を電子の流れ図で示せ．

[14] 1,2-ジフェニルエチンと1当量の塩素の反応によって得られる生成物に1当量の臭素を作用させて得られる化合物を，その立体化学が分かるように描け．また，1,2-ジフェニルエチンからその生成物に至る反応経路を電子の流れ図で示せ．

[15] 炭素数6の直鎖状アルキンに過剰の臭化水素を作用したときに得られる主生成物が1種となるアルキンは何か．また，反応機構を基に，1種が主生成物となる理由を記せ．

[16] 式(3.117)の反応機構を電子の流れ図で示せ．

[17] 式(3.118)の反応機構を電子の流れ図で示せ．

[18] 1,4-ペンタジエンに1当量の臭素を作用させたときに得られる主生成物を予想せよ．また，そのように予想した理由を記せ．

[19] 2-メチル-1,3-ペンタジエンに1当量のハロゲン化水素を作用させたときに中間に生成する可能性のあるカルボカチオンを書き出し，それらを安定な順に並べよ．

[20] 3,4-ジメチル-1,3-ペンタジエンに1当量のハロゲン化水素を作用させたときに中間に生成する可能性のあるカルボカチオンを書き出し，最も安定な中間体を予想せよ．

[21] 式(3.138)に示すように，臭化水素の1,3-ブタジエンへの求電子付加反応を40℃で行うと，1,2-付加体と1,4-付加体の比は20:80になる．この反応を50℃で行ったとき，1,4-付加体の生成割合は80％よりも増加するか減少するか答えよ．また，その理由を述べよ．

[22] 図3.2と同様にフランの骨格とローブを描き，そこに電子を配置してフランが芳香族性を有することを示せ．

[23] ピリジンの窒素の分子軌道はどのようになっているか示せ．また，図3.2を

参考にしてピリジンの骨格とローブを描き，そこに電子を配置してピリジンが芳香族性を有することを示せ．

[24] N,N-ジメチルアニリンのベンゼン環の電子密度がベンゼンに比べて高いことを説明せよ．

[25] ウォルフ-キッシュナー (Wolff-Kishner) 還元あるいはクレメンゼン (Clemmensen) 還元は，Ar－CO－を Ar－CH$_2$－に変換する反応であり，アルカノイルベンゼン（アルキルフェニルケトン）からアルキルベンゼンを合成する際によく使われる反応である．このウォルフ-キッシュナー還元あるいはクレメンゼン還元を用いて，ベンゼンからブチルベンゼンを合成する経路を考案せよ．また，この2段階の反応がフリーデル-クラフツ反応によるブチル化よりも優れている点を指摘せよ．

[26] ウォルフ-キッシュナー還元の反応機構を調べよ．

[27] p-クロロ安息香酸の pK_a 値は p-ブロモ安息香酸の pK_a 値よりも大きい．その理由を説明せよ．

[28] 3-エチルアセトフェノンを炭素数8の芳香族化合物を用いた求電子置換反応で合成したい．合成経路を記して反応機構を電子の流れ図で示し，原料とした芳香族化合物を選択した理由を述べよ．また，この実験を行うに当たり注意すべきことを記せ．

[29] 3-フルオロアセトフェノンをベンゼンから合成したい．反応経路を考案せよ．ただし，F$_2$は極めて反応性に富む反応剤であり，F$_2$を用いる反応を制御することは困難である．したがって，ベンゼンのF$_2$によるフルオロ化はできないものとする．

[30] ナフタレンのスルホン化反応では，速度論的生成物として1-ナフタレンスルホン酸が，熱力学的生成物として2-ナフタレンスルホン酸が得られる．反応のエネルギー図を作製してこのことを説明せよ．

[31] アントラセンの反応性が図 3.6 (p.184) に示したようになる理由を説明せよ．

[32] チオフェンの芳香族求電子置換反応では3-位よりも2-位が高い反応性を有している．その理由を説明せよ．

第4章 ペリ環状反応とウッドワード-ホフマン則

1920年代に量子力学の黎明期を迎え,水素原子軌道の完全解がシュレーディンガーによって与えられ,さらに水素分子の分子軌道法へと発展していった.現在ではコンピュータの著しい発展により,多くの量子化学的計算が可能となり,近似解ではあっても,相当に精度良く複雑な化合物の分子軌道が求められるようになっている.

有機化合物に対する初期の量子化学計算はヒュッケルによって提唱されたπ電子近似法であった.このヒュッケル法と呼ばれる分子軌道法は極めて単純であり,非常に荒い近似法であったが,この考え方から,福井謙一のフロンティア電子理論やウッドワード-ホフマン則の理論が導かれた.本章では,有機化学反応への分子軌道法の適用につき述べる.

4.1 ディールス-アルダー反応

最も単純なディールス-アルダー反応は,1,3-ブタジエン(ブタ-1,3-ジエン)とエチレン(エテン)との反応によりシクロヘキセンを生じるものである.

$$\text{(図)} \tag{4.1}$$

この反応は1920年代にディールス(Diels)とアルダー(Alder)によって見出され,高温で加圧という過酷な条件を用いても,生成物であるシクロヘキ

センは 20% 程度の収率でしか得られない反応であった．

ディールス-アルダー反応は協奏的 (concerted) に進行し，可逆反応である．式 (4.1) を見ても分かるように，この反応は 1,3-ブタジエンとエチレンのへりで輪を描くように進行するため，ペリ環状反応 (pericyclic reaction) と呼ばれる．狭義の分類では環化付加反応 (cycloaddition reaction, 付加環化反応と呼ばれることもある) である．ジエンはジエン成分 (diene)，エチレンは求ジエン成分 (dienophile, 親ジエン成分ということもある) と呼ばれる．ジエンには 4 個の π 電子があり，求ジエンには 2 個の π 電子があるので，このような環化付加反応を [4＋2] 環化付加反応と呼ぶことがある．

ジエン成分に電子供与性基，求ジエン成分に電子求引性基があれば，ディールス-アルダー反応は進行しやすくなる．

$$\text{(4.2)}$$

$$\text{(4.3)}$$

式 (4.3) の反応で endo-体が主生成物となり，exo-体の生成が抑えられるのは，ディールス-アルダー反応がジエンと求ジエンとの最大重なりの状態からの協奏機構で進行するためであり，endo-環化付加と exo-環化付加の遷移状態のエネルギー差はほんのわずかである．しかし，endo-選択性は高い (図 4.1)．

[4＋2] 環化付加反応は起こることは分かったが，ではエチレン (エテン) 2 分子の [2＋2] 環化付加反応はどうだろうか．

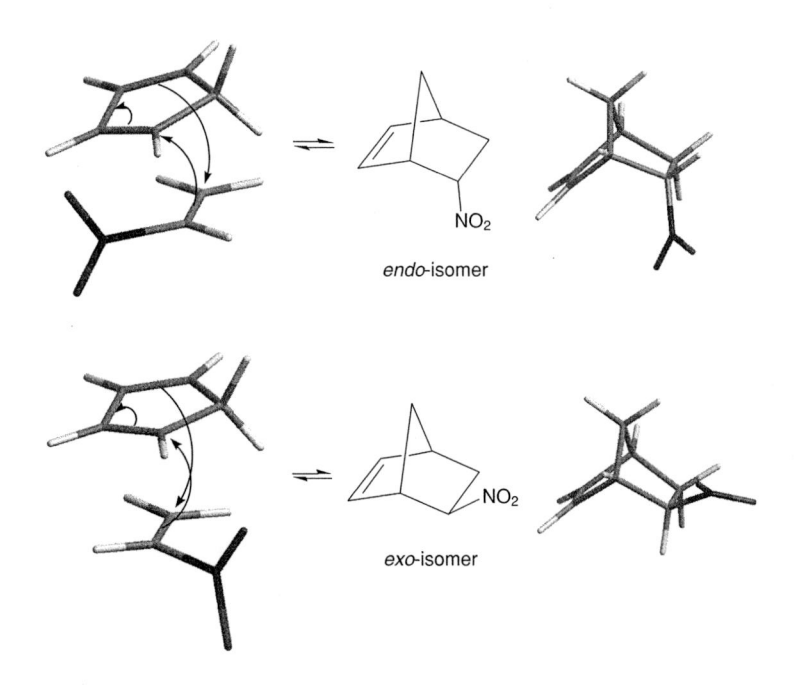

図 4.1 ディールス-アルダー反応における *endo*- および *exo*-環化付加反応

エチレンの協奏的環化付加反応は実質上進行しない（式 (4.4)）．しかしこの反応を，紫外線を照射しながら行うと，光化学的な環化付加反応が進行し，シクロブタンが生じる．反対に，1,3-ブタジエンとエチレンの環化付加反応は光化学的には進行しない．このような反応性の違いはどのように理解されるのだろうか．環化付加反応の理論を学習するには，まず，ヒュッケル (Hückel) の分子軌道について知っておく必要がある．

4.2 ヒュッケル分子軌道法

分子軌道法の詳細は他書を見ていただきたい．ここでは，以下のウッドワード-ホフマン則を理解する上で，必要最小限の説明にとどめる．

分子軌道 (molecular orbital) とは，分子中の1個の電子を記述する軌道関数であり，これにより，分子中の電子の状態を知ることができる．種々の分子軌道法があるなかで，ヒュッケル分子軌道法は有機化合物のうちでも π 電子についてのみ取り扱い，かつ，π 電子が共役している系のみが対象となる．ここではエチレン（エテン）についてのみ簡単に解説しよう．

エチレンには π 結合が1つあり，炭素1と2とにそれぞれ p_π 原子軌道 (χ_1, χ_2) を割り当てる．

$$\chi_1 + \chi_2 \longrightarrow \text{molecular orbital} \quad \phi = C_1\chi_1 + C_2\chi_2 \tag{4.5}$$

LCAO MO 法 (linear combination of atomic orbitals molecular orbital method) では，2つの p_π 原子軌道の相互作用で生じる分子軌道 (ϕ) は，原子軌道の1次結合で表す．よって，分子軌道 ϕ は近似の分子軌道であり，近似的にエチレン中の1個の π 電子の挙動を表す関数である．

$$\phi = C_1\chi_1 + C_2\chi_2 \tag{4.6}$$

C_1 と C_2 は原子軌道にかかる係数である．1個の π 電子のエネルギー ε は

$$\varepsilon = \frac{\langle \phi | H | \phi \rangle}{\langle \phi | \phi \rangle} \tag{4.7}$$

であるので，式 (4.6) を式 (4.7) に代入すると，

$$\varepsilon = \frac{C_1^2 \alpha_1 + 2C_1 C_2 \beta + C_2^2 \alpha_2}{C_1^2 S_{11} + 2C_1 C_2 S_{12} + C_2^2 S_{22}} \tag{4.8}$$

となる．ここで，

4.2 ヒュッケル分子軌道法

$$\begin{aligned}
&\alpha_1 = \langle \chi_1|H|\chi_1 \rangle, \ \alpha_2 = \langle \chi_2|H|\chi_2 \rangle \quad \text{クーロン積分} \ (\alpha < 0) \\
&\beta = \langle \chi_1|H|\chi_2 \rangle = \langle \chi_2|H|\chi_1 \rangle \quad \text{共鳴積分} \ (\beta < 0) \\
&S_{11} = \langle \chi_1|\chi_1 \rangle = S_{22} = \langle \chi_2|\chi_2 \rangle = 1 \\
&S_{12} = \langle \chi_1|\chi_2 \rangle
\end{aligned} \quad (4.9)$$

である.S_{12} は全体に与える影響が小さいと仮定して $S_{12} = 0$ とし,また $\alpha_1 = \alpha_2 = \alpha$ であるので,式 (4.8) は簡単になり

$$\varepsilon = \frac{(C_1^2 + C_2^2)\alpha + 2C_1C_2\beta}{C_1^2 + C_2^2} \quad (4.10)$$

$$\varepsilon(C_1^2 + C_2^2) - (C_1^2 + C_2^2)\alpha - 2C_1C_2\beta = 0 \quad (4.11)$$

となる.変分法により,エネルギーの極小値が真に近いエネルギーを与えるとして,ε を C_1 および C_2 で偏微分する.

$$\begin{aligned}
&\frac{\partial \varepsilon}{\partial C_1}(C_1^2 + C_2^2) + 2C_1\varepsilon - 2C_1\alpha - 2C_2\beta = 0 \\
&\frac{\partial \varepsilon}{\partial C_2}(C_1^2 + C_2^2) + 2C_2\varepsilon - 2C_2\alpha - 2C_1\beta = 0
\end{aligned} \quad (4.12)$$

ここで,エネルギー ε の極小値は $\partial \varepsilon / \partial C_1 = \partial \varepsilon / \partial C_2 = 0$ で求まるので,式 (4.12) にこの条件を入れると,

$$\begin{aligned}
&(\varepsilon - \alpha)C_1 - \beta C_2 = 0 \\
&\beta C_1 - (\varepsilon - \alpha)C_2 = 0
\end{aligned} \quad (4.13)$$

が得られる.

$$\frac{\varepsilon - \alpha}{\beta} = \lambda \quad (4.14)$$

とすると,式 (4.13) は

$$\begin{aligned}
&\lambda C_1 - C_2 = 0 \\
&C_1 - \lambda C_2 = 0
\end{aligned} \quad (4.15)$$

となり,式 (4.15) を永年方程式と呼ぶ.C_1 と C_2 とが共にゼロにならない条件は

$$\begin{vmatrix} -\lambda & 1 \\ 1 & -\lambda \end{vmatrix} = 0 \tag{4.16}$$

である．この式は永年行列式という．この行列式を解くと

$$\lambda^2 = 1, \ \lambda = \pm 1 \tag{4.17}$$

が得られる．λ が求まったということは，式 (4.14) からこの π 電子系の 1 電子エネルギー ε が求まったことを意味する．

$$\begin{aligned} \varepsilon_1 &= \alpha + \lambda\beta \\ \varepsilon_2 &= \alpha - \lambda\beta \end{aligned} \tag{4.18}$$

次に，分子軌道 ϕ を求める．分子軌道に対する規格化の条件より，

$$\phi^2 = \langle (C_1\chi_1 + C_2\chi_2)^2 \rangle = C_1{}^2 S_{11} + 2C_1C_2 S_{12} + C_2{}^2 S_{22} = C_1{}^2 + C_2{}^2 = 1 \tag{4.19}$$

となり，この式に式 (4.15) を代入すると，

$$(1+\lambda^2)C_1{}^2 = 1 \tag{4.20}$$

となり，

$$C_1 = \frac{1}{\sqrt{1+\lambda^2}} \tag{4.21}$$

となる．

$\lambda = 1$ のとき，永年方程式と式 (4.21) から

$$C_1 = C_2 = \frac{1}{\sqrt{1+\lambda^2}} = \frac{1}{\sqrt{2}} \tag{4.22}$$

が得られ，$\lambda = -1$ のときは同様に

$$C_1 = -C_2 = \frac{1}{\sqrt{2}} \tag{4.23}$$

が求まる．これで，分子軌道が求まったことになり，式 (4.6) から，

$$\phi_1 = \frac{1}{\sqrt{2}}(\chi_1 + \chi_2)$$
$$\phi_2 = \frac{1}{\sqrt{2}}(\chi_1 - \chi_2)$$
(4.24)

となる．式 (4.20) から，数学的には $C_1 = \pm 1/\sqrt{2}$ が得られるが，分子軌道中の最初の π 原子軌道にかかる係数 (C_1) はプラスを取ることに決める．これでエチレンのヒュッケル分子軌道が解けたことになる．

この計算結果は何を意味しているのだろうか．2つの p_π 原子軌道の相互作用で，2つの分子軌道が生じ，その1つは結合性 π 軌道であり，この軌道に2個の π 電子が入り，他の1つは反結合性 π^* 軌道であり，普通，この軌道には電子は入らず空の軌道であることを意味している (**図 4.2**)．

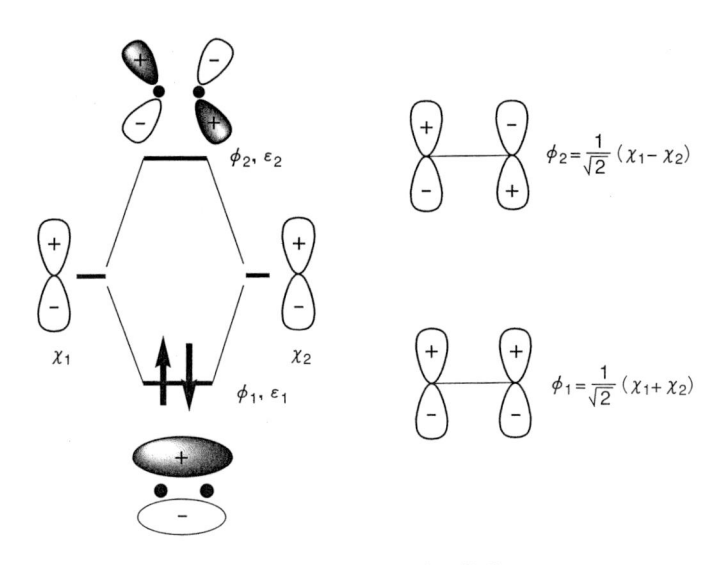

図 4.2　エチレンの分子軌道

原子軌道あるいは分子軌道 (ローブ) に灰色と白抜きの部分がある．これは波動の位相を表している．同符号の位相は重なり合うことができるが，反対符号の位相は重なれず，反発し合う．

以下，いくつかの分子あるいはイオンのヒュッケル分子軌道計算結果を示す．

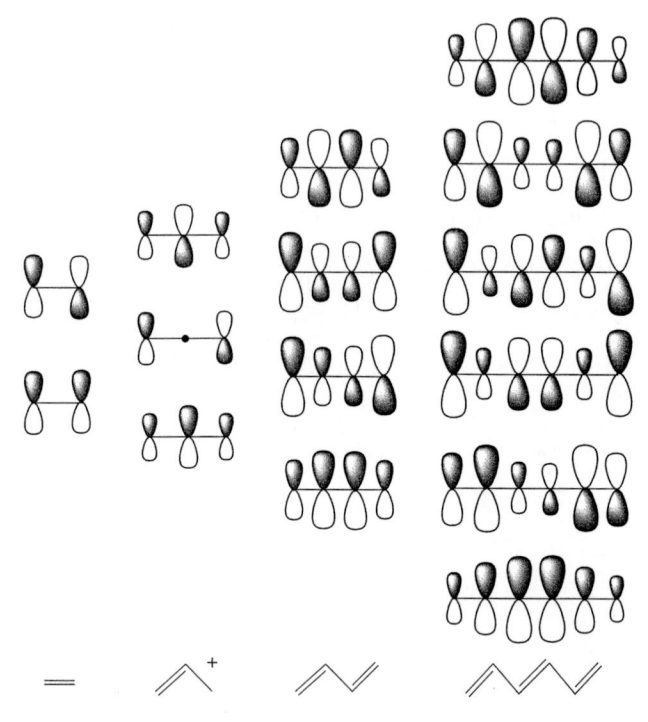

図4.3 左から，エチレン，アリルカチオン，1,3-ブタジエンおよび1,3,5-ヘキサトリエンのヒュッケル分子軌道 (灰色のローブはプラス，白抜きのローブはマイナスの位相を表す)

4種類の分子についてヒュッケル分子軌道を図4.3に示したが，これらの結果から，次のような規則が成り立つことが分かる．

1) ローブの両端の位相の符号は，$(++) \to (+-) \to (++) \to (+-)$
と順次代わる．

2) 節面は $0 \to 1 \to 2 \to 3$ と分子軌道のエネルギーが高くなるにつれ順

次増加する.

3) n 個の炭素原子からなる共役ポリエンでは,各 p_π 原子軌道にかかる係数の絶対値は,$|C_1| = |C_n|$, $|C_2| = |C_{n-1}|$, $|C_3| = |C_{n-2}|$ である.

4) 分子軌道を図 4.3 のように書いたとき,分子の中央に置いた C_2 回転軸に対して,分子軌道のエネルギーが高くなるにつれ,反対称 (A) → 対称 (S) → A → S と順次代わる.

5) 分子軌道を図 4.3 のように書いたとき,分子の中央に置いた鏡面に対して,分子軌道のエネルギーが高くなるにつれ,対称 (S) → 反対称 (A) → S → A と順次代わる.

4.3 ディールス-アルダー反応とウッドワード-ホフマン則

ディールス-アルダー反応のようなペリ環状反応を理論的に説明したのは,ウッドワード (Woodward) とホフマン (Hoffmann) である.ウッドワード-ホフマン則あるいは軌道対称性保存則 (orbital symmetry rule) と呼ばれており,「反応の前後において,反応に関与する電子が入っている分子軌道の対称性は保存される」というものである.

エチレン 2 分子が反応してシクロブタンを生じるという反応を考えてみよう.エチレン 2 分子が相互作用するときの分子軌道の組み合わせおよび生成するかもしれないシクロブタンの σ 結合の結合性および反結合性分子軌道が図 4.4 に描かれている.図 4.4 の左には,エチレンの組み合わせが節面の少ない順に下から示されている.一方,右にはシクロブタンの分子軌道がやはり節面の少ない順に下から示されている.そして,右と左で分子軌道の対称性が同じものを線で結んでいる.詳しい議論は他書に譲るが,結合性 π 軌道同士の組み合わせ ($\pi - \pi$) と反結合性軌道の組み合わせ ($\sigma^* + \sigma^*$) が相関し,反結合性 π^* 軌道同士の組み合わせ ($\pi^* + \pi^*$) と結合性軌道の組み合わせ ($\sigma - \sigma$) とが相関している.このような場合は,この環化付加反応は

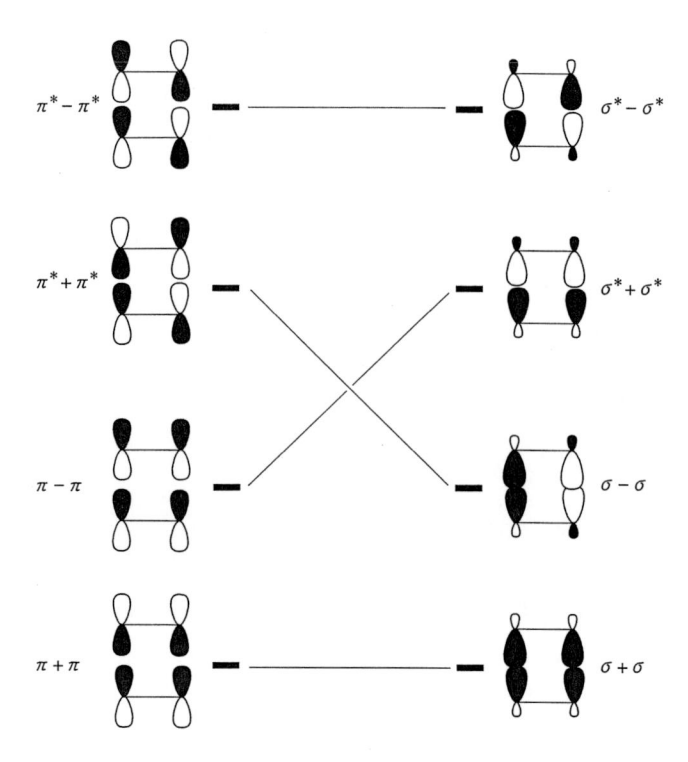

図 4.4　エチレンの環化付加反応の相関図

熱的に禁制 (thermally forbidden)，光化学的に許容 (photochemically allowed) であるという．つまり，熱を加えてもエチレンの [2＋2] 環化付加反応は進行しないが，光を照射するとシクロブタンが生成することを意味する．このように，相関図を用いて環化付加反応が起こるかどうかを予測する方法は相関図法と呼ばれる．

相関図法以外に，フロンティア電子理論に基づく HOMO－LUMO 法がある．フロンティア電子理論は福井謙一によってつくられたものであり，有機反応を理解する上でなくてはならない理論である．端的にこの理論を表現すると「反応に最も大きく関与する分子軌道は一方の分子の HOMO であり，

4.3 ディールス-アルダー反応とウッドワード-ホフマン則

他方の分子の LUMO である」ということになる. 例えば, 次のような S_N2 反応を考えてみよう.

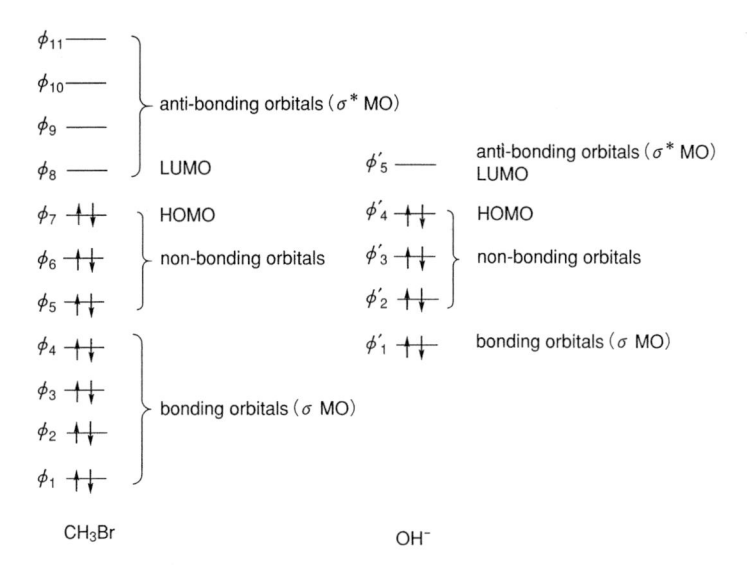

$$HO:^- + H\text{-}C(H)(H)\text{-}Br \longrightarrow HO\text{-}C(H)(H)(H) + Br^- \quad (4.25)$$

基質であるブロモメタンには, 3つの C–H σ 結合に対する3つの結合性 σ 分子軌道とそれに対応する3つの反結合性 σ* 分子軌道, 1つの O–H 結合に対する1つの結合性 σ 軌道と1つの反結合性 σ* 軌道, および3組の非共有電子対が入る3つの非結合性軌道 (non-bonding orbital, この軌道には反結合性軌道はない) がある. これらの分子軌道において, 1組の電子 ($+1/2$ と $-1/2$ のスピンを持つ電子の組) で埋められている軌道 (被占軌道) のうちで最もエネルギーの高い軌道 (最高被占軌道, HOMO) は, 電子がむき出しで存在する非結合性軌道である.

図 4.5 ブロモメタンと水酸化物イオンの分子軌道

求核剤である水酸化物イオンについても同じようなことがいえる．HOMO に対して，空の分子軌道（空軌道）において，最もエネルギーの低い軌道を最低空軌道（LUMO）と呼ぶ．式 (2.25) の反応では，基質であるブロモメタンに求核剤である OH^- が電子を注入することにより反応が起こる．最も動きやすい求核剤の電子は，HOMO にある電子である．一方，求電子性の基質の結合性軌道はすでに電子対で埋まっているため，もし求核剤からの電子を受け取るとすると，ブロモメタンの反結合性の空軌道である．空軌道のうちで最もエネルギーの低い LUMO が電子を受容するだろう．

このような簡単な説明のみでも，フロンティア電子理論の何たるかは，少し理解できただろう．ではこの理論をエチレンの [2＋2] 環化付加反応に適用してみよう．

エチレンが熱反応でシクロブタンを生成するとすれば，エチレンの HOMO と他のエチレンの LUMO とが相互作用しなければならない．図 4.6 (a) を見てほしい．エチレンの分子平面（平行 4 辺形で書かれている）に対して 1 組のローブ（左側）は位相の符号が合致するので，結合することができる．このように，分子平面に対して同平面で軌道の位相が合い結合できる関係を同面的（suprafacial, *supra*）という．一方，他の端のローブは同じ分子面では位相の符号が合わずに，反発型になっている．結合するとすれば反

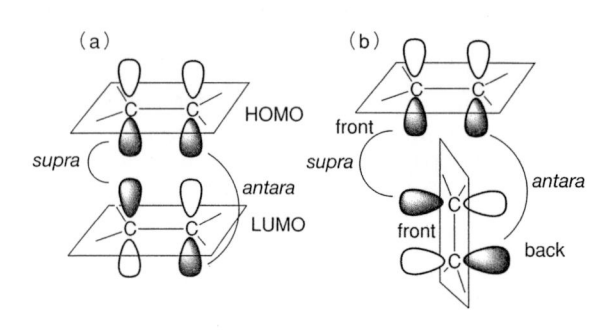

図 4.6　エチレンの HOMO と LUMO の相互作用

対側の分子面にあるローブと相互作用しなければならない．このような関係を反面的 (antarafacial, antara) という．supra-antara の関係にあるエチレンが協奏的に環化付加するには，一方のエチレン分子が思い切りねじれなければならない．このようなことは立体的に不可能である．もし環化付加が起こるのであれば，協奏的ではなく逐次反応となる．よってエチレンの [2+2] 環化付加反応は熱的には起こりにくく，軌道対称的に禁制 (forbidden) であるという．図 4.6 (b) のような組み合わせもあるが，この場合も，エチレンの2つの水素原子が立体的に邪魔をして，環化付加反応を阻害する．

では，エチレンの1分子が紫外線を吸収した場合はどうであろうか？　エチレンが紫外線を吸収するというのは，図 4.7 のような過程が起こるということである．

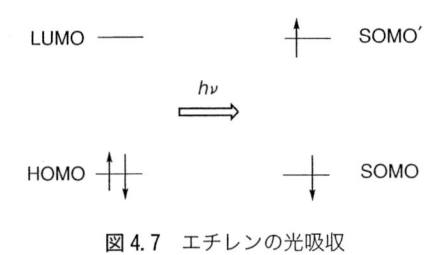

図 4.7　エチレンの光吸収

エチレンの結合性 π 軌道にある電子のうちの1つが，紫外線を吸収することにより反結合性 π^* 軌道に遷移することである．このような電子遷移を $\pi-\pi^*$ 遷移と呼ぶ．光を吸収して生じる励起状態では2つの半占軌道 (singly-occupied molecular orbital, SOMO および SOMO′) にそれぞれ1個ずつ電子が入る．励起状態での HOMO は SOMO′ となるので，軌道の対称性は励起状態の HOMO すなわち SOMO′ と基底状態の LUMO との関係を調べることになる．SOMO および SOMO′ の分子軌道は，それぞれエチレンの HOMO および LUMO に等しい．よって，エチレンの光 [2+2] 環化付加反応の軌道対称性は図 4.8 のようになり，supra-supra の関係から，この

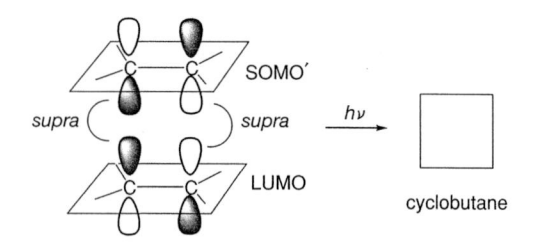

図4.8 エチレンの光 [2＋2] 環化付加反応に対する軌道対称性

反応は軌道対称的に許容 (allowed) となる.

では1,3-ブタジエンとエチレンとの [4＋2] 環化付加反応について，同様に考えてみよう．電子求引性基がついた求ジエンと電子供与性基がついたジエンとのディールス-アルダー反応が進行しやすいことを考えると，求ジエンの LUMO とジエンの HOMO の相互作用を考えればよいだろう.

図4.9 に示されているように，1,3-ブタジエンの HOMO とエチレンの LUMO の両末端におけるローブの符号が一致し，分子面 (plate 1 と 2) に対して同面的な関係にあるため，このディールス-アルダー反応は熱的に許容である.

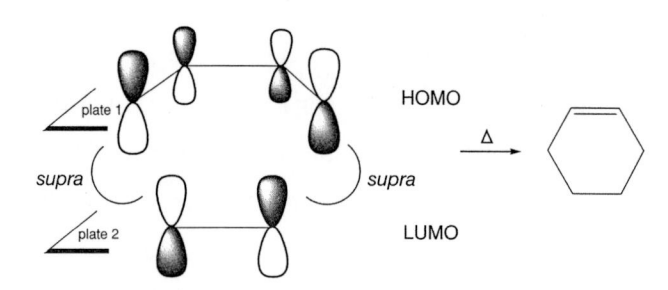

図4.9 1,3-ブタジエンとエチレンとの [4＋2] 環化付加反応の軌道対称性

4.4 電子環状反応とウッドワード–ホフマン則

$(2E,4Z,6E)$-オクタトリエンの熱および光反応は非常に特徴的である.

$$(4.26)$$

熱反応では cis-5,6-ジメチル 1,3-シクロヘキサジエンが,光反応では $trans$-5,6-ジメチル 1,3-シクロヘキサジエンが立体特異的に生成する.この立体特異的な電子環状反応も,ウッドワード–ホフマン則の HOMO-LUMO 法で矛盾なく説明できる.

まず,このトリエンが電子環状反応を起こすためには2ヶ所で単結合が回転し,式 (4.27) のような構造をとる必要がある.

$$(4.27)$$

$(2E,4Z,6E)$-オクタトリエンのヒュッケル分子軌道は 1,3,5-ヘキサトリエンの分子軌道と同等である.1,3,5-ヘキサトリエンの両末端にメチル基が結合したものが 2,4,6-オクタトリエンであるが,両末端の2つのメチル基はヒュッケル分子軌道の計算には関係しない.1,3,5-ヘキサトリエンのヒュッケル分子軌道計算結果は図 4.3 に示されている.

電子環状反応は分子内環状反応であるから,反応に最も関与する分子軌道は HOMO である.図 4.10 に分子面上におかれた HOMO のローブが示してある.反応する箇所は分子の両端にある p_π 軌道であるから,この2つの p_π 軌道の対称性を考慮すればよい.結合ができるためにはこの2つの p_π 軌道

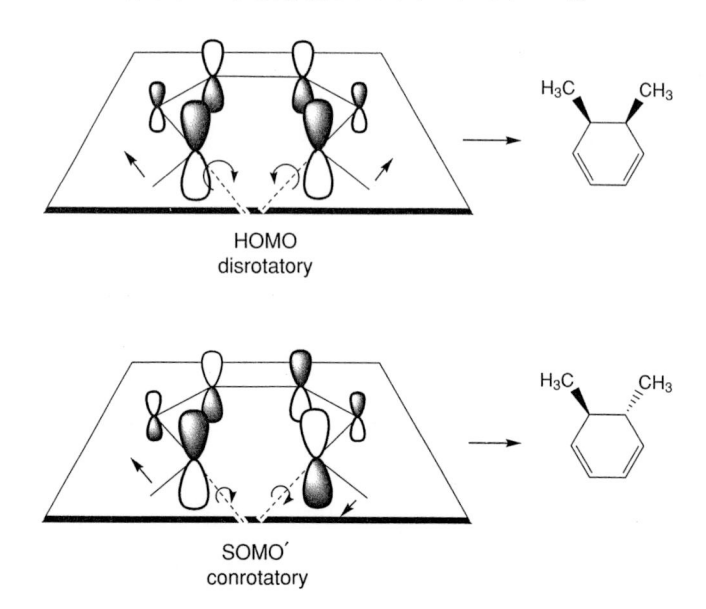

図 4.10 (2 E, 4 Z, 6 E)-オクタトリエンの電子環状反応における軌道対称性

が反対方向に回転する必要がある．このような回転は逆旋的 (disrotatory) な回転という．このような過程を経れば，必然的に cis-5,6-ジメチル 1,3-シクロヘキサジエンが生成する．

(2 E,4 Z,6 E)-オクタトリエンの光反応では，SOMO′が最も反応に関与しやすい軌道である．(2 E,4 Z,6 E)-オクタトリエンの SOMO′は 1,3,5-ヘキサトリエンの SOMO′と同等であり，図 4.10 に示されているように，両端のローブの符号はプラスとマイナスである．この場合，結合が生じるためには両端でローブが同じ方向に回転しなければならない．このような回転は共旋的 (conrotatory) な回転という．共旋過程で電子環状反応が進行すれば，必然的に trans-5,6-ジメチル 1,3-シクロヘキサジエンが生成する．

4.5 シグマトロピー転位とウッドワード–ホフマン則

シグマトロピー転位 (sigmatropic rearrangement) とは，π 共役系に隣接する単結合が切断されると同時に，π 共役系上に新たな単結合が生じると共に，π 結合の位置が転位するような反応である．このような反応は協奏的に起こる反応であり，中間体を経る反応ではない．

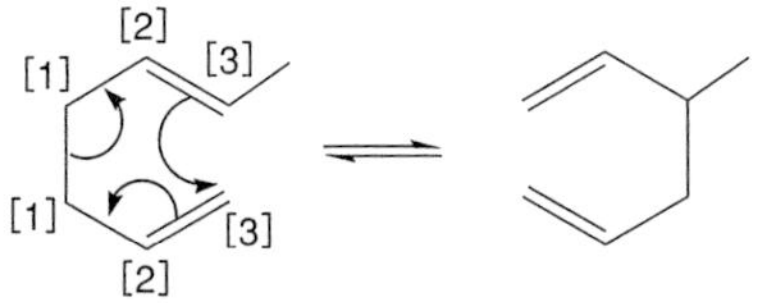

(4.28)

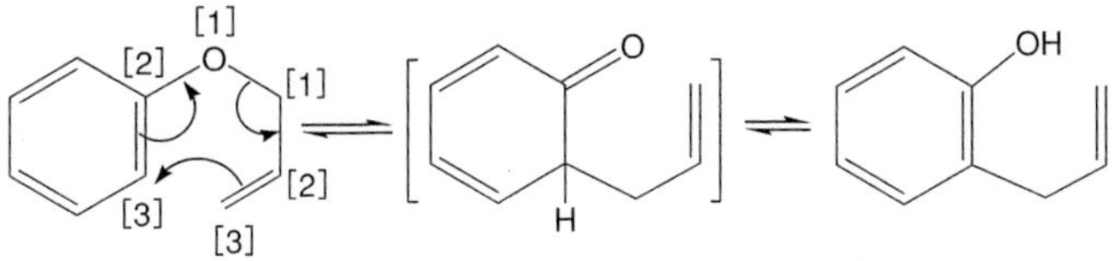

(4.29)

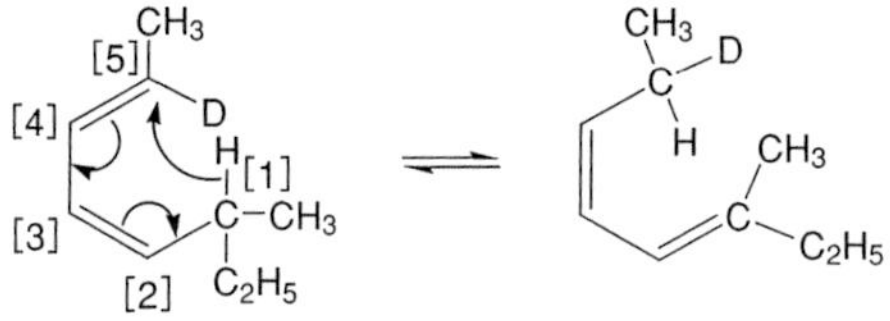

(4.30)

式 (4.28) と (4.29) の反応は [3,3] シグマトロピー転位，式 (4.30) の反応は [1,5] シグマトロピー転位と分類される．$[i,j]$ 転位 ($i \neq 1$) は，新たにできる結合の両端が，切れる結合の両端の原子から数えて i 番目と j 番目にあることを意味する．一方 $[1,j]$ 転位は，結合が切れる位置を 1 としたときに，転位の終点が 1 から数えて j 番目にあることを意味する．式 (4.28) のタイプの反応はコープ (Cope) 転位，式 (4.29) はクライゼン転位と呼ばれる．

コープ転位に対する軌道対称性保存則の適応には，種々の方法が考えられているが，ここでは最も理解しやすいラジカル的遷移状態を考える方法につき解説する．

$$\text{(4.31)}$$

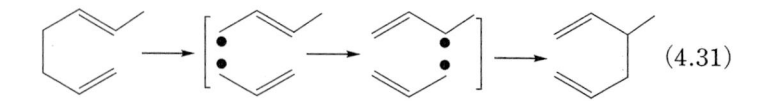

コープ転位が式 (4.31) に描かれているような状態に近い遷移状態を経るのであれば，この反応の軌道対称性はカッコで囲まれたように，2 つのアリルラジカルの軌道対称性を考えればよさそうである．アリルラジカルの単純ヒュッケル分子軌道は図 4.3 のアリルカチオンのそれと同じである．ただし，ϕ_2 が半占軌道 (SOMO) となる．

図 4.11 に 2 つのアリルラジカルの SOMO の軌道対称性が示されている．切れる単結合の位置でローブの符号を合わせれば，新たに単結合が形成される位置でのローブの符号が同じ (suprafacial) となり，この転位は熱的に許容となる．

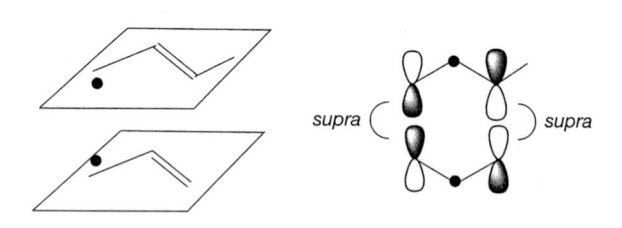

図 4.11　コープ転位における軌道対称性

式 (4.30) の [1,5] シグマトロピー転位も同じようにラジカル的遷移状態を想定する．反応する基質は，2-デューテロ-6-メチル 2,4-オクタジエンであるが，考えるべきラジカルの分子軌道は，1,3-ペンタジエニルラジカルでよい．1,3-ペンタジエニルラジカルのヒュッケル分子軌道は分からなくても，そのローブの符号が分かればウッドワード-ホフマン則が使える．4.2 節で述べた規則と，ラジカルの SOMO の分子軌道においては，偶数番目の p_π 原子軌道にかかる係数は全てゼロであるという規則を用いると，簡単に図 4.12 のようなローブの符号を付けることができる．

4.5 シグマトロピー転位とウッドワード-ホフマン則

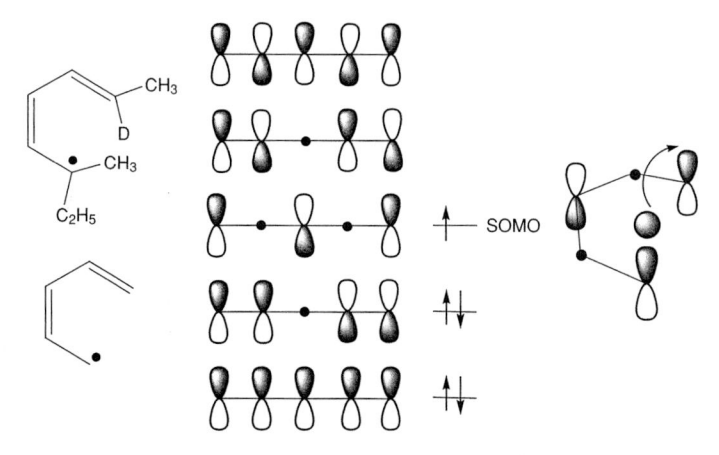

図 4.12 1,3-ペンタジエニルラジカルのローブの符号と [1,5] シグマトロピー転位の軌道対称性

図 4.12 から分かるように，1,5-転位は同面的（suprafacial）に進行する．しかし，1,3-シグマトロピー転位は反面的（antarafacial）であり，立体的に不利なため，起こらない．

◆ 量子論から有機化学の未来へ

ギリシアの哲学者デモクリトスは，物質の最小単位としての原子（atom）という概念を考えだし，原子の集合で世界が形成されると説いた．このデモクリトスの時代からたった 25 世紀しか経っていないのに，現在のわれわれは当時とは比べものにならない質と量の自然科学に対する知識を持つことになってしまった．デモクリトスや，物質を観念と同一視した観念論者のプラトン，四元素説のアリストテレスの時代の考え方は，あの化学における大天才ラボアジェ（A. L. Lavoisier, 1743-1794）が現れるまで大して代わり映えはしなかった．つまり，現在のような高度に発達した科学時代に到達するのに，ラボアジェ以降たった 300 年しかかからなかったことになる．トムソン（J. J. Thomson）が電子を発見したのは 1897 年である．化学は原子核を取

りまく電子の挙動に関する学問であるから，現代化学の歴史はトムソン以降100年程度しか経過していないともいえよう．自然科学の発展のこの驚くべき速さは，人類の計り知れない能力と同時にそら恐ろしさをも感じさせる．この短い期間における自然科学のめざましい発展の反面，科学倫理面でのわれわれの成熟度はいまだ不十分であり，この両者の歩調の不一致が様々な問題を引き起こしつつあることも事実である．

さて，第4章では有機化学反応を理解する上での量子化学の適応を勉強した．短い期間に爆発的に展開された学問分野の1つに量子論（quantum theory）がある．電子の波動性と粒子性を取り扱う量子力学は1920年代には完成したといわれている．シュレーディンガー（E. R. J. A. Schrödinger）が水素原子の波動方程式の完全解を得たのが1926年であり，このあと量子力学が完成され，その拡張として量子化学という学問が生まれた．シュレーディンガーの波動方程式の完全解は水素原子についてのみ得られ，分子として最も簡単な水素分子カチオン（H_2^+）になると，もう完全解は得られず，近似法を用いざるをえなくなる．この近似法の1つにヒュッケル（E. A. A. J. Hückel）の分子軌道法がある．1930年に発表されたこの方法は極めて荒っぽい近似法ではあるが，簡単なπ共役系のπ分子軌道のローブの符号と大きさを手計算で求めることができる．この分子軌道法を利用して有名なウッドワード-ホフマン（Woodward-Hoffmann）則（軌道対称性の理論）や福井謙一のフロンティア電子理論が生まれた．ウッドワード，ホフマンおよび福井はいずれもノーベル化学賞を受賞しているが，ヒュッケルはデバイ-ヒュッケル理論（電解質溶液に関する理論）の提唱や分子軌道法の開発において極めて顕著な業績を挙げたにもかかわらず，ノーベル賞の栄誉に輝くことはなかった．そればかりか，当時のドイツにおいて大学教授の席も最後まで与えられず，退職前1年間だけフィリップ大学の教授となるにとどまった．学術の世界にも，光をさんさんと浴びる学者と，その影となってもなお立派な成果を挙げる学者とがいるということだろう．

コンピュータとコンピュータを動かすソフトウェアの性能も近年著しい発展を遂げている．そのおかげで，タンパク質のようなかなり複雑な分子に対しても，比較的容易に分子軌道計算ができる．コンピュータがどのような計

算をしているかは分からなくても，分子の構造をインプットすれば，その分子軌道計算結果が美しいグラフィックスとなってアウトプットされる．しかし，基礎的な原理を抜きにして結果だけを求めてしまっては，新しい学問分野や科学技術を開拓していくことは不可能である．学徒たるものは，一見無駄と思われるような学問も，強い好奇心をもって勉学にいそしむことが大切であり，量子化学はその一例である．これからの有機化学は分子軌道計算なしには成り立たなくなっている．コンピュータから出てくる結果だけを大切に思うのではなく，その結果を得るまでのプロセスも十分に学んでほしい．そのような努力が新しい発見につながると信じて．

演習問題

[1] 1,3-ブタジエンとエチレンのディールス-アルダー反応で，図 4.9 とは逆に 1,3-ブタジエンの LUMO とエチレンの HOMO を考えても同じ結果になることを示せ．

[2] 1,3-ブタジエンとエチレンの光 [4 + 2] 環化付加反応は許容か禁制か．

[3] $(2E,4E)$-ヘキサジエンの熱および光電子環状反応の生成物の立体化学をウッドワード-ホフマン則から予測せよ．

[4] [1,7] シグマトロピー転位は同面過程では進行せず，もしも起こるとすれば反面過程で進行する．次のような非環状共役トリエンでは [1,7] シグマトロピー転位が進行するが，環状共役トリエンでは進行しない．この違いを考察せよ．

さらに深く学ぶための参考書

ボルハルト・ショアー：『現代有機化学 上・下』第4版，古賀憲司・野依良治・村橋俊一 監訳，化学同人 (2004).

ウォーレン：『有機化学 上・下』野依良治・奥山 格・柴﨑正勝・檜山爲次郎 監訳，東京化学同人 (2003).

ブルース：『有機化学 上・下』第4版，大船泰史・香月 勗・西郷和彦・富岡 清 監訳，化学同人 (2004).

加納航治：『有機反応論』三共出版 (2006).

藤本 博・山辺信一・稲垣都士：『有機反応と軌道概念』化学同人 (1986).

山崎 巌：『有機量子化学と光化学』一麦出版社 (2003).

演習問題解答

第2章

[1] 1)

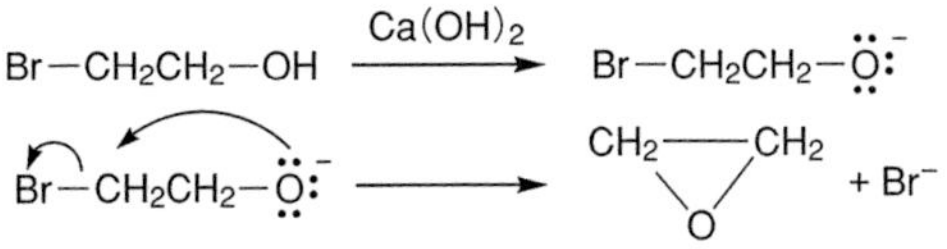

$$Br-CH_2CH_2-OH \xrightarrow{Ca(OH)_2} Br-CH_2CH_2-\ddot{\underset{..}{O}}{}^-$$

$$Br-CH_2CH_2-\ddot{\underset{..}{O}}{}^- \longrightarrow \underset{O}{CH_2-CH_2} + Br^-$$

2)

$$CH_3SH \xrightarrow{NaOH} CH_3S^-$$

$$CH_3S^- + \underset{O}{CH_2-CH_2} \longrightarrow CH_3S-CH_2CH_2-O^-$$

$$\xrightarrow{H_3O^+} CH_3S-CH_2CH_2-OH$$

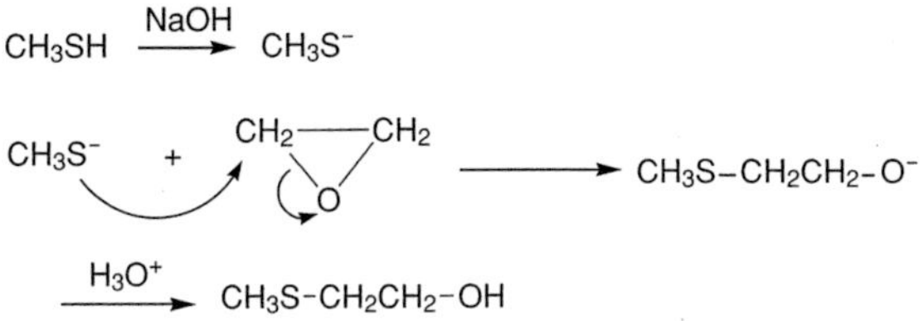

3)

$$Ph-CH_2OH + Cl-SO_2-C_6H_4-CH_3 \longrightarrow Ph-CH_2\overset{+}{\underset{H}{O}}-SO_2-C_6H_4-CH_3 + Cl^-$$

$$\xrightarrow{\text{pyridine}} Ph-CH_2OSO_2-C_6H_4-CH_3$$

$$Ph-CH_2-OSO_2-C_6H_4-CH_3 + HOCH_2CH_3 \longrightarrow$$

$$Ph-CH_2-\overset{+}{\underset{H}{O}}CH_2CH_3 + CH_3-C_6H_4-SO_3^- \longrightarrow$$

$$Ph-CH_2OCH_2CH_3 + CH_3-C_6H_4-SO_3H$$

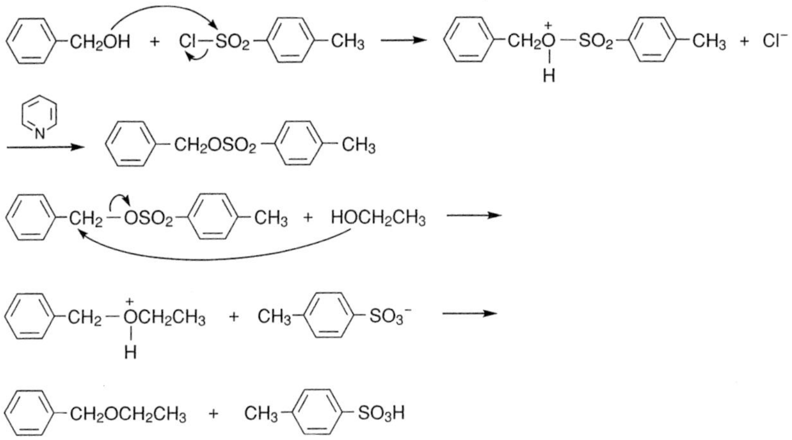

4) 反応式（ピリジン + PhCH₂Br → N-ベンジルピリジニウム臭化物）

5) PhCH₂NH₂ + エポキシド（CH₂-CH₂-O） → PhCH₂N⁺H₂CH₂CH₂O⁻ → PhCH₂NHCH₂CH₂OH

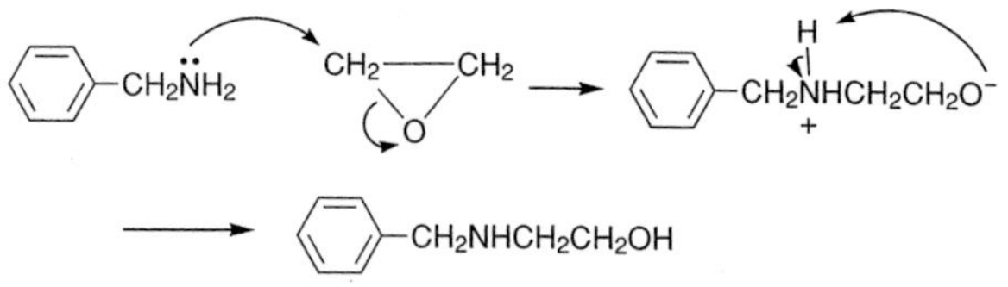

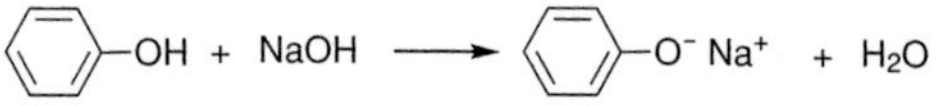

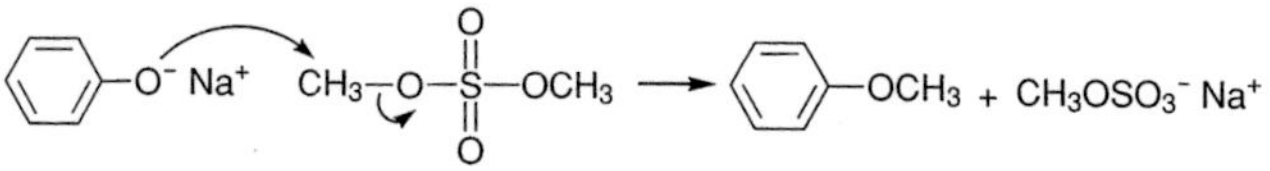

さらに，同様に

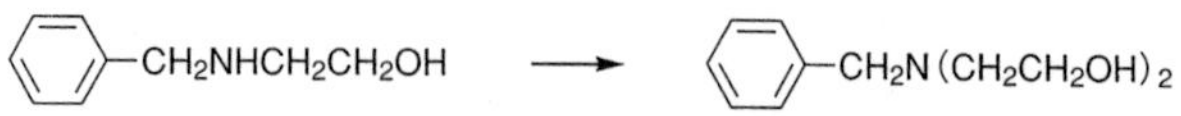

PhCH₂NHCH₂CH₂OH ⟶ PhCH₂N(CH₂CH₂OH)₂

6) PhOH + NaOH ⟶ PhO⁻Na⁺ + H₂O

PhO⁻Na⁺ + CH₃-O-SO₂-OCH₃ ⟶ PhOCH₃ + CH₃OSO₃⁻Na⁺

[2] エポキシド開環反応（塩基性条件下，$C_2H_5O^-/C_2H_5OH$）

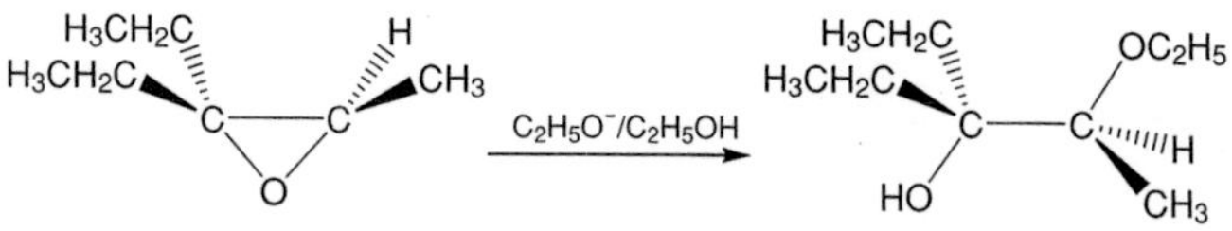

塩基性条件下でのエポキシド（オキシラン）の開環反応は，立体的要因の影響を強く受ける．したがって，立体障害の少ない炭素に対する S_N2 反応が進行する．

[3]

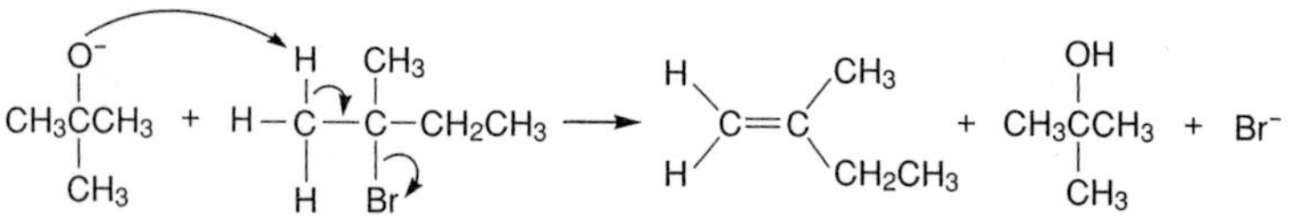

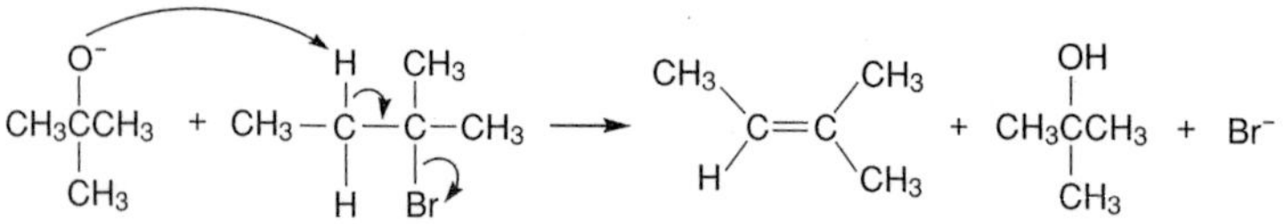

(CH₃)₃CO⁻ + H-CH(CH₃)-CH(Br)-CH₂CH₃ ⟶ (H)(CH₃)C=C(H)(CH₂CH₃) + (CH₃)₃COH + Br⁻

(CH₃)₃CO⁻ + CH₃-CH(CH₃)-C(Br)(CH₃)-CH₃ ⟶ (CH₃)₂C=C(CH₃)(H) + (CH₃)₃COH + Br⁻

第2章 演習問題解答

メチレンにはかさ高い置換基が2つ結合しているのに対して，メチルには1つ結合しているのみである．かさ高い 2-メチル-2-プロポキシドが塩基として働くとき，より立体障害の少ない位置のプロトンを引き抜く．したがって，メチルプロトンが引き抜かれて生成する 2-メチル-1-ブテンが主生成物となる．

[4]

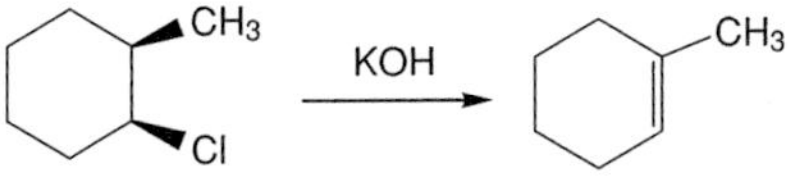

まず，メタノール中 KOH を塩基とする E2 反応は，ザイツェフ則に従ったアルケンが主生成物として得られる．cis-1-クロロ-2-メチルシクロヘキサンの場合は脱離する H と Cl が anti-同平面になることができるのに対し，trans-1-クロロ-2-メチルシクロヘキサンの場合には anti-同平面になれない．したがって，cis-1-クロロ-2-メチルシクロヘキサンの反応のほうが速い．

[5]

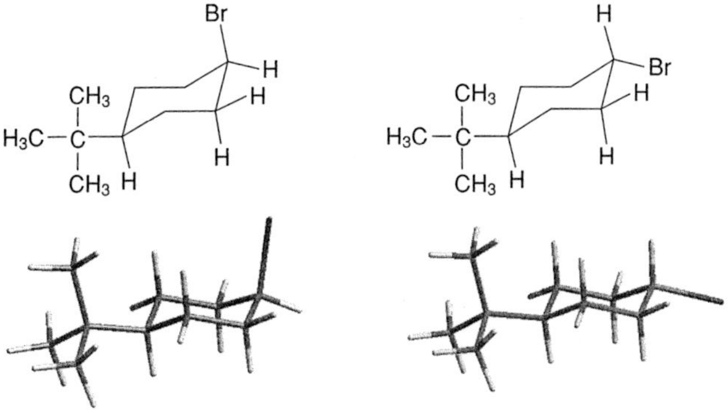

1-ブロモ-4-t-ブチルシクロヘキサンの t-ブチル基は，常に equatorial 位に存在する置換基である．cis-1-ブロモ-4-t-ブチルシクロヘキサンの場合は安定ないす型配座で脱離する H と Cl が anti-同平面になることができるのに対し，trans-1-ブロモ-4-t-ブチルシクロヘキサンの場合には不安定なボート型配座にならないと anti-同平面になれない．したがって，cis-体が E2 反応を起こしやすい．

[6]

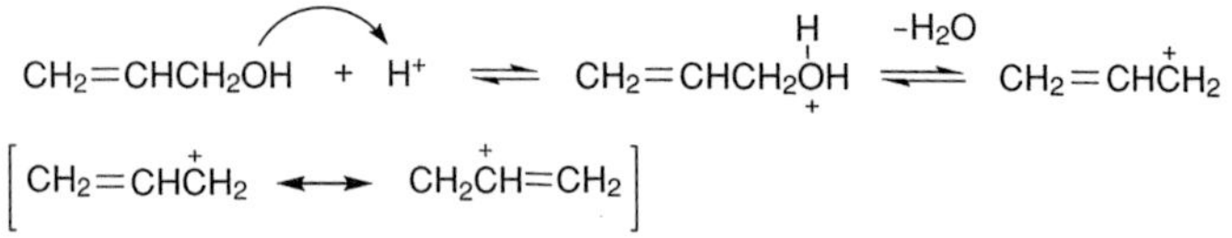

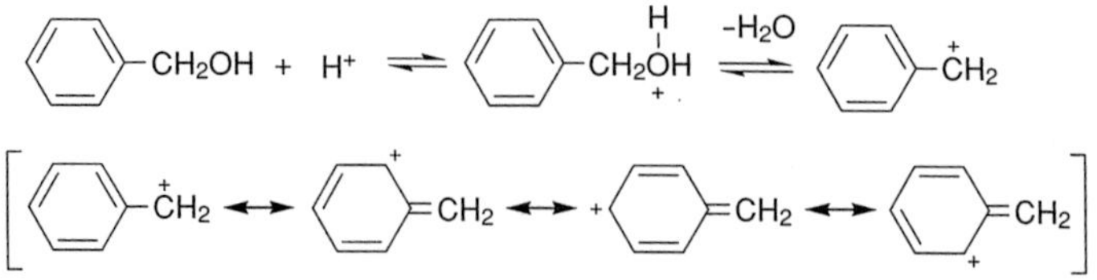

$CH_2=CHCH_2OH + H^+ \rightleftharpoons CH_2=CHCH_2\overset{H}{\underset{+}{O}}H \xrightarrow{-H_2O} CH_2=CH\overset{+}{C}H_2$

$\left[CH_2=CH\overset{+}{C}H_2 \longleftrightarrow \overset{+}{C}H_2CH=CH_2 \right]$

（ベンジルアルコールの機構：C₆H₅-CH₂OH + H⁺ ⇌ C₆H₅-CH₂OH₂⁺ → C₆H₅-CH₂⁺ と共鳴構造）

生成すると予想されるカルボカチオンは，上式のような共鳴によって安定化されるので，カチオンとなると考えてよい．

[7] 中間にできるカルボカチオンが安定な 1-ブロモ-1-フェニルエタンは溶媒和イオン対ができやすくラセミ化率は大きい．一方 2-ブロモヘプタンの場合は第 2 級アルキルカルボカチオンであり，不安定で，接触イオン対から反応が起こりやすく，立体保持の割合が増える．

[8] カルボカチオンの陽電荷が存在する炭素は sp^2 混成軌道である．2-ブロモ-2-メチルプロパンのカルボカチオンは平面に 3 つのメチル基の炭素は位置できるが，二環式，三環式化合物からのカルボカチオンは平面構造を取れない．よってそのようなカルボカチオンは不安定となる．

[9]

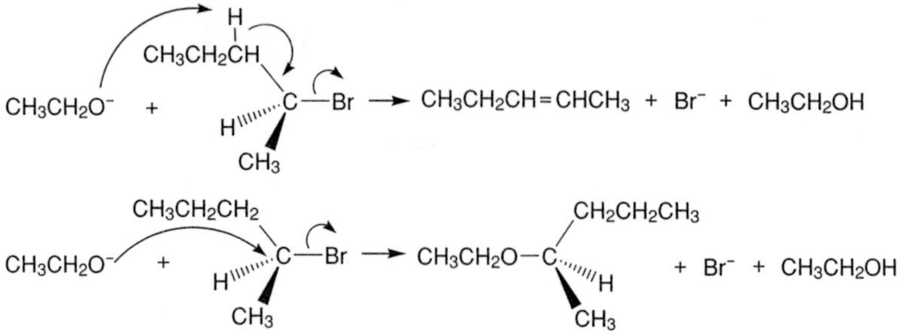

$CH_3CH_2O^- + \text{(2-ブロモペンタンのH引き抜き)} \rightarrow CH_3CH_2CH=CHCH_3 + Br^- + CH_3CH_2OH$

$CH_3CH_2O^- + \text{(2-ブロモペンタンのC攻撃)} \rightarrow CH_3CH_2O-CH(CH_3)(CH_2CH_2CH_3) + Br^- + CH_3CH_2OH$

[10]

縦軸: ポテンシャルエネルギー
横軸: 反応座標

曲線: 極性の低い溶媒／極性の高い溶媒

[11]

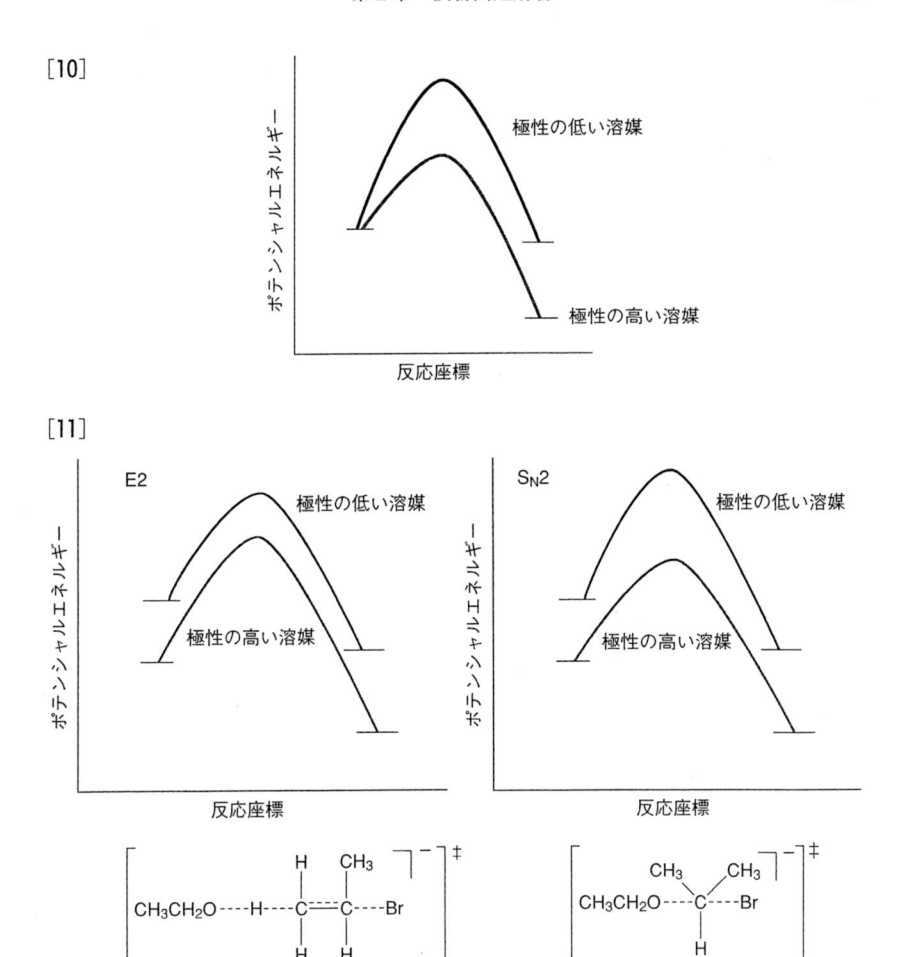

E2（縦軸: ポテンシャルエネルギー、横軸: 反応座標）
極性の低い溶媒／極性の高い溶媒

$$\left[CH_3CH_2O \cdots H \cdots \underset{H}{\overset{H}{C}} = \underset{H}{\overset{CH_3}{C}} \cdots Br \right]^{-\ddagger}$$

S_N2（縦軸: ポテンシャルエネルギー、横軸: 反応座標）
極性の低い溶媒／極性の高い溶媒

$$\left[CH_3CH_2O \cdots \underset{H}{\overset{CH_3}{\underset{|}{C}}}\overset{CH_3}{} \cdots Br \right]^{-\ddagger}$$

遷移状態の分子の極性は，負電荷がより多くの原子に分散しているためE2反応の遷移状態分子の方が低い．したがって，極性が低い溶媒中で選択性が高くなる．

[12]

CH₃(CH₂)₃OH + H⁺ ⇌ CH₃(CH₂)₃ŌH
                                       |
                                       H

Br⁻ + CH₃CH₂CH₂CH₂—OH₂⁺ ⟶ CH₃(CH₂)₃Br + H₂O

HO(CH₂)₆OH + H⁺ ⇌ HO(CH₂)₆ŌH
                                      |
                                      H

I⁻ + HOCH₂CH₂CH₂CH₂CH₂CH₂—OH₂⁺ ⟶ HO(CH₂)₆I + H₂O

以下同様に

HO(CH₂)₆I ⟶ I(CH₂)₆I + H₂O

[13]

$$\underset{\underset{CH_3\ H}{|\ |}}{\overset{\overset{H\ \ CH_3}{|\ \ |}}{H_3C-C-C-OH}} + H^+ \rightleftharpoons \underset{\underset{CH_3\ H}{|\ |}}{\overset{\overset{H\ \ CH_3}{|\ \ |}}{H_3C-C-C-OH_2^+}}$$

$$\underset{\underset{CH_3\ H}{|\ |}}{\overset{\overset{H\ \ CH_3}{|\ \ |}}{H_3C-C-C-OH_2^+}} \rightleftharpoons \underset{\underset{CH_3\ H}{|\ |}}{\overset{\overset{H\ \ CH_3}{|\ \ |}}{H_3C-C-C^+}} + H_2O$$

$$\underset{\underset{CH_3\ H}{|\ |}}{\overset{\overset{H\ \ CH_3}{|\ \ |}}{H_3C-C-C^+}} + Br^- \rightleftharpoons \underset{\underset{CH_3\ H}{|\ |}}{\overset{\overset{H\ \ CH_3}{|\ \ |}}{H_3C-C-C-Br}}$$

$$\underset{\underset{CH_3\ H}{|\ |}}{\overset{\overset{H\ \ CH_3}{|\ \ |}}{H_3C-C-C^+}} \longrightarrow \underset{\underset{CH_3\ H}{|\ |}}{\overset{\overset{H}{|}}{H_3C-C^+-C-CH_3}}$$

$$\underset{\underset{CH_3\ H}{|\ |}}{\overset{\overset{H}{|}}{H_3C-\overset{+}{C}-C-CH_3}} + Br^- \longrightarrow \underset{\underset{CH_3\ H}{|\ |}}{\overset{\overset{Br\ H}{|\ |}}{H_3C-C-C-CH_3}}$$

[14]

$$\underset{NH_2}{CH_3CH_2\overset{|}{C}HCH_3} + 3\,CH_3I \longrightarrow \underset{\overset{+}{N}(CH_3)_3I^-}{CH_3CH_2\overset{|}{C}HCH_3} + 2\,HI$$

第2章　演習問題解答

$$2\ CH_3CH_2\overset{\overset{+}{N}(CH_3)_3I^-}{\underset{|}{C}HCH_3} + Ag_2O + H_2O \longrightarrow 2\ CH_3CH_2\overset{\overset{+}{N}(CH_3)_3OH^-}{\underset{|}{C}HCH_3} + 2\ AgI$$

$$CH_3CH_2\overset{\overset{+}{N}(CH_3)_3OH^-}{\underset{|}{C}HCH_3} \overset{\Delta}{\longrightarrow} CH_3CH_2CH=CH_2 + CH_3CH=CHCH_3$$

[15]
$$CH_3-\overset{\overset{O}{\|}}{C}-CH_3 \rightleftharpoons CH_2=\overset{\overset{O-H}{|}}{C}-CH_3 \overset{D_2O}{\rightleftharpoons} CH_2=\overset{\overset{O-D}{|}}{C}-CH_3$$

$$\rightleftharpoons CH_2D-\overset{\overset{O}{\|}}{C}-CH_3$$

[16]
$$CH_3-\overset{\overset{O}{\|}}{C}-CH_3 + H-\overset{18}{O}-H \rightleftharpoons CH_3-\overset{\overset{O^-}{|}}{\underset{\underset{+}{H-\overset{18}{O}H}}{C}}-CH_3 \rightleftharpoons$$

$$CH_3-\overset{\overset{OH}{|}}{\underset{^{18}OH}{C}}-CH_3 \rightleftharpoons CH_3-\overset{\overset{^{18}O}{\|}}{C}-CH_3 + H_2O$$

[17]

[18]

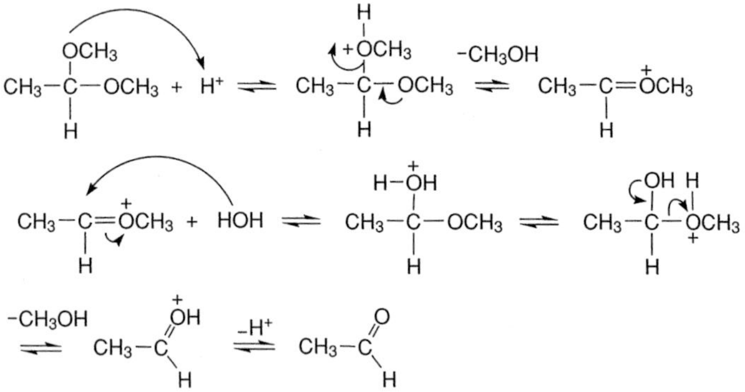

[19]

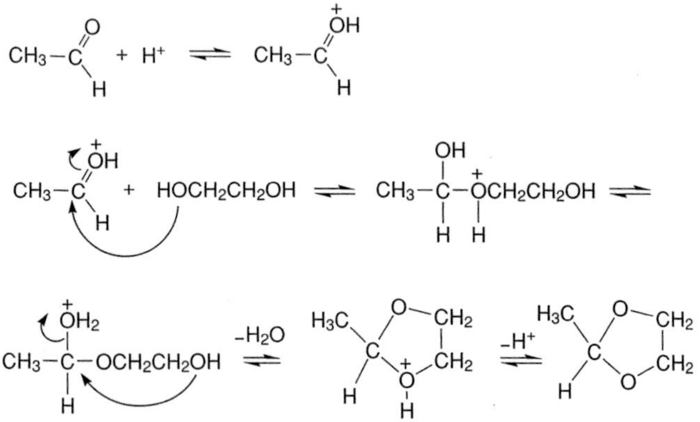

[20]

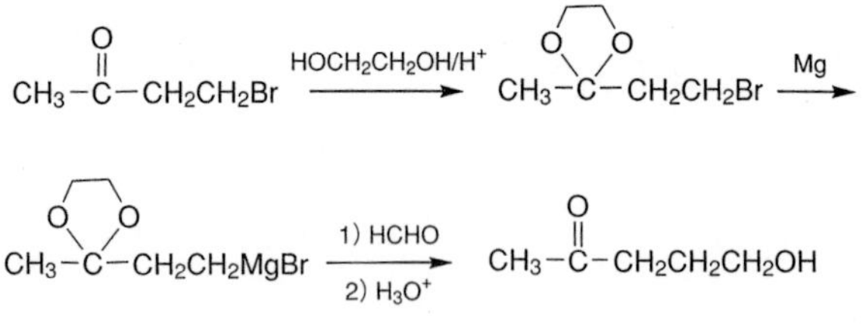

[21]

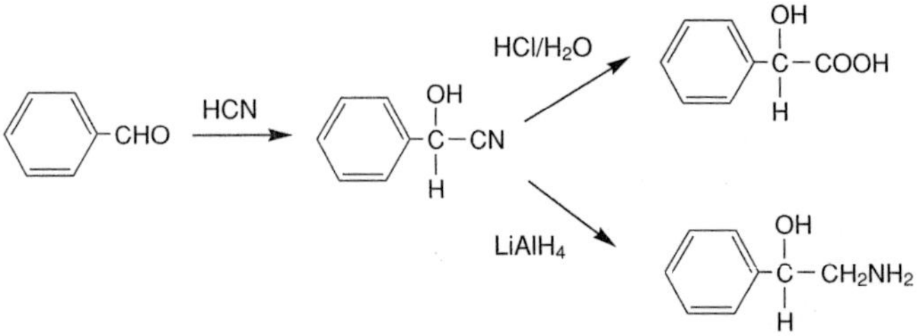

[22] (反応機構図)

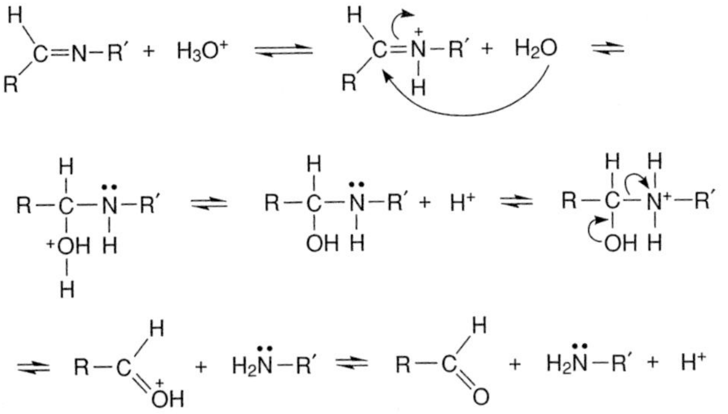

[23] カルボニル基へアミンが付加してできる中間体から脱離すべき基がないため.

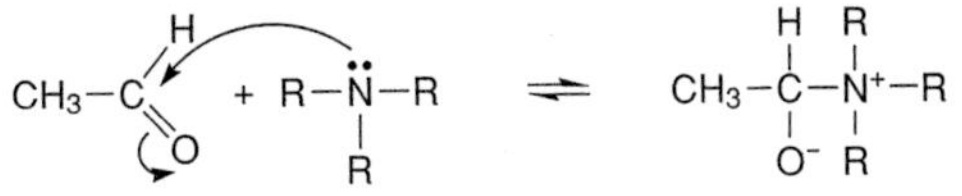

これ以上反応が進まない.

[24] (反応機構図)

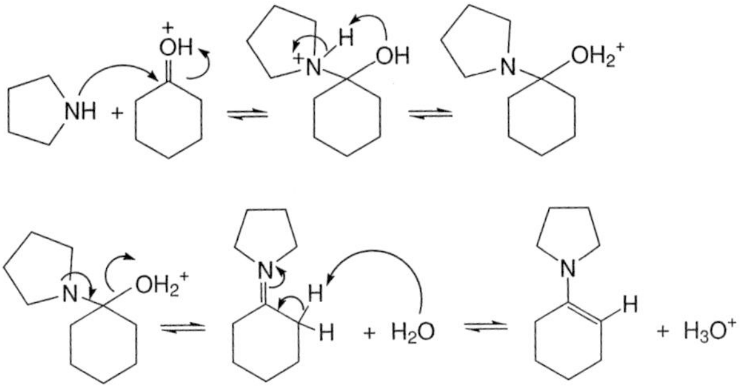

[25] 例えば, ウォーレン著『有機化学 (上)』(東京化学同人) 第 1 版 (2003), p.721 参照.

[26] 例えば, ウォーレン著『有機化学 (上)』(東京化学同人) 第 1 版 (2003), p.676, あるいはボルハルト・ショアー共著『現代有機化学 (上)』(化学同人) 第 4 版 (2004), p.855 参照.

[27] 電気陰性度の高い酸素原子上に負電荷があるほうが, 炭素原子上にあるよりもより安定であるから.

[28]

$$\text{H}_3\text{C}\text{-C(=O)-CH}_3 + \text{H}^+ \rightleftharpoons \left[\begin{array}{c} \text{H}_3\text{C} \\ \text{H}_3\text{C} \end{array}\text{C}=\overset{+}{\text{O}}-\text{H} \leftrightarrow \begin{array}{c} \text{H}_3\text{C} \\ \text{H}_3\text{C} \end{array}\overset{+}{\text{C}}-\text{O}-\text{H} \leftrightarrow \begin{array}{c} \text{H}^+\text{H}_2\text{C} \\ \text{H}_3\text{C} \end{array}\text{C}-\text{OH} \right]$$

(enol formation step with X^- abstracting α-H to give $\text{CH}_2=\text{C(OH)CH}_3$ + HX)

(aldol-type condensation: protonated acetone + enol of acetone → $\text{(CH}_3\text{)}_2\text{C(OH)CH}_2\text{C}^+(\text{OH})\text{CH}_3 \rightleftharpoons \text{(CH}_3\text{)}_2\text{C(OH)CH}_2\text{C(=O)CH}_3 + \text{H}^+$)

[29]

$$\text{CH}_3\text{-CH}_2\text{-CHO} + \text{OH}^- \rightleftharpoons \text{CH}_3\text{-CH=CH-O}^- + \text{H}_2\text{O}$$

(enolate attacks PhCHO → $\text{Ph-CH(O}^-\text{)-CH(CH}_3\text{)-CHO}$)

$$\text{Ph-CH(O}^-\text{)-CH(CH}_3\text{)-CHO} + \text{H}_2\text{O} \rightleftharpoons \text{Ph-CH(OH)-CH(CH}_3\text{)-CHO} + \text{OH}^-$$

$$\text{Ph-CH(OH)-CH(CH}_3\text{)-CHO} + \text{OH}^- \rightleftharpoons \text{Ph-CH=C(CH}_3\text{)-CHO} + \text{H}_2\text{O} + \text{OH}^-$$

[30] 1)

$$\text{CH}_3\text{CH}_2\text{CH}_2\text{OH} + \text{HBr} \rightarrow \text{CH}_3\text{CH}_2\text{CH}_2\text{Br} + \text{H}_2\text{O}$$

$$\text{CH}_3\text{CH}_2\text{CH}_2\text{Br} + \text{Mg} \rightarrow \text{CH}_3\text{CH}_2\text{CH}_2\text{MgBr}$$

$$\text{CH}_3\text{CH}_2\text{CH}_2\text{MgBr} + \text{HCHO} \rightarrow \text{CH}_3\text{CH}_2\text{CH}_2\text{CH}_2\text{OMgBr}$$

$$\text{CH}_3\text{CH}_2\text{CH}_2\text{CH}_2\text{OMgBr} + \text{H}_2\text{O} \rightarrow \text{CH}_3\text{CH}_2\text{CH}_2\text{CH}_2\text{OH} + \text{HOMgBr}$$

2)

$$\text{CH}_3\text{CH}_2\text{CH}_2\text{MgBr} + \text{CH}_3\text{CHO} \rightarrow \text{CH}_3\text{CH}_2\text{CH}_2\text{CH(OMgBr)CH}_3$$

$$\text{CH}_3\text{CH}_2\text{CH}_2\text{CH(OMgBr)CH}_3 + \text{H}_2\text{O} \rightarrow \text{CH}_3\text{CH}_2\text{CH}_2\text{CH(OH)CH}_3 + \text{HOMgBr}$$

第2章　演習問題解答

[31]

$$H-\overset{H}{\underset{H}{B^-}}-H + \overset{R^1}{\underset{R^2}{C}}=O \longrightarrow R^2-\overset{R^1}{\underset{H}{C}}-O^- + BH_3$$

$$R^2-\overset{R^1}{\underset{H}{C}}-O^- + BH_3 \longrightarrow R^2-\overset{R^1}{\underset{H}{C}}-O(BH_3)^-$$

$$R^2-\overset{R^1}{\underset{H}{C}}-O(BH_3)^- + 3\ \overset{R^1}{\underset{R^2}{C}}=O \longrightarrow \left(R^2-\overset{R^1}{\underset{H}{C}}-O-\right)_4 B^-$$

work-up

$$\left(R^2-\overset{R^1}{\underset{H}{C}}-O-\right)_4 B^- + 4\,H_2O \longrightarrow 4\,R^2-\overset{R^1}{\underset{H}{C}}-OH + B(OH)_4^-$$

[32]

$$R-\overset{O}{C}-\overset{O}{C}-H + OH^- \rightleftharpoons R-\overset{O}{C}-\overset{O^-}{\underset{H}{C}}-OH \longrightarrow$$

$$R-\overset{O^-}{\underset{H}{C}}-\overset{O}{C}-OH \longrightarrow R-\overset{OH}{\underset{H}{C}}-\overset{O}{C}-O^-$$

[33]

1) MeLi
2) H_2O

>99 %　　<1 %

1) CH_3MgBr
2) H_2O

79 %　　21 %

[34]

[35]

[36]

第2章　演習問題解答

[37]

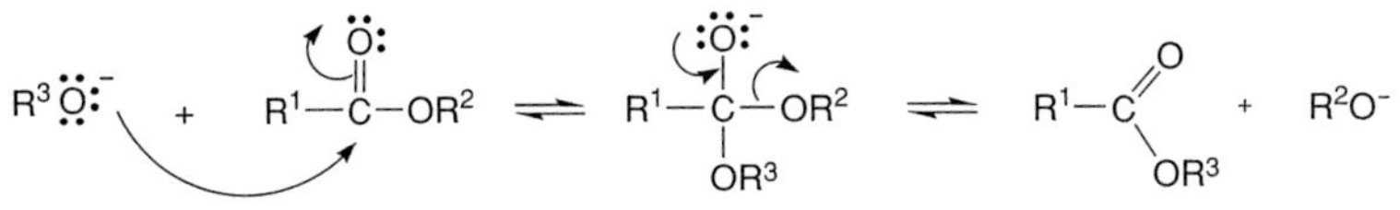

[38]

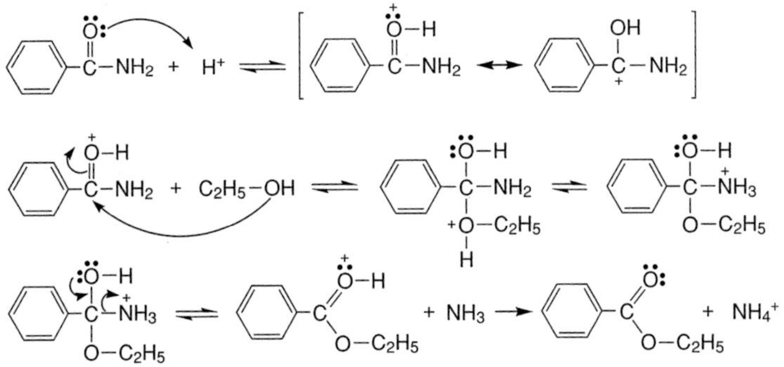

[39]

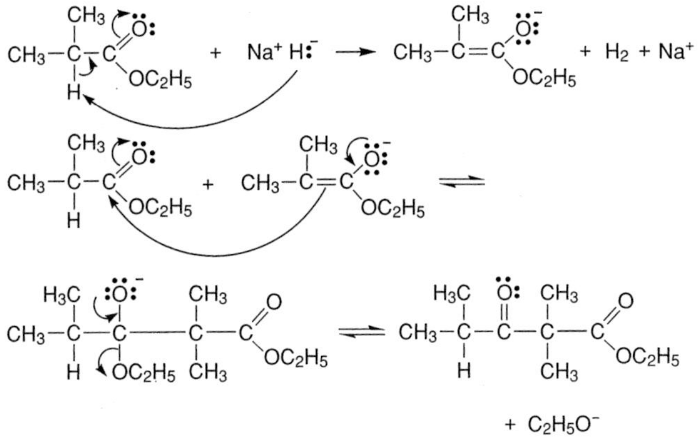

[40]

$$H-\underset{H}{\overset{H}{C}}-\underset{OC_2H_5}{\overset{\ddot{O}:}{C}} + C_2H_5O^- \rightleftharpoons \underset{H}{\overset{H}{C}}=\underset{OC_2H_5}{\overset{O^-}{C}}-OC_2H_5 + C_2H_5OH$$

$$H-\underset{OC_2H_5}{\overset{\ddot{O}:}{C}} + \underset{H}{\overset{H}{C}}=\underset{OC_2H_5}{\overset{O^-}{C}}-OC_2H_5 \rightleftharpoons H-\underset{OC_2H_5}{\overset{:\ddot{O}^-}{C}}-CH_2-\underset{OC_2H_5}{\overset{O}{C}}$$

$$H-\underset{OC_2H_5}{\overset{:\ddot{O}^-}{C}}-CH_2-\underset{OC_2H_5}{\overset{O}{C}} \rightleftharpoons H-\overset{\ddot{O}:}{C}-CH_2-\underset{OC_2H_5}{\overset{O}{C}} + C_2H_5O^- \rightleftharpoons$$

$$\underset{OC_2H_5}{H-\overset{:\ddot{O}^-}{C}=CH-\overset{O}{C}} + C_2H_5OH$$

work-up

$$H-\overset{:\ddot{O}^-}{C}=CH-\underset{OC_2H_5}{\overset{O}{C}} + H_3O^+ \rightleftharpoons H-\overset{\ddot{O}:}{C}-CH_2-\underset{OC_2H_5}{\overset{O}{C}} + H_2O$$

[41]

$$C_6H_5-\overset{O}{\underset{}{C}}-OCH_3 + CH_3-MgBr \rightleftharpoons C_6H_5-\underset{CH_3}{\overset{OMgBr}{C}}-OCH_3$$

$$C_6H_5-\underset{CH_3}{\overset{O^-MgBr}{C}}-OCH_3 \longrightarrow C_6H_5-\overset{O}{C}-CH_3 + CH_3OMgBr$$

$$C_6H_5-\overset{O}{C}-CH_3 + CH_3-MgBr \longrightarrow C_6H_5-\underset{CH_3}{\overset{OMgBr}{C}}-CH_3$$

$$C_6H_5-\underset{CH_3}{\overset{OMgBr}{C}}-CH_3 \xrightarrow[H_2O]{\text{work-up}} C_6H_5-\underset{CH_3}{\overset{OH}{C}}-CH_3$$

[42], [43], [44]

[45]

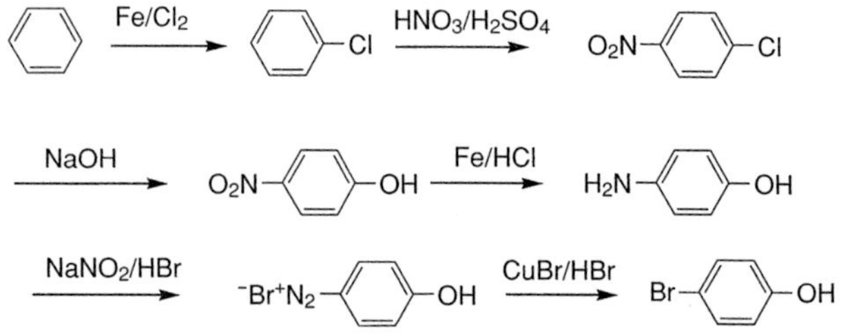
Fe/Cl2
Cl
HNO3/H2SO4
O2N
Cl
NaOH
O2N
OH
Fe/HCl
H2N
OH
NaNO2/HBr
-Br+N2
OH
CuBr/HBr
Br
OH

[46]

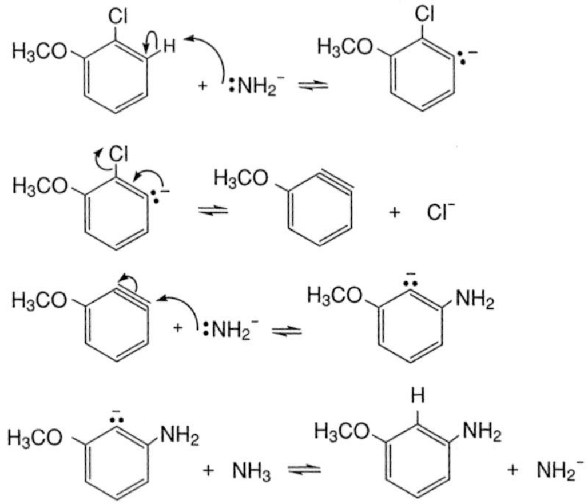
Cl
H3CO
H
+
:NH2-
Cl
H3CO
Cl
H3CO
H3CO
+
Cl-
H3CO
+
:NH2-
H3CO
NH2
H3CO
NH2
+
NH3
H
H3CO
NH2
+
NH2-

OCH_3 基は共鳴効果によって *o*-位の電子密度を上昇させる．また，OCH_3 基は *o*-位への求核試剤の接近に対して立体障害となる．電子的にも立体的にも *o*-位への求核攻撃が起こりにくい．

[47] 解答は省略．テキスト中に記述している．

[48] 生成するベンザイン中間体の C≡C 炭素は CF_3 基から遠く，CF_3 基の電子的影響をほとんど受けない．また，CF_3 基の立体的影響も受けない．したがって，1：1 の比で生成する．

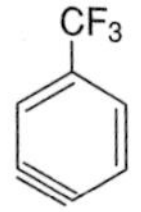
CF3

第3章

[1]

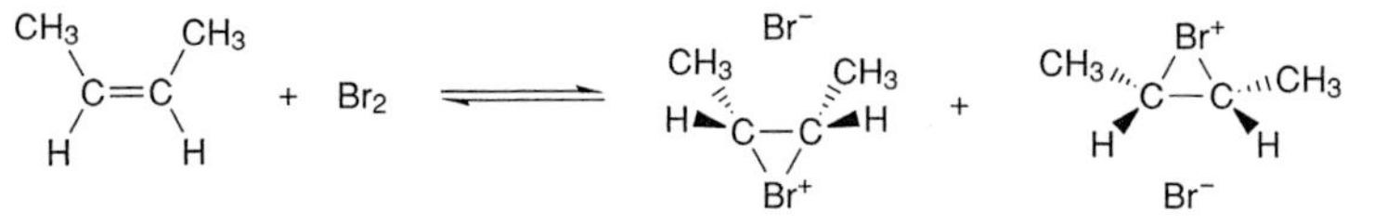

(反応式: 2-ブテン + Br₂ → ブロモニウムイオン中間体)

紙面の裏から　同じ　紙面の表から

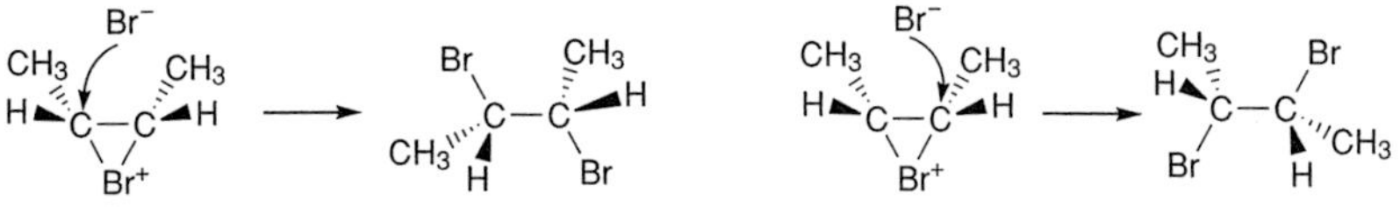

(2S,3S)-　　(2R,3R)-

紙面の上から臭素が近づいて生成するブロモニウムイオンと，紙面の下から臭素が近づいて生成するブロモニウムイオンは同じであり，中間体は1種．臭化物イオンは左右の炭素に求核攻撃して，(1S, 2S)-体と(1R, 2R)-体を与える．

[2]

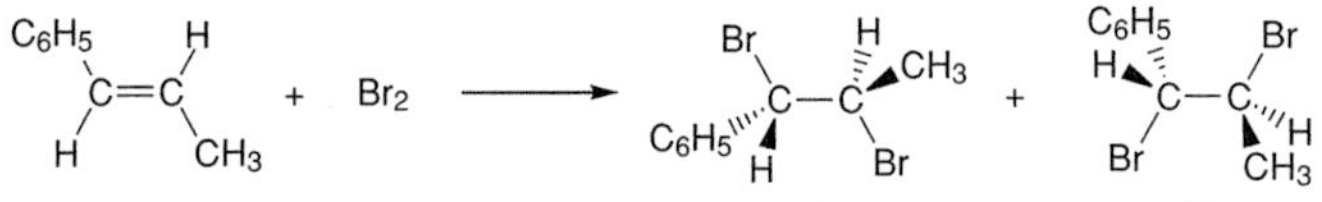

(反応式: C₆H₅CH=CHCH₃ + Br₂ → A + B)

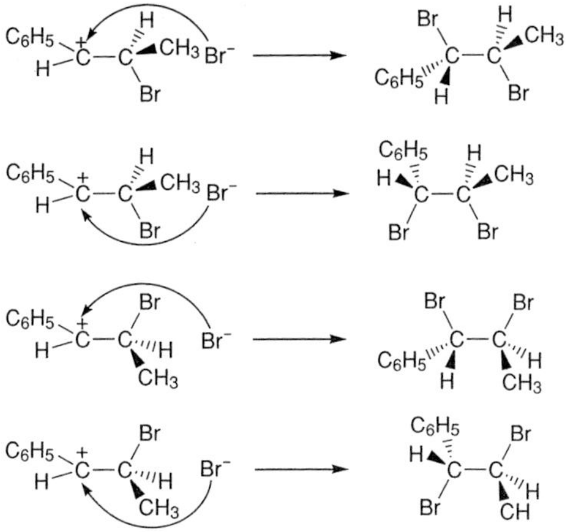

A～Dの4種類

[3]

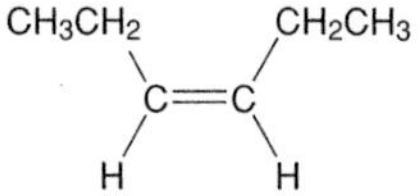

CH_3CH_2 、 CH_2CH_3 が C=C で繋がれた (Z)-3-ヘキセンの構造式

炭素数6の直鎖状アルケンは，1-ヘキセン，(E)-および(Z)-2-ヘキセン，(E)-および(Z)-3-ヘキセンである．非対称1,2-二置換オレフィンでは必ずキラルなジクロロアルカンを与える．(E)-3-ヘキセンは$(2S,3S)$-ジクロロ体と$(2R,3R)$-ジクロロ体を与える．(Z)-3-ヘキセンは$(2R,3S)$-ジクロロ体を与える．これはアキラルな分子である．

[4] (反応機構図)

紙面の裏から / 紙面の表から / 同じ

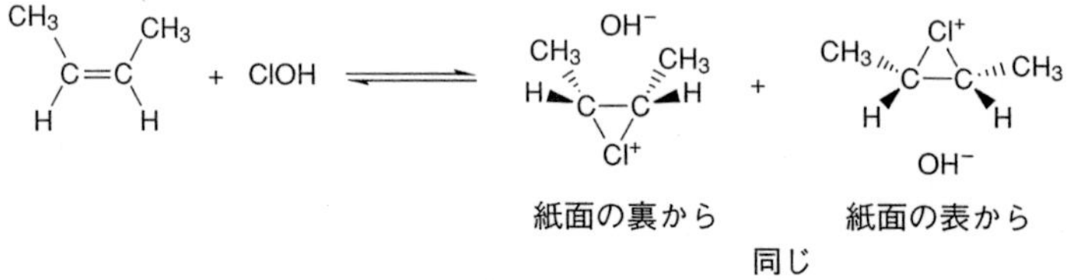

(S,S)- / (R,R)-

[5] (反応機構図)

more stable / less stable

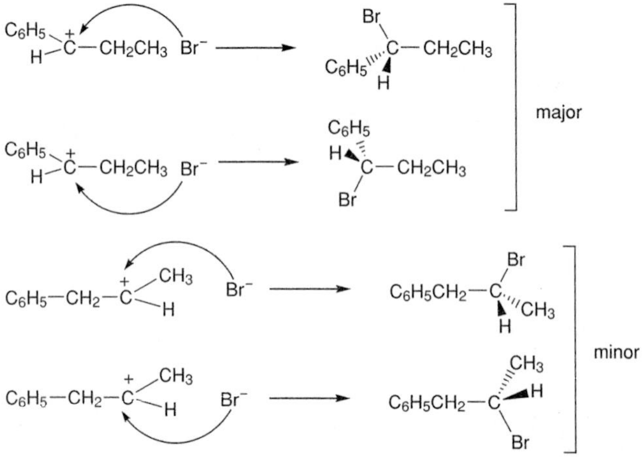

major / minor

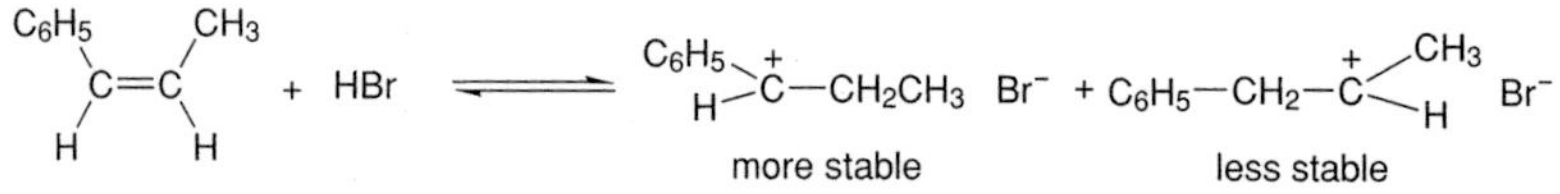

より安定なカチオン中間体を経由する生成物が主生成物となる．

[6]

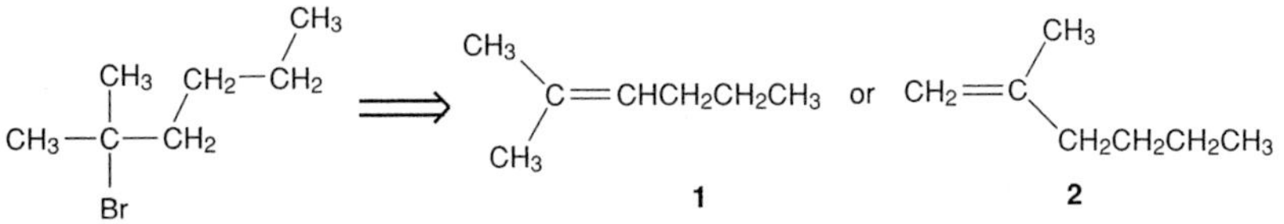

2-メチル-2-ヘキセン (1) と 2-メチル-1-ヘキセン (2)．1 と臭化水素との反応では第3級と第2級のカルボカチオンが生成する可能性有り．2 と臭化水素との反応では第3級と第1級のカルボカチオンが生成する可能性有り．カチオンの安定性の差が大きいほど選択性はよい．よって 2 である．

[7]

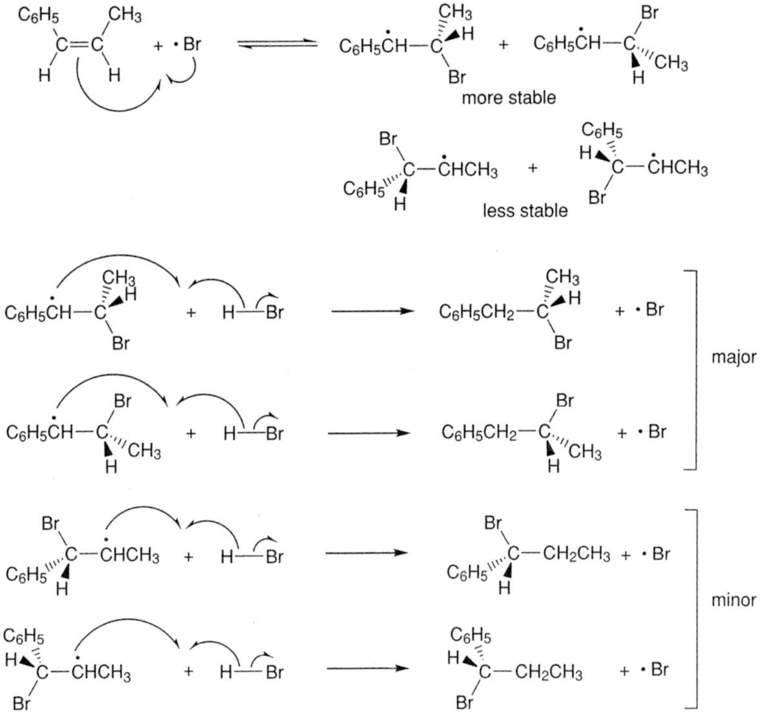

より安定なラジカル中間体を経由する生成物が主生成物となる．

[8]

$$\begin{array}{c}\text{CH}_3\\\text{CH}_3\end{array}\!\!\!C\!\!=\!\!C\!\!\!\begin{array}{c}\text{CH}_3\\\text{CH}_3\end{array} + \text{BH}_3 \longrightarrow \text{H}_3\text{C}-\overset{\overset{\text{CH}_3}{|}}{\underset{\underset{\text{CH}_3}{|}}{\text{C}}}-\overset{\overset{\text{CH}_3}{|}}{\underset{\underset{\text{CH}_3}{|}}{\text{C}}}-\text{BH}_2$$

2,3-ジメチル-2-ブテンが2分子反応して生成するジアルキルボランはかさ高い置換基を2つもっている。2,3-ジメチル-2-ブテンもかさ高いアルケンである。両者の立体障害により、両者は反応できるように接近できない。

[9] 例えば

$$\underset{\text{CH}_3\text{CH}_2\text{CH}_2}{\overset{\text{CH}_3}{\diagdown}}\!\!\!\text{CH}-\text{CH}_2-\text{OH} \Longrightarrow \underset{\text{CH}_3\text{CH}_2\text{CH}_2}{\overset{\text{CH}_3}{\diagdown}}\!\!\!C\!\!=\!\!\text{CH}_2$$

1)

$$\underset{\text{CH}_3\text{CH}_2\text{CH}_2}{\overset{\text{CH}_3}{\diagdown}}\!\!\!C\!\!=\!\!\text{CH}_2 + \text{HBr} \xrightarrow[\Delta]{\text{peroxide}} \underset{\text{CH}_3\text{CH}_2\text{CH}_2}{\overset{\text{CH}_3}{\diagdown}}\!\!\!\text{CH}-\text{CH}_2-\text{Br}$$

$$\underset{\text{CH}_3\text{CH}_2\text{CH}_2}{\overset{\text{CH}_3}{\diagdown}}\!\!\!\text{CH}-\text{CH}_2-\text{Br} + {}^-\text{OH} \longrightarrow \underset{\text{CH}_3\text{CH}_2\text{CH}_2}{\overset{\text{CH}_3}{\diagdown}}\!\!\!\text{CH}-\text{CH}_2-\text{OH}$$

2)

$$\underset{\text{CH}_3\text{CH}_2\text{CH}_2}{\overset{\text{CH}_3}{\diagdown}}\!\!\!C\!\!=\!\!\text{CH}_2 + \text{BH}_3 \longrightarrow \underset{\text{CH}_3\text{CH}_2\text{CH}_2}{\overset{\text{CH}_3}{\diagdown}}\!\!\!\text{CH}-\text{CH}_2-\text{BH}_2$$

$$\underset{\text{CH}_3\text{CH}_2\text{CH}_2}{\overset{\text{CH}_3}{\diagdown}}\!\!\!\text{CH}-\text{CH}_2-\text{BH}_2 + \text{H}_2\text{O}_2/{}^-\text{OH} \longrightarrow \underset{\text{CH}_3\text{CH}_2\text{CH}_2}{\overset{\text{CH}_3}{\diagdown}}\!\!\!\text{CH}-\text{CH}_2-\text{OH}$$

[10] 例えば，

[11]

[12]

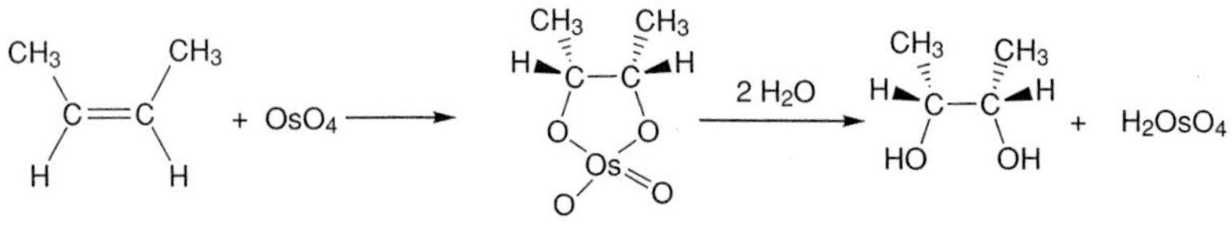

四酸化オスミウムは *syn* 付加する．生成物は，$(2R,3S)$-2,3-ブタンジオールとなり，これはアキラル分子である．

[13]

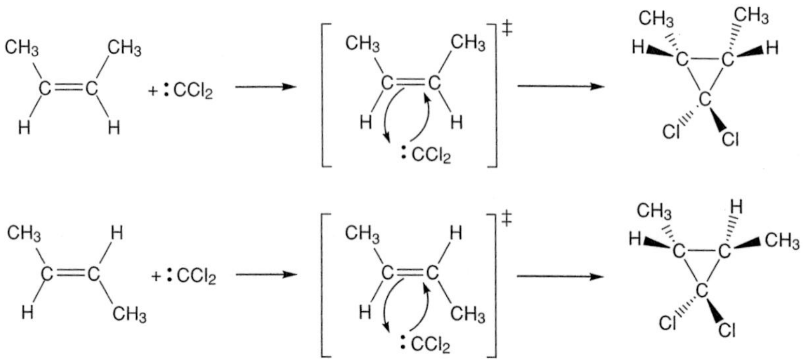

[14]

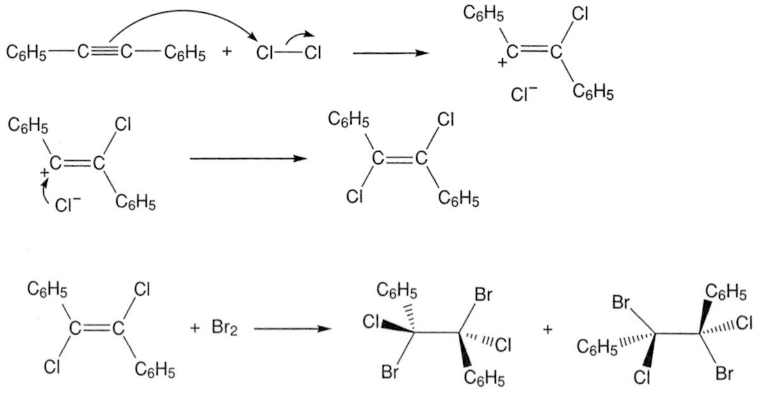

[15] 1当量のハロゲン化水素の求電子付加反応では，非対称内部アセチレンは2種類のハロゲン化アルケンを与える．対称内部アセチレンは1種類のハロゲン化アルケンを与える．末端アセチレンでは1種類のハロゲン化アルケンを与える．過剰量のハロゲン化水素のアルキンへの求電子付加反応では，同じ炭素に2つのハロゲンが結合する．式 (3.113)〜(3.117) 参照．

第3章　演習問題解答

$$CH_3CH_2-C\equiv C-CH_2CH_3 + HBr \text{ (excess)} \longrightarrow CH_3CH_2CH_2-\underset{Br}{\overset{Br}{C}}-CH_2CH_3$$

$$CH_3CH_2CH_2CH_2-C\equiv CH + HBr \text{ (excess)} \longrightarrow CH_3CH_2CH_2CH_2-\underset{Br}{\overset{Br}{C}}-CH_3$$

[16]

$$CH_3CH_2C\equiv CCH_3 + H-Cl \longrightarrow \underset{Cl^-}{\overset{CH_3CH_2}{C}}=\underset{CH_3}{\overset{H}{C}} + \underset{H}{\overset{CH_3CH_2}{C}}=\overset{Cl^-}{\underset{CH_3}{\overset{+}{C}}}$$

$$\underset{Cl^-}{\overset{CH_3CH_2}{\overset{+}{C}}}=\underset{CH_3}{\overset{H}{C}} + \underset{H}{\overset{CH_3CH_2}{C}}=\overset{Cl^-}{\underset{CH_3}{\overset{+}{C}}} \longrightarrow \underset{Cl}{\overset{CH_3CH_2}{C}}=\underset{CH_3}{\overset{H}{C}} + \underset{H}{\overset{CH_3CH_2}{C}}=\underset{CH_3}{\overset{Cl}{C}}$$

$$\underset{Cl}{\overset{CH_3CH_2}{C}}=\underset{CH_3}{\overset{H}{C}} + H-Cl \longrightarrow CH_3CH_2-\underset{Cl}{\overset{+}{C}}-CH_2CH_3 \quad Cl^-$$

$$\underset{H}{\overset{CH_3CH_2}{C}}=\underset{CH_3}{\overset{Cl}{C}} + H-Cl \longrightarrow CH_3CH_2CH_2-\overset{Cl}{\underset{CH_3}{\overset{|}{C^+}}}-CH_3 \quad Cl^-$$

$$CH_3CH_2-\underset{Cl}{\overset{+}{C}}-CH_2CH_3 \quad Cl^- \longrightarrow CH_3CH_2-\underset{Cl}{\overset{Cl}{C}}-CH_2CH_3$$

$$Cl^- \quad CH_3CH_2CH_2-\overset{Cl}{\underset{}{\overset{|}{C^+}}}-CH_3 \longrightarrow CH_3CH_2CH_2-\underset{Cl}{\overset{Cl}{C}}-CH_3$$

[17]

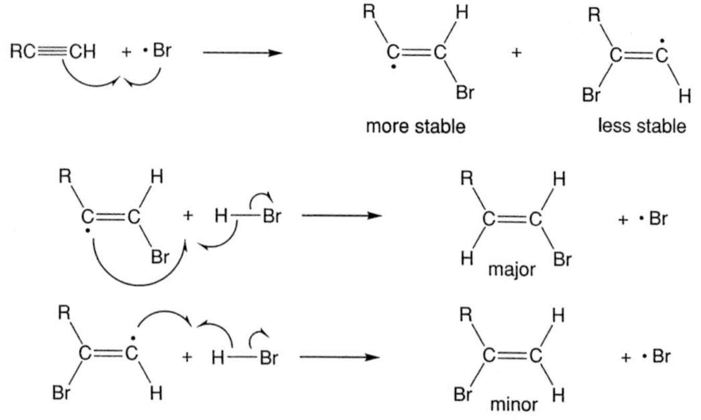
RC≡CH
+ ·Br
R
H
Br
R
Br
H
more stable
less stable
+ H—Br
major
+ ·Br
minor

[18]

CH2=CH-CH2-CH=CH2
+ Br2
CH2=CH-CH2-CH-CH2—Br
Br

ペンタ-1,4-ジエンは孤立ジエンなので，1当量の臭素との反応は普通のアルケンの反応と同じ.

[19]

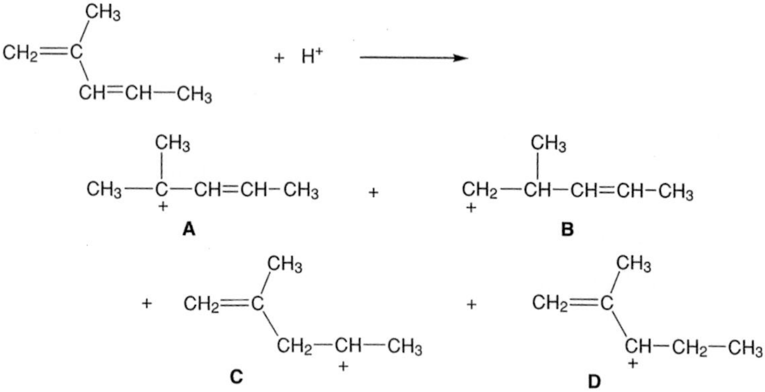
+ H+
A
B
C
D

式 (3.137) より，A > D > C > B.

[20]

式 (3.137) より, A, D > C > B.

A には次の共鳴構造

D には次の共鳴構造

A には 2 つの第 3 級アリルカチオン, D には第 3 級アリルカチオンと第 1 級アリルカチオン. 故に, A > D → A > D > C > B.

[21] 1,4-付加体は熱力学的生成物であり, 温度の上昇と共に平衡は熱力学的生成物へ偏る. したがって, 1,4-付加体の割合は増える.

[22]

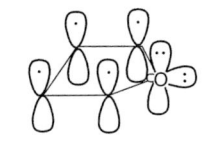

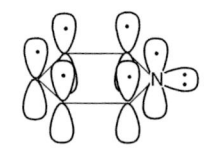

[23] ピリジンの窒素は sp^2 混成軌道になっている.

[24]

窒素は炭素よりも電気陰性度が大きい. そこで, 誘起効果によって炭素－窒素間の σ 電子は窒素のほうに求引され, ベンゼン環の電子密度を低下させる. 一方, 窒素の非共有電子対は共鳴効果によってベンゼン環に電子を送り込む. 炭素－窒素二重結合の π 結合は 2p 軌道-2p 軌道の重なりであり, 極めて有効である. したがって, 共鳴効果が誘起効果を凌駕し, ベンゼン環の電子密度はベンゼンの電子密度よりも高くなる.

[25]

フリーデル－クラフツアルキル化反応では, カルボカチオンの転位によって 2-ブチルカチオンが生成し, これがベンゼンと反応した異性体との混合物になる. 混合物の分離は容易でない. これに対し, この 2 段階反応ではそのような異性体は生成しない.

[26]

[27] 臭素の電気陰性度は3.0，塩素の電気陰性度は3.2であることから，誘起効果による電子求引性は塩素のほうが強い．一方，共鳴構造中の$Br^+=C$結合は4p軌道-2p軌道の重なりであるのに対して$Cl^+=C$結合は3p軌道-2p軌道の重なりであり，共鳴効果による非共有電子対の流れ込みによる電子供与性はクロロ体のほうが強い．共鳴効果と誘起効果のバランスによって，p-クロロ安息香酸のベンゼン環のほうが電子密度が高くなっている．したがって，pK_a値は大きくなる．

[28]

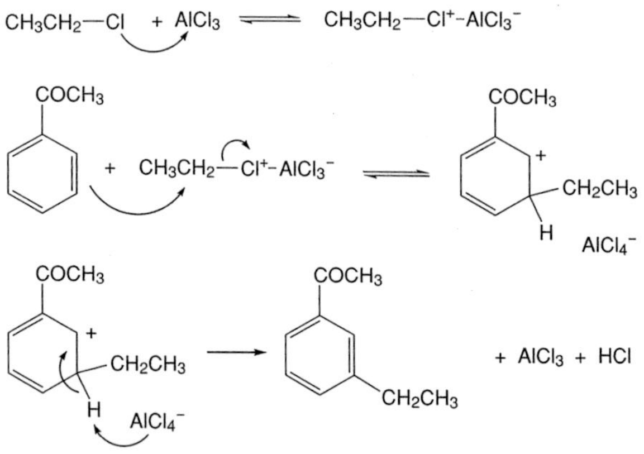

$CH_3CH_2-Cl + AlCl_3 \rightleftharpoons CH_3CH_2-Cl^+-AlCl_4^-$

(反応機構図：アセトフェノンとエチルカチオンの反応によるm-位置へのアルキル化)

出発原料の候補として，アセトフェノンとエチルベンゼンが考えられる．ここで，アセトフェノンは m-配向性であり，エチルベンゼンは o, p-配向性である．したがって，アセトフェノンを使う．アセトフェノンは塩化アルミニウムと強い錯体を形成するので，塩化アルミニウムを1当量以上使う必要がある．

[29]

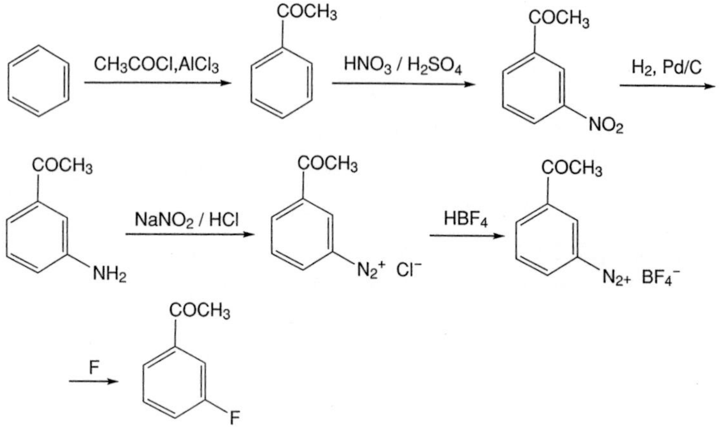

ベンゼン $\xrightarrow{CH_3COCl, AlCl_3}$ アセトフェノン $\xrightarrow{HNO_3/H_2SO_4}$ 3-ニトロアセトフェノン $\xrightarrow{H_2, Pd/C}$ 3-アミノアセトフェノン $\xrightarrow{NaNO_2/HCl}$ ジアゾニウム塩($N_2^+Cl^-$) $\xrightarrow{HBF_4}$ ($N_2^+BF_4^-$) $\xrightarrow{\Delta}$ 3-フルオロアセトフェノン

まずベンゼンをニトロ化した後アセチル化して3-ニトロアセトフェノンを合成する経路も考えられるが，ニトロベンゼンの極めて低い反応性を考えると好ましい経路ではない．

[30]

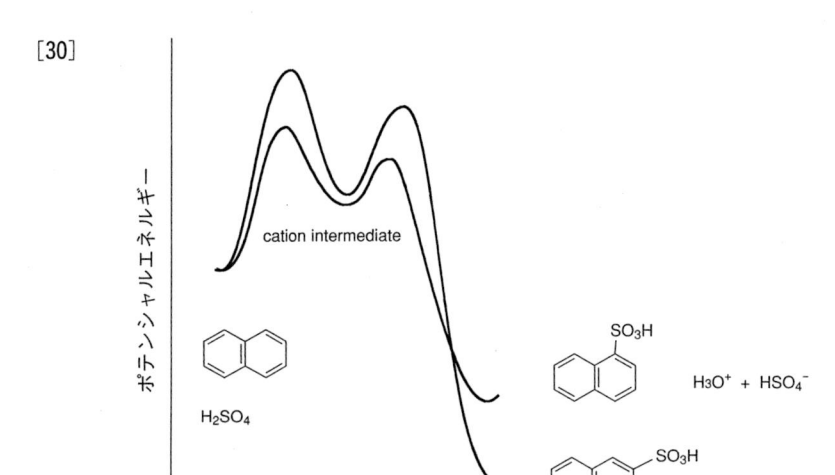

ポテンシャルエネルギー

cation intermediate

H₂SO₄ → [naphthalene] → 1-naphthalenesulfonic acid (SO_3H) + H_3O^+ + HSO_4^-

2-naphthalenesulfonic acid (SO_3H) + H_3O^+ + HSO_4^-

反応座標

[31]

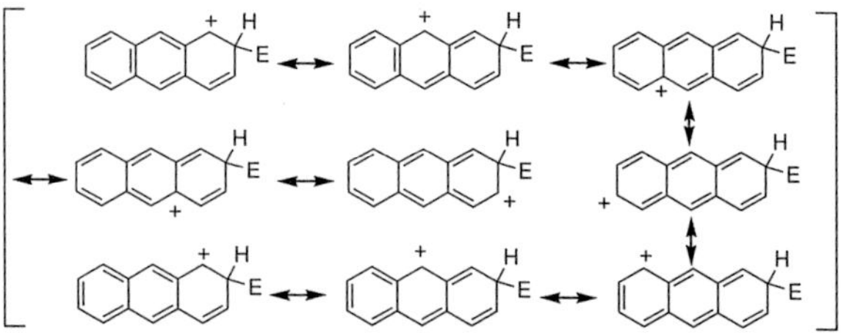

[構造式省略]

8-位が反応した場合，生じるカチオン中間体の共鳴構造の数が一番多い．したがって，8-位が最も反応性が高い．

1-位あるいは2-位が反応した場合，生じるカチオン中間体の共鳴構造の数は同じである．

しかし，次の中間体の数に差がある．

	1-位	2-位
ベンゼノイド－ベンゼノイド構造を含む中間体	2	0
ベンゼノイド－キノイド構造を含む中間体	2	2
ベンゼノイド構造を含む中間体	2	3

安定性に対する寄与は，ベンゼノイド－ベンゼノイド構造＞ベンゼノイド－キノイド構造＞ベンゼノイド構造．したがって，1-位は2-位よりも反応性が高い．

[32] [構造式省略]

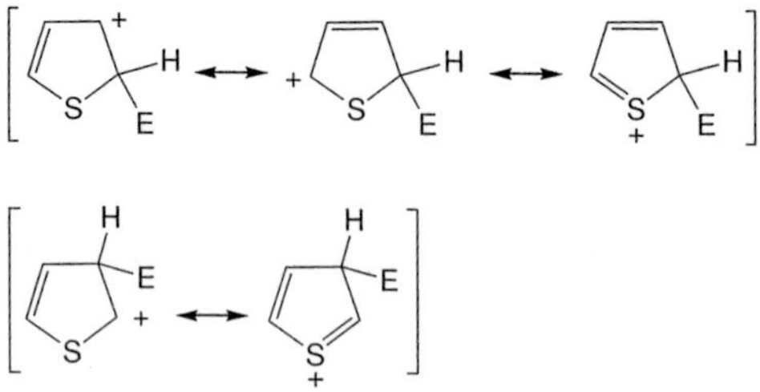

2-位が反応した場合のほうが共鳴構造が多く，安定である．したがって，2-位のほうが反応性が高い．

第 4 章

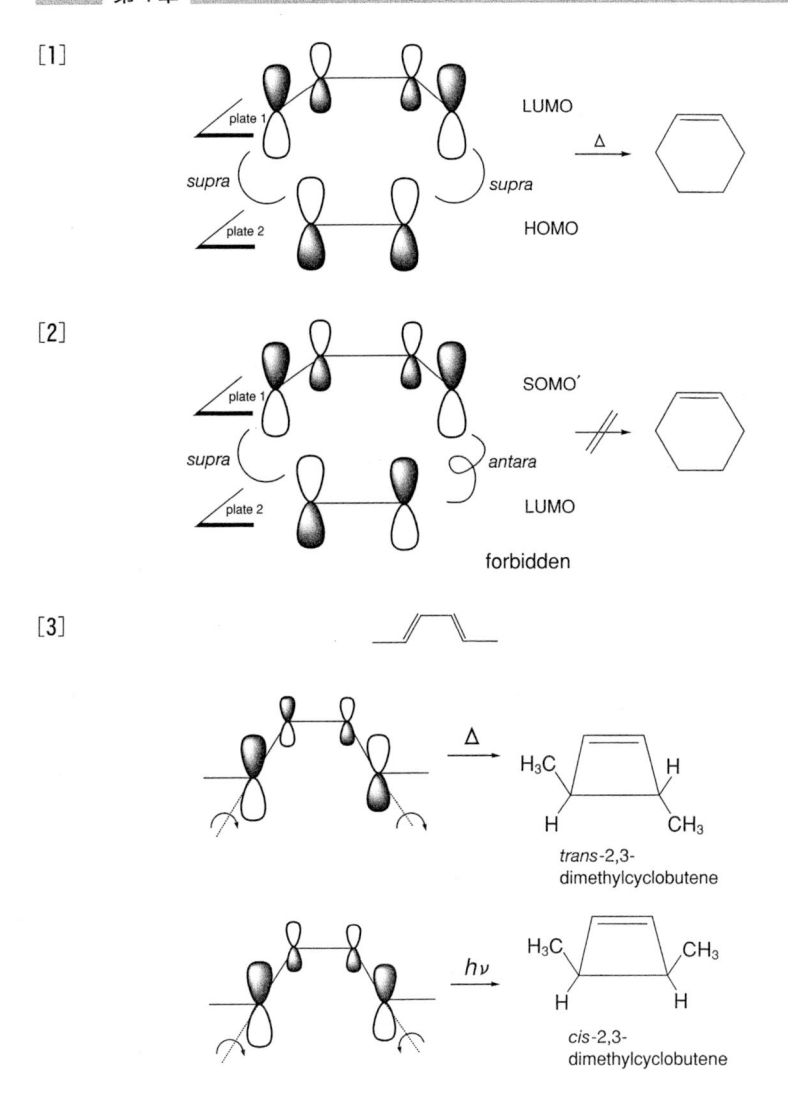

[1]

plate 1 / plate 2　supra ... supra　LUMO / HOMO　$\xrightarrow{\Delta}$

[2]

plate 1 / plate 2　supra ... antara　SOMO′ / LUMO

forbidden

[3]

$\xrightarrow{\Delta}$ *trans*-2,3-dimethylcyclobutene

$\xrightarrow{h\nu}$ *cis*-2,3-dimethylcyclobutene

[4]

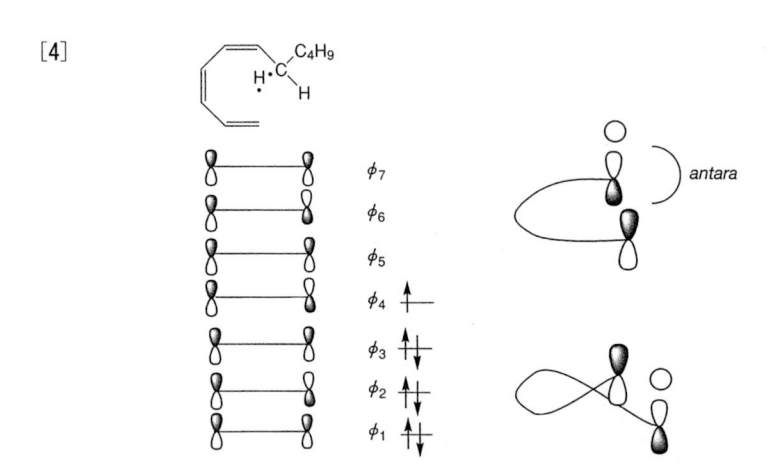

非環状トリエンはらせん状の配座が取れるので，水素移動が反面的に起こりうる．しかし，環状の場合にはらせん状配座がとれず，[1, 7]シグマトロピー転移は進行しない．

索　引

ア
アート錯体　73
アリールカチオン　95
アリルカチオン　152,154
アリル炭素　150
アルカノイル化（アシル化）反応　162,166,186
アルキル化反応　162,167
アルキルリチウム　70
アルドール　68

イ
イオン-双極子相互作用　44
イオン-誘起双極子相互作用　44
イオン結合　9
イオン原子価　10
イオン対　35,113
1次反応速度式　31
一重項カルベン　139
イプソ置換反応　92

ウ
ウィリアムソン反応　30
ウッドワード-ホフマン則　201

エ
永年行列式　198
永年方程式　197
エネルギー障壁　156
エノラートイオン　68,86
エンタルピー項　22
エントロピー項　22

オ
オキシ水銀化反応－加水分解反応　147
オキシ水銀化反応－還元反応　130

カ
開始反応　127
解離反応　120
硬い酸-塩基・軟らかい酸-塩基の原理　19
活性化エネルギー　23,36,119,155
活性化自由エネルギー　22
カニッツァーロ反応　74
加溶媒分解反応　31
カルベノイド機構　141
カルボアニオン　12,68
カルボカチオン　12,152,154
カルボカチオン機構　111,121,144
環化付加反応　194
還元的アミノ化反応　67
簡略構造式　11

キ
規格化の条件　198
基底状態　3
軌道対称性保存則　201,209
キノイド構造　181
逆旋的な回転　208
吸エルゴン反応　21
求核剤　12
求核性定数　40
求ジエン成分　194
求電子剤　13
吸熱反応　22,37
共旋的な回転　208
協奏機構　27,37,111
協奏反応　136
共鳴安定化　160,164
共鳴安定化エネルギー　160
共鳴効果　117,169,170
共鳴構造　124,159
共鳴構造式　57,78,86,93,172
共鳴混成体　159
共鳴理論　33,159,184
共役塩基　15
共役酸　15,28
共役ジエン　149
共有結合　8
共有原子価　10
極性共有結合　8

ク

空の軌道 12, 204
クライゼン反応 86
グリニャール試薬 70, 87

ケ

ケクレ構造式 11
結合エネルギー 8, 119
結合距離 4
結合性π分子軌道 5, 199
結合性σ分子軌道 5, 203
ケト-エノール互変異性 147, 148
原子価 10
原子軌道 2

コ

構成原理 2
コープ転位 210
混成軌道 7

サ

最高被占軌道 42, 203
ザイツェフ則 54
最低空軌道 42, 204
酸解離定数 16
三重項カルベン 139
ザンドマイヤー反応 96, 180

シ

1,3-ジアキシアル相互作用 63
ジエン成分 194
シグマトロピー転位 209
シクロヘキサジエニルカチオン中間体 164, 172
始原系 21
4面体中間体 78
シモンズ-スミス反応 141
ジャクソン-マイゼンハイマー錯体 93
自由エネルギー 21, 61
自由エネルギー変化 21
縮重軌道 3
昇位 6
衝突錯体 36
触媒 166
ショッテン-バウマン法 85

ス

水素結合 44
水和 129
スルホン化反応 162, 165, 185, 187

セ

生成系 21
節 4
節面 4
遷移状態 21, 37, 119

ソ

双極子-双極子相互作用 43
双極子-誘起双極子相互

作用 44
速度論支配 46, 55
速度論生成物 23, 155, 177, 182

タ, チ

脱離基 26, 49, 78
単純ヒュッケル分子軌道法 158
炭素ラジカル 13
超共役 33, 123

テ, ト

ディールス-アルダー反応 193
停止反応 128
転位 167
電荷移動相互作用 44
電気陰性度 9, 26, 74, 120, 169, 170
電子的要因 150
電子配置 3
同面的 204

ニ

2次反応速度式 27
ニトロ化反応 162, 165, 187

ネ

熱的に禁制 201
熱力学支配 54
熱力学生成物 23, 155, 177, 182

ハ

配位共有結合 44

索引

配向性変換 181
パウリの排他原理 2
裸のアニオン 46
発エルゴン反応 21
発熱反応 22,37
波動方程式 2
バルツ-シーマン反応 96,180
ハロゲン化反応 162,186
ハロニウムイオン機構 143
反結合性 π^* 分子軌道 5,199
反結合性 σ^* 分子軌道 5,203
半占軌道 205,210
反応座標 36
反応座標図 21
反応速度 69,176
反応速度式 111
反応のエネルギー図 23,155
反面的 205

ヒ

光化学的に禁制 202
非共役ジエン 149
非共有電子対 12
非局在化 100,152
非極性共有結合 8
非結合性軌道 203
微視的可逆性の原理 82
ヒドロボレーション反応 132
ビニルカチオン 154
ヒュッケル則 161

ヒュッケル分子軌道 195,196,207
ビュルギ-デュニッツの攻撃角度 59

フ

ファンデルワールス力 43
フィンケルシュタイン反応 45
付加環化反応 194
不均化反応 75
不対電子 3
部分ラセミ化 35
フリーデル-クラフツアルカノイル化（アシル化）反応 166,188
フリーデル-クラフツアルキル化反応 167
ブレンステッド-ローリーの定義 15
プロキラルな化合物 58
ブロモ化反応 165
ブロモニウムイオン 150
ブロモニウムイオン機構 112
ブロモニウムイオン中間体 114
フロンティア電子理論 202
分子軌道の対称性 201
フントの規則 3

ヘ

平衡定数 16,61
ヘテロリシス 12

ペリ-位 183
ペリ環状反応 194
ベンゼノイド構造 181
偏微分 197

ホ

ポーリングの電気陰性度 9
ポテンシャルエネルギー 36
ホフマン則 55
ホフマン脱離 55
ホモリシス 13,127
ボルツマン分布則 36

マ

マーキュリニウムイオン 130
マイケル付加反応 77
マルコフニコフ則 123,129,144

メ

メールワイン-ポンドルフ-バーレー還元 75
メンシュトキン反応 41

ユ

誘起効果 26,94,143,169,170
誘起双極子 113
有機リチウム 88

ヨ

溶媒和 44,117
溶媒和イオン対 35

ラ

ラジカル機構 71
ラジカル的遷移状態 209
ラセミ化 34
ラセミ体 111

リ

律速段階 32,113
立体異性体 120
立体的要因 151
立体特異的 111
立体反転 27

ル

ルイス構造式 11
ルイスの8電子則 10, 112,132,140
ルイスの定義 18

レ, ロ

励起状態 3
連鎖反応 128
ローブ 4
ロンドン分散力 43

ワ

ワグナー–メールワイン転位 52
ワルデン反転 27

欧文, その他

π 結合 5
π 錯体 144,164
π 錯体機構 144
$\pi-\pi^*$ 遷移 205
σ 結合 5
1,1-脱離 139
1,2-付加体 149
1,4-付加体 149
1,3-ジアキシアル相互作用 63
1,3-双極子 136
1,4-双極子 77
[2+3] 双極子付加 136
8電子則 10,112,132,140

anti-同平面 28
anti 付加 114,118,131, 141,144
anti-マルコフニコフ則 135,147,148
anti-マルコフニコフ付加 126
E1 反応 33
E2 反応 28
endo-体 194
exo-体 194
gem-ジオール 60
HOMO 59
HSAB の原理 19
LCAO MO 法 196
LUMO 59
m-配向性 174
o,p-配向性 174
S_N1 反応 33
S_N2 反応 27
syn-同平面 29
syn 付加 133,135,136, 138,140,141,147

著者略歴

加納航治（かのう こうじ）

　1944年京都府生まれ．同志社大学大学院工学研究科工業化学専攻博士課程修了．同志社大学理工学部機能分子・生命化学科教授を経て，現在は同志社大学名誉教授．研究テーマはバイオミメティックケミストリー，超分子化学．工学博士．

西郷和彦（さいごう かずひこ）

　1946年愛知県生まれ．東京工業大学理工学部化学科卒業．東京大学大学院工学系研究科化学生命工学専攻教授・大学院新領域創成科学研究科メディカルゲノム専攻教授を経て，現在は東京大学名誉教授・高知工科大学名誉教授．研究テーマはモレキュラー・キラリティー，クリスタルエンジニアリング，超分子化学．理学博士．

化学の指針シリーズ　有機反応機構

2008年5月25日　第1版発行
2024年3月10日　第1版7刷発行

著作者	加　納　航　治
	西　郷　和　彦
発行者	吉　野　和　浩
発行所	東京都千代田区四番町8-1
	電話　03-3262-9166（代）
	郵便番号　102-0081
	株式会社　裳　華　房
印刷所	
製本所	株式会社デジタルパブリッシングサービス

検印省略

定価はカバーに表示してあります．

一般社団法人
自然科学書協会会員

JCOPY〈出版者著作権管理機構 委託出版物〉
本書の無断複製は著作権法上での例外を除き禁じられています．複製される場合は，そのつど事前に，出版者著作権管理機構（電話03-5244-5088, FAX 03-5244-5089, e-mail: info@jcopy.or.jp）の許諾を得てください．

ISBN 978-4-7853-3221-1

© 加納航治，西郷和彦, 2008　　Printed in Japan

化学の指針シリーズ　　各A5判

【本シリーズの特徴】
1. 記述内容はできるだけ精選し，網羅的ではなく，本質的で重要な事項に限定した．
2. 基礎的な概念を十分理解させるため，また概念の応用，知識の整理に役立つよう，演習問題を設け，巻末にその略解をつけた．
3. 各章ごとに内容にふさわしいコラムを挿入し，学習への興味をさらに深めるよう工夫した．

化学環境学
御園生　誠 著　252頁／定価 2750円

錯体化学
佐々木陽一・柘植清志 共著
264頁／定価 2970円

化学プロセス工学
小野木克明・田川智彦・小林敬幸・二井　晋 共著
220頁／定価 2640円

分子構造解析
山口健太郎 著　168頁／定価 2420円

生物有機化学
－ケミカルバイオロジーへの展開－
宍戸昌彦・大槻高史 共著
204頁／定価 2530円

高分子化学
西　敏夫・讃井浩平・東　千秋・高田十志和 共著
276頁／定価 3190円

有機反応機構
加納航治・西郷和彦 共著
262頁／定価 2860円

量子化学
－分子軌道法の理解のために－
中嶋隆人 著　240頁／定価 2750円

有機工業化学
井上祥平 著　248頁／定価 2750円

超分子の化学
菅原　正・木村榮一 共編
226頁／定価 2640円

触媒化学
岩澤康裕・小林　修・冨重圭一
関根　泰・上野雅晴・唯　美津木 共著
256頁／定価 2860円

物性化学
－分子性物質の理解のために－
菅原　正 著　276頁／定価 3520円

※価格はすべて税込(10%)

裳華房ホームページ　https://www.shokabo.co.jp/